Günther Panhölzl

Der „*erfolgsfitCode*" KUNDE

*Die Entschlüsselung des organischen Bauplans erfolgreicher **Kundenbeziehungen***

Bildnachweis: iStockphoto LP – pialhovik
Umschlaggestaltung: IT-Center & Powernight GmbH, Ybbs/Donau
Satz: MEDIA DESIGN: RIZNER.at, Salzburg
Druck- & Bindearbeiten: adpl-solutions Druckdenker GmbH, Wels
Printed in Austria
ISBN 978-3-9501482-9-9

Inhalt

Widmung für Frau Mag. Sandra Merkinger

Aktive und zielorientierte Partner sind wie Perlen: selten und etwas Besonderes

Die meisten Menschen, die in der Wirtschaft tätig sind, wissen, wie schwer es ist, gute, engagierte und zielorientierte Partner zu finden. Mit Partner meine ich alle möglichen Konstellationen: z.B. wenn Chefs Führungskräfte und Mitarbeiter suchen; wenn Führungskräfte Mitarbeiter einstellen wollen oder ob es darum geht, dass Mitarbeiter in einer Firma gute Kollegen an ihrer Seite haben, usw. Immer dreht es sich in der Wirtschaft um Folgendes: im täglichen Alltag mit den Partnern die geplanten Ziele erfolgreich zu verwirklichen.

Gerade bei der Anbahnung von Partnerschaften stehen verführerisch wohlklingende Botschaften im Vordergrund. Partnersuchende schmücken sich gerne als attraktive Braut. Oft wird viel versprochen. Leider muss man in der Praxis später feststellen, dass davon wenig gehalten wurde. Viele Menschen, die sich als attraktive Partner präsentieren und später das Versprochene oft nicht einmal im Ansatz halten können, tun dies nicht immer mit böser Absicht. Viele überschätzen sich einfach oder erkennen in ihrem zukünftigen Aufgaben-Potential nicht die damit oft verbundenen großen Anstrengungen und Herausforderungen usw.

Als Wirtschaftstrainer diagnostiziere ich persönlich sehr häufig die aus meiner Sicht zwei **größten Mankos**: **Die fehlende Einsatzbereitschaft** und **den wirklich ausgeprägten Willen**, das zu tun, was man sich vorgenommen hat. Diese Erkenntnis bedeutet dann oft in der Praxis: Nicht die besser Ausgebildeten sind immer die Gewinner im Alltag, sondern **JENE**, die bereit sind, sich voll und ganz für eine **Aufgabe zu engagieren** und die damit verbundenen Ziele konsequent anzusteuern. Diese lassen sich durch nichts ablenken; sie führen tagtäglich die notwendigen Aufgaben und Aktivitäten konsequent durch.

Während ich diese Zeilen schreibe, steht der **15. Geburtstag** von SimulationsManagement unmittelbar bevor. Am 20. November 1997 war die Weltpremiere in Wien. Dies war gleichzeitig die Grundsteinlegung für eine bis heute anhaltende, dauerhafte **Erfolgsstory**.

Es ist für mich persönlich immer noch etwas Außergewöhnliches, dass **ich das Produkt** der Firma bin. Das fühlt sich irgendwie ungewohnt an. Denn so wie viele Leserinnen und Leser habe auch ich in der Wirtschaft schon einige Etappen hinter mir, in denen ich andere Produkte und Dienstleistungen verkauft habe. Dass man nun ganz alleine dieses Produkt ist, ist doch etwas Anderes, als wenn man andere Produkte und Dienstleistungen vermarktet. Doch **ohne einen starken Partner** an der Seite wäre diese Erfolgsstory nicht möglich. Ich wusste bereits am Anfang, als ich die Strategie von SimulationsManagement entwickelte, dass nur **ein Weg** gewinnbringend ist: Ich konzentriere mich auf die Produkte, auf die ständig marktorientierte Weiterentwicklung, damit unsere Kunden bestmöglich davon profitieren können. Für die Vermarktung und Organisation muss ein anderer Partner zuständig sein, der mir den Rücken im hektischen Alltag frei hält und gleichzeitig eine optimale Auslastung sicherstellt. In Mag. Thomas Merkinger habe ich diesen Geschäftspartner gefunden. Und er hat maßgeblich daran mitgewirkt, dass SimulationsManagement heute das ist, wie Sie es kennen.

Nach einem schweren Unfall, der leider dazu führte, dass Herr Mag. Thomas Merkinger nicht mehr seine Funktion ausüben kann, hatte die Firma einen **Schutzengel**, der in Gestalt von Frau Mag. Sandra Merkinger menschliche Realität wurde.

Ich kann mich noch gut an ihre Worte erinnern, die sie in der Zeit, als ihr Mann, Herr Mag. Thomas Merkinger, noch aktiv tätig war, sagte: *„Ich könnte das nie wie du, einen Wirtschaftstrainer verkaufen.“* Das war Gott sei Dank ein gewaltiger Irrtum!

Meine hochgeschätzte Geschäftspartnerin, Frau Mag. Sandra Merkinger, hat ohne Übertreibung wirklich das Unmögliche möglich gemacht. Sie ist im wahrsten Sinne des Wortes ins kalte Wasser gesprungen, hat alle Agenden 1:1 von Herrn Mag. Thomas Merkinger übernommen und dadurch gezeigt, wie man mit **konsequentem, unbeirrbarem Vorgehen** eine Erfolgsstory nahtlos weiterführt.

Ich hatte vor SimulationsManagement, während der Phase mit Herrn Mag. Thomas Merkinger und habe auch jetzt mit vielen, vielen **externen Partnern** zu tun. Immer wieder kam es vor, dass sich dabei auch große Enttäuschungen abzeichneten. Vieles wurde versprochen – wenig davon gehalten. Diese Erfahrungen musste auch Frau Mag. Merkinger immer wieder machen. Selbstverständlich auch mit den damit einhergehenden menschlichen Enttäuschungen. Gerade wenn in der Akquisition von externen Partnern vieles versprochen und manches davon nicht einhalten wird, kann das für die Firma nicht nur empfindliche Folgen haben, sondern sie finanziell stark schwächen. Man hat sich einem Partner anvertraut und dadurch auf andere Aufgaben konzentriert. Man ist vielleicht durch die Zusagen auch größere Risiken, umfangreichere Veranstaltungen usw. eingegangen. Wenn es dann nicht klappt, ist die Enttäuschung groß. In der Folge muss man sich noch mehr engagieren, um durch nicht aufgegangene Partnerschaft eingetretene Schwächen wieder zu beseitigen.

Konsequent, zielstrebig und unglaublich einfühlsam – das ist Frau Mag. Sandra Merkinger

Weder diese oft unbekannten Herausforderungen noch die damit verbundenen Misserfolgs-Abschnitte konnten Frau Mag. Merkinger aus der Bahn werfen. Ganz im Gegenteil: Auf jede Schwächung folgte ein **noch konsequenteres Engagement**, um nicht nur diese zu beseitigen, sondern die nächste Erfolgsstufe zu erreichen und abzusichern.

Ich habe selten einen Menschen kennen gelernt, der tagtäglich in der Früh die Firma mit einer so positiven Einstellung betritt und sich sofort an die Arbeit macht, **das zu tun, was getan werden muss.** Wenn Frau Mag. Sandra Merkinger z.B. Termine mit Veranstaltern, Unternehmern und Führungskräften ausmacht, um mich als Produkt zu verkaufen, dann bleibt sie von Telefonat zu Telefonat 100 %ig mit voller Begeisterung am Ball. Sie können sich mit Sicherheit vorstellen, dass darunter auch Telefonate sind, in denen die Gesprächspartner – ich sage es charmant – nicht gerade freundlich sind. Man versteht das natürlich auch oft, denn viele werden aus ihrem Alltag, aus ihrem Tun herausgerissen und wissen nach den ersten Worten: *„Da kommt jemand, der mir etwas verkaufen will."*

Darunter gibt es auch Menschen, die fast bösartig agieren oder die einfach einen schlechten Tag haben. Frau Mag. Sandra Merkinger verletzt sich dabei nicht. Ganz im Gegenteil: Sie bleibt stets höflich, versteht oft auch das negative Verhalten der Gesprächspartner, verabschiedet sich, und nur wenige Augenblicke später telefoniert sie bereits mit der nächsten Zielperson. Das nenne ich **mentale Stärke in Vollendung**.

Bei einem Jubiläum wie dem 15-jährigen blickt man gerne zurück. Und heute kann ich voller Ehrfurcht an dieser Stelle nur eines festhalten: Ohne Sandra und Thomas Merkinger wäre mein Erfolg nicht möglich. Ohne die beiden hätte ich bis heute auch nicht so viele schöne, berufliche Stunden erleben dürfen.

Mein größtes Privileg in der Wirtschaft war, dass ich diese beiden Personen treffen durfte, und ich hoffe auch mit ihnen gemeinsam in der Zukunft die Erfolgsstory von SimulationsManagement fortsetzen zu können.

Widmung für Frau Karin Winkler

Wenn der erste positive Eindruck zum Dauerbrenner wird

Ich bin sehr stolz, dass wir noch nie einen Mitarbeiter in unseren Firmen kündigen mussten. Natürlich gibt es trotzdem Phasen der Trennung, weil z.B. unsere weiblichen Mitarbeiter ein Baby bekamen oder sich jemand beruflich verändern wollte. Bis es zu solchen Veränderungen gekommen ist, war die jeweilige Mitarbeiterin bzw. der Mitarbeiter meistens sehr lange ein Teil unserer Firma. Ganz besonders freut es mich, dass wir von allen Mitarbeitern, die bis heute bei uns gearbeitet haben, als Arbeitgeber, als Chef und somit als Mensch **besonders positiv beurteilt wurden**. Gerade als Wirtschaftstrainer steht man immer wieder im Blickpunkt der Teilnehmer. Diese achten besonders darauf, ob das, was sie hören, vom Wirtschaftstrainer selbst gelebt wird. Aufgrund dieser genannten, positiven Beurteilungen kann ich voller Stolz sagen: *„Ja, was ich in meinen Vorträgen, Büchern, Seminaren usw. aufzeige und an Empfehlungen präsentiere, wird auch bei uns tagtäglich gelebt.“*

Mitte Jänner 2012 war es wieder einmal so weit. Die Phase eines Wechsels im Sekretariat wurde eingeleitet. Nach zweiwöchiger, intensiver Einschulung nahm Frau Karin Winkler endgültig auf dem **Sekretariats-Sessel** von SimulationsManagement Platz.

Schon beim Vorstellungsgespräch mit Frau Mag. Sandra Merkinger hatte sie einen besonders positiven Eindruck hinterlassen. Bereits vor Frau Karin Winkler haben sich viele Personen um die ausgeschriebene Stelle beworben. Um optimal herauszufiltern, wer zum SimulationsManagement-Team am besten passt, hat sich Frau Mag. Sandra Merkinger Schnupper-Arbeitsstunden einfallen lassen, damit sich beide Seiten besser kennen lernen können. Dann kamen die Schnupper-Stunden mit Frau Karin Winkler, und **sie überzeugte** auf der ganzen Linie.

Ich war zu diesem Zeitpunkt geschäftlich in Stuttgart. Unmittelbar nach dieser Schnupper-Phase teilte mir Frau Mag. Sandra Merkinger telefonisch mit, dass sie sich bereits fix für Frau Karin Winkler entschieden habe. Sie können sich wahrscheinlich vorstellen, dass ich sehr erstaunt war, denn bei den anderen Kandidaten wollte sie ein wenig darüber nachdenken, die Ergebnisse der Schnupper-Stunden miteinander vergleichen, und auch nach Frau Winkler waren noch einige Runden festgelegt. Selbst die Vorgängerin von Frau Winkler war sehr überrascht, dass es plötzlich so schnell zu einer Entscheidung kam.

Die Einschätzung von Frau Mag. Sandra Merkinger war total richtig. Sie hatte, wie so oft, das **richtige Bauchgefühl**. Und das, was Frau Winkler in den Schnupper-Phasen präsentierte und über sich erzählte, hat sie später im täglichen Einsatz bis heute mehr als übertroffen.

Voller Stolz kann ich heute behaupten, dass sie **eine wichtige** und **positive Säule** im **SimulationsManagement-Team** ist. Sie engagiert sich tagtäglich mit voller Begeisterung dafür, dass der positive Weg von SimulationsManagement von innen nach außen weiter fortgesetzt werden kann. An dieser Stelle möchte ich mich für die bisherige, erstklassige Zusammenarbeit bei Ihnen, Frau Winkler, bedanken und freue mich auf noch viele begeisternde und spannende wirtschaftliche Jahre, die vor uns liegen.

Der „*erfolgsfitCode*“ KUNDE – Der Weg zur Entschlüsselung des organischen Bauplans erfolgreicher KUNDEN-BEZIEHUNGEN

15 Jahre SimulationsManagement – 15 Jahre tiefgehende Einblicke hinter die Kulissen von Firmen

Innerhalb der letzten 15 Jahre habe ich mich im Zuge meiner maßgeschneiderten Firmentrainings, Vorträge, offenen Seminare, usw. intensiv mit Firmen beschäftigt und mit deren Menschen zusammen gearbeitet. Ich durfte unter anderem vorhandene Stärken und Schwächen der Teams und daraus resultierend der Firma analysieren. Auf dieser Basis habe ich dann gemeinsam mit Mitarbeitern, Führungskräften und Inhabern erfolgreiche und nachhaltige Lösungen entwickelt.

Dabei habe ich es immer vermieden, ausnahmslos meine Vorstellungen und Erkenntnisse aus Forschung, Wissenschaft usw. in den Vordergrund zu rücken und den jeweiligen Teilnehmern aufs Auge zu drücken. Mir war es **ganz wichtig**, dass ich meine Erfahrungen mit den Einschätzungen der Teilnehmer optimal verzahne und auf dieser Basis **gemeinsam umsetzbare Lösungen entwickle**. Genau diese Vorgehensweise war in den letzten 15 Jahren **enorm fruchtbar.** Denn Menschen, die sich verstanden fühlen, die in diesem Prozess aktiv mitwirken können, sind auch **später bereit**, die Erkenntnisse, Lösungen und Beschlüsse im Alltag **umzusetzen**.

Aufgrund meines breiten Repertoires habe ich die Firmen aus den verschiedensten Blickwinkeln gesehen. Meine Schwerpunkte bei den Trainings drehen sich um

- Unternehmens- und Mitarbeiterführung;
- Lebens- und Erfolgsplanung;
- Entwicklung von Firmenkonzepten mit allen dazugehörigen emotionalen Zutaten;
- die umfangreichen Themen um die Kundengewinnung und Kundenbindung

- vom strategischen Marketing-Konzept bis hin zum roten Faden für das Verkaufs-Gespräch.

Diese breite Aufstellung als Wirtschaftstrainer wurde durch meine Tätigkeit in aktuell 138 Branchen optimal abgerundet. Dieser breit **gefächerte Einblick** in die verschiedensten Branchen mit ihren Abläufen, Produkten, Dienstleistungen hat es mir ermöglicht, einen **geschärften Blick** für Folgendes zu bekommen: *„Was macht Firmen erfolgreich und was hemmt sie?“*

Vor diesem Buch habe ich bereits 5 Bücher (darunter 2 Bestseller-Bücher) geschrieben sowie über insgesamt 27 Vorträge und Tagesseminare Skripten verfasst, die einen Umfang zwischen 100 und 300 Seiten haben. Bereits in den letzten 15 Jahren war ich stets bestrebt, Folgendes herauszufiltern: Warum entwickelt sich die eine Firma in der gleichen Branche erfolgreicher als eine andere, obwohl beide unter den gleichen Rahmenbedingungen exakt die gleichen Ziele verfolgen? Ich wollte wissen: **Wo liegen** denn die **feinen, ausschlaggebenden Unterschiede**, die bei gleicher Ausgangsposition doch zu **sehr unterschiedlichen Ergebnissen führen?**

Eine Erkenntnis habe ich bereits in anderen Büchern, Vortrags- sowie Seminarskripten präsentiert: Bezüglich der Fähigkeiten, der Produktzusammenstellung sind sehr **viele Firmen** wirklich **vergleichbar**. In der gleichen Branche – man kann ohne weiteres sagen: Firmen, die sich auf gleicher Augenhöhe treffen – sind die Unterschiede in den meisten Fällen wirklich winzig. Die vorher angesprochenen Rahmenbedingungen sind auch in den meisten Fällen ident, weil die Firmen exakt am gleichen Marktschauplatz agieren. Die beruflichen Fähigkeiten und der Standort bzw. die Auswahl des Einzugsgebietes der Zielgruppe konnten somit mit Sicherheit nicht markant dafür verantwortlich sein, warum die eine Firma das erreichte, was sie erreichen wollte, und die andere Firma oft ums Überleben kämpfte.

Ich ging in meiner Beurteilung sehr häufig auch so weit, dass junge Unternehmer oft traditionsreiche Betriebe, die bereits Generationen bestehen und viele Jahrzehnte erfolgreich tätig sind, zum Schwitzen bringen. Obwohl gerade gestartete Jung-Unternehmer kaum über Referenzen, Erfahrungen in der Branche, eingespielte Abläufe verfügen, schaffen es immer wieder einige, sehr schnell einen **wirklich kometenhaften Start hinzulegen**.

In persönlichen Gesprächen teilen mir erfahrene Geschäftsführer, Führungskräfte sowie deren Mitarbeiter von etablierten Firmen mit, dass sie das nicht nachvollziehen können. Denn gerade sie behaupteten oft schon Jahre zuvor, dass der Markt besetzt ist, es bereits Überkapazitäten gibt und dass man nur mehr auf Basis der Verdrängung gute Geschäfte machen kann. Und da sind wir auch schon beim Knackpunkt: Es kommt oft deswegen kein gutes Geschäft zustande, weil man durch einen selbst forcierten, starken Preisverfall häufig versucht, der Konkurrenz Kunden wegzunehmen. Genau mit diesem Vorgehen – und da sind sich viele erfolgreiche Unternehmer mit ihren Mitarbeitern einig – bringt man eine **negative Spirale** in Gang. Denn einmal an der Preisspirale nach unten geschraubt, kann man diese nur mehr sehr schwer zurück- bzw. nach oben drehen. Meistens passiert genau **das Gegenteil**: Die Konkurrenz – das kann man direkt aussprechen – rächt sich, indem sie ebenfalls den Weg der Preisschlacht einschlägt. Somit arbeitet man sich im heißen Wettbewerb kontinuierlich und konsequent nach unten.

Es wundert somit keinen, dass genau diese Personen aus dem Staunen nicht mehr herauskommen, wenn sich plötzlich unter den von ihnen ständig hinausposaunten schweren Rahmenbedingungen **Jungstars etablieren** und **wirklich vorzeigbare Gewinne erzielen**.

Obwohl ich bereits durch meine Tätigkeit als Wirtschaftstrainer über solch erlesene Erfahrungen verfügte, war mir das zu wenig. Ich wollte noch einen Schritt weiter gehen, um wirklich exakt herauszufiltern: Was unterscheidet die dauerhaft erfolgreiche Firma – ungeachtet, welche Rahmenbedingungen gerade vorhanden sind – von jenen, die zwar am Start auch gerne mit Absichtserklärungen glänzen, wohin sie wollen, es jedoch nicht schaffen, dorthin zu gelangen.

18 Monate / 33 Zukunftslotsen = Wie sieht sie aus, die erfolgreiche Firma in der Zukunft?!

Am 10. Jänner 2011 startete ich eines der herausforderndsten und mit Sicherheit intensivsten Projekte in der bisherigen Geschichte von SimulationsManagement: Ich wollte Firmen dazu bewegen, an dem Projekt *„Wie sieht sie aus, die erfolgreiche Firma in der Zukunft?!“* teilzunehmen. **Mein Ziel** war es, Firmen innerhalb von 18 Monaten mit einem 14-tägigen Zukunftslotsen zu versorgen, der ihnen mittels Schritt-für-Schritt-Anleitung ermöglicht, ihre wichtigsten Unternehmensbereiche zu durchleuchten, um herauszufiltern: Sind wir fit oder gibt es einen Optimierungsbedarf?

Gesagt, getan! Eines stellte sich dabei sehr schnell heraus: Es war wesentlich einfacher, sich für so eine Initiative zu entscheiden, als dass es uns gelang, Firmen vom Mitmachen zu überzeugen. Das Erstaunliche war, dass nicht der Preis das ablehnende Argument für die Teilnahme war, sondern meistens **der Zeitaufwand**. Immer wieder haben die Entscheidungsträger von Firmen Frau Mag. Sandra Merkinger mitgeteilt, dass sie es zeitlich einfach nicht schaffen, an diesem doch interessanten und sicher notwendigen Projekt mitzuwirken.

Denn eines wollten sie schon vom Start an gewährleistet haben: Wenn sie daran teilnehmen, wollen Sie das Projekt optimal umsetzen. Viele sagten, dass sie das wahrscheinlich nicht schaffen werden. Sie alle fanden die Initiative gut und waren der Meinung, dass es sicher ein Gewinn für sie wäre, daran mitzuwirken. Doch sie sahen sich aus ihrer aktuellen Sicht außerstande, dies im Alltag unterzubringen. Das ging sogar so kurios weiter, dass manche sagten: *„Ich kann mir vorstellen, dass das sogar notwendig ist, hier mitzumachen, denn dadurch können wir bestehende Fehler vermeiden bzw. solche, die uns gar nicht auffallen, endlich aufspüren."*

Egal, ob Führungskraft, Mitarbeiter oder Unternehmer: Jeder weiß, dass Fehler, die eintreten, oft noch mehr Aufwand bedeuten, wenn man sie eliminieren muss. Besonders heikel wird es dann, wenn solche Fehler beim Kunden sichtbar werden. Die Entscheidungsträger haben klipp und klar Folgendes festgehalten: *„Ja, wir wissen, dass Fehler zu einem erhöhten Mehraufwand führen. Wir wollen aber vorweg nicht einen Mehraufwand einsetzen, um Fehler zu vermeiden, besser zu werden usw."* Das ist paradox! Denn letztendlich könnte die Rechnung so aussehen, dass man durch die Teilnahme zwar am Anfang ein wenig Mehraufwand akzeptieren muss, jedoch sehr schnell dafür entschädigt wird, späteren vermeidbaren und somit sinnlosen Mehraufwand zu vermeiden.

Das absolute Schwergewicht, warum eine Firma die Teilnahme am Projekt abgelehnt hat, war jedoch der **Faktor Mitarbeiter**. Viele Entscheidungsträger haben eindeutig gesagt: *„Wir können uns nicht vorstellen, dass es uns gelingt, die Mitarbeiter an Bord dieses Projektes zu holen. Wir können uns auch nicht vorstellen, dass sie bereit sind, aktiv in diesem Prozess mitzuwirken."* Somit war für diese Entscheidungsträger eine Teilnahme auch nicht sinnvoll. Denn die Mitarbeiter würden sich mit aller Kraft dagegenstemmen, weil sie durch diese Teilnahme sicher einen unnötigen Mehraufwand sehen, der unter allen Umständen zu vermeiden ist. Sie würden, so die Entscheidungsträger weiter, alles daransetzen, dass sie intern die Teilnahme am Projekt zu Fall bringen. Viele Firmen haben das gar nicht ausprobiert, sich auf dieses Abenteuer gar nicht eingelassen, obwohl dessen Ausgang nicht immer so klar war. Sie haben den einfachen Weg gewählt und mussten leider eine Teilnahme ablehnen.

Dass dies kein Honiglecken wird, hätten wir uns sehr bald denken können. Denn auch viele Vertreter von öffentlichen und privaten Gruppierungen, die die Wirtschaft stärken und nach außen vertreten, haben uns diese Botschaft immer wieder bei Gesprächen mitgegeben.

Sie meinten: *„Sie werden sehen, obwohl es so wichtig ist, was Sie vorhaben, werden die Entscheidungsträger und deren Mitarbeiter dafür kaum ein offenes Ohr haben."* Sie sollten Recht behalten.

Aufgrund dieser Tatsache bedanke ich mich mit tiefer Verbeugung bei jenen Firmen, die daran teilgenommen haben. Am Ende waren wir sehr begeistert, dass es doch wesentlich mehr waren, als manche uns prophezeit hatten.

Das Projekt konnte planmäßig am 10. Jänner 2011 starten. **Das Ziel**: In 18 Monaten gemeinsam mit den teilnehmenden Firmen herauszufiltern: *„Was hat Firmen bisher erfolgreich gemacht, und was ist zu tun, damit dieser Zustand auch morgen unter den sich ständig ändernden Rahmenbedingungen abgesichert werden kann?"*

Wie geplant, erhielten die Firmen 14-tägig (Winter- und Sommerpausen berücksichtigt) einen der 33 Zukunftslotsen per E-Mail zugesendet. Die insgesamt 33 Zukunftslotsen haben auf über 600 Seiten **alle wichtigen Unternehmensbereiche** behandelt. Weiters wurden auch funktionierende Lösungen und erfolgreiche Methoden präsentiert, die ich bereits in vielen Firmen sehr erfolgreich durchgeführt und umgesetzt habe.

Besonders aufgewertet wurden meine Zukunftslotsen durch **Leitgedanken**, **effektive Übungs-Checklisten**, die es den teilnehmenden Firmen ermöglichten, exakt herauszufiltern: Wo sind Schwächen vorhanden, und über welche Stärken verfügen sie, um diese noch verstärkter einzusetzen?

Alle teilnehmenden Firmen hatten auch während dieser 18 Monate die Möglichkeit, mir unter anderem per E-Mail mitzuteilen, wie es ihnen beim Einsatz meiner Empfehlungen geht, welche Schwächen sich auftun, welche Antworten sie suchen usw. Dabei konnten mir die Firmen auch die bereits seit Jahren bekannten Schwächen übermitteln, die ich immer wieder beim nächsten Zukunftslotsen behandelt habe.

Selbstverständlich war es mir nicht möglich, auf jede Einzelschwäche direkt einzugehen. Ich habe passend zum jeweiligen Zukunftslotsen die häufigsten Schwächen-Nennungen herausgepickt und aufgrund dieser Basis meine Rezepte und Empfehlungen beim jeweiligen Zukunftslotsen zusammengestellt. Am Ende des jeweiligen Zukunftslotsen habe ich dann auch noch die sinngemäß häufigsten Schwächen-Nennungen aufgelistet und meine Einschätzungen dazu übermittelt.

Während des gesamten 18-monatigen Projektes wurde somit ein optimaler Dialog zwischen den teilnehmenden Firmen und Günther Panhölzl angeboten und von teilnehmenden Firmen auch gerne wahrgenommen.

Das Ergebnis: der *„erfolgsfitCode“* Kunde

Bereits mit meinem Buch *„Unsere Firma – Unsere Zukunfts-Oase“* habe ich die – aus meiner Sicht – **drei wichtigsten Unternehmenssäulen präsentiert**:

- das TEAM
- die FIRMA
- der KUNDE

Mein Buch *„Unsere Firma – Unsere Zukunfts-Oase“,* welches ich in zwei Versionen = zwei Sichtweisen – einmal aus der Führungskräfte-Sicht und einmal aus der Mitarbeiter-Sicht – auf den Markt gebracht habe, hat den Lesern sowie den Vortrags- und Seminar-Teilnehmern eindeutig aufgezeigt, wie man die jeweilige Säule in der Firma stärken kann.

Zur optimalen Umsetzung in der Firma war es somit für mich klar, dass ich auch den *„erfolgsfitCode“* in diese drei Säulen aufteile, und Sie halten gerade aktuell die **„dritte Säule: der KUNDE“** in Ihren Händen.

Vor Ihnen liegt nun also der ***„erfolgsfitCode“* KUNDE.** In diesem präsentiere ich Ihnen jene Erfolgszutaten, die Sie **unbedingt beachten müssen**, wenn Sie beim Kunden von Heute und Morgen optimal punkten und Ihre Verkaufsquote erfüllen wollen.

Gerade aktuell, und das wird uns auch in die nächsten Jahrzehnte hinein begleiten, stehen wir vor einer **großen gesellschaftlichen Zeitenwende**. Nicht nur Finanzkrisen und ähnliche Nebenschauplätze, die uns seit Jahren zu schaffen machen, sind der Auslöser, sondern vor allem die modernen **Kommunikationsmöglichkeiten**. Spätestens 2016, da sind sich alle Experten und Branchen-Insider einig, werden die stationären Computer rund um das Thema Informationsbeschaffung / Informationsbereitstellung von mobilen Endgeräten abgelöst werden. Das bedeutet: Es werden sich mehr Menschen mobil aus dem Internet Wissenswertes holen, als dies bisher stationär der Fall war. Gleichzeitig sind die mobilen Endgeräte, allen voran die Smartphones und Tablet-PCs bereits technisch so überlegen, dass man alles Wichtige vor Ort und sehr einfach abrufen kann. Für den Kunden: Er kann sich mittels Smartphone / Tablet-PC einfach bequem die Angebote, Geschäfte usw. anzeigen lassen, die in seiner näheren Umgebung für ihn bereitstehen.

Dies ist nur eine Entwicklung, die aus meiner Sicht auch große Firmen und sogar Weltkonzerne ins Schwitzen bringen wird. Beispiele wie Quelle, Schlecker und Co. zeigen eindrucksvoll: Niemand bleibt verschont. Keine Größe ist sicher. Keiner kann sich diesem Wandel entziehen.

Ich will Ihnen eindrucksvoll aufzeigen, was zu tun ist, damit Sie mit Ihrer Firma, Ihren Akteuren, Ihrem Team FIT für den enorm digital beeinflussten Kunden von Heute und vor allem von Morgen sind.

Begleiten Sie mich nun auf die spannende Reise des ***„erfolgsfitCode“*** **KUNDE** und schauen Sie sich mit mir gemeinsam an, wie der Kundenwandel aussieht, wie Sie auf diese Veränderungen reagieren müssen und wie Sie es zu guter Letzt schaffen, dass Sie vor allem für den Angebot suchenden Kunden in der digitalen Gesellschaft sichtbar werden und bleiben.

Wie Sie die einzelnen *„erfolgsfitCode“*-Bausteine erfolgreich aktivieren

Der *„erfolgsfitCode“*-Baustein kann seine Wirkung nur mit meinem Lieblingsmotto *„Ehrliche ernten Erfolge“* entfalten

Damit Sie mit den einzelnen *„erfolgsfitCode“*-Bausteinen optimal arbeiten können, die Aktivierung erstklassig und nachhaltig im Team funktioniert, müssen Sie mein Lieblingsmotto zu 100 % beherzigen.

Immer wieder mache ich die Feststellung, dass Menschen sehr wohl in der Lage sind, Erfolgsrezepte, Empfehlungen, Gedankengänge, Ideen, Impulse usw. erfolgreich für sich zu nutzen. Das Einzige, was dagegen spricht, ist: Sie wollen es nicht. Das klingt zwar auf den ersten Blick paradox, ist aber tägliche Realität.

Auf dieses **gefährliche Manko** weise ich unter anderem auch immer wieder in meinem KMU-Blog hin, den Sie unter www.panhoelzl.com finden. Eines muss Ihnen, Ihren Kollegen, Ihren Mitarbeitern usw. klar sein: **Wenn Sie nicht innerlich bereit sind**, meine Empfehlungen auszuprobieren, sie mit der persönlichen Note Ihrer Firma, Ihren Angebotsstrukturen zu verfeinern usw., dann werden Sie die gewünschten Ergebnisse nicht erhalten.

Wenn Sie als Entscheidungsträger, Unternehmer, Führungskraft usw. diese Zeilen gerade jetzt und später mein Buch lesen, dann akzeptieren Sie bitte ebenfalls dieses Lieblingsmotto zu 100 %. Immer wieder mache ich Erfahrungen, dass sich gerade Personen in führenden Positionen nicht gerne selbst durchleuchten, ob nicht auch sie das eine oder andere Mal bei einer unrunden Sache der Verursacher sind. Genau das müssen Sie aber vorbehaltlos tun. Es muss Ihnen klar sein, Sie werden nur dann in den Genuss der Vorteile kommen, die Sie durch den *„erfolgsfitCode"* und dessen Entschlüsselung anschließend kennen lernen, wenn Sie wirklich bereit sind, ihn **100 %ig anzuwenden**. D. h., dass Sie sich auch selbst, wenn notwendig, kritisch durchleuchten. Dass Sie unter anderem Ihre Verhaltensmuster, wenn nicht mehr angemessen, verändern uvm.

Bitte akzeptieren Sie: Nur „Ehrliche ernten Erfolge". Diejenigen, die wirklich bereit sind, Wissen anzunehmen, um auf dessen Basis dort Optimierungen durchzuführen, wo es sinnvoll und notwendig ist.

Wenn Sie als **Mitarbeiter** diese Zeilen lesen, dann bitte ich Sie, in Ihrem Sinne, weil mir Ihre Zukunft am Herzen liegt, ebenfalls mein Lieblingsmotto *„Ehrliche ernten Erfolge"* zu akzeptieren. Ich weiß aus eigener Erfahrung, dass viele Mitarbeiter lieber die Freizeit, die man als Unternehmer in Aus- und Weiterbildung steckt, genießen würden, da viele sagen: Jede finanzielle Ausgabe für gewisse Aus- und Weiterbildungseinheiten wäre besser angelegt, wenn man sie ihnen als Prämie ausbezahlt. Ich weiß das, da ich selbst einmal ein Lehrling war: Das ist angenehm, bequem und situationsbedingt oft nachvollziehbar.

Doch ich bin mir auch sicher, dass Sie Folgendes gewährleisten wollen: einen sicheren Arbeitsplatz zu haben. Dass es Unternehmen gibt, die Ihnen einen Job anbieten können, vor allem wenn Sie einen suchen, wenn Sie arbeitslos sind, wenn Sie sich verändern wollen usw.

Viele Mitarbeiter haben aktiv daran mitgewirkt, dass ich heute in der Lage bin, Ihnen den ***„erfolgsfitCode"*** **zu präsentieren**. Ich möchte Sie **auf gar keinen Fall belehren**, nicht bevormunden oder zu etwas zwingen.

Ich reiche Ihnen mit diesem Buch nur die Hand und lade Sie mit Ihren Führungskräften, Ihren Chefs ein, gemeinsam aktiv die Zukunft Ihrer Firma so zu gestalten, die Weichen in die richtige Richtung zu stellen, damit auch Sie in der Zukunft davon profitieren können.

Leitgedanke Führungskraft

Als Einleitung und damit Sie optimal mit dem jeweiligen *„erfolgsfitCode"*-Baustein arbeiten können, finden Sie unter dieser Rubrik Hinweise, Empfehlungen und Gedankengänge, damit Sie den Inhalt, der Sie erwartet, sehr schnell verstehen. Insbesondere werde ich immer wieder darauf Bezug nehmen, worauf es bei den verschiedenen *„erfolgsfitCode"-Bausteinen* aus der Sicht der Führungsrolle ankommt.

Leitgedanke Mitarbeiter

Hier präsentiere ich Ihnen, liebe Mitarbeiter, warum es wichtig ist, dass Sie sich mit dem jeweiligen *„erfolgsfitCode"-Baustein* auseinandersetzen. Ich will auch Sie immer dazu einladen, die jeweiligen wertvollen Erkenntnisse in Ihrer Firma zu aktivieren, damit auch Sie in den Genuss der daraus resultierenden Vorteile kommen.

Die Baustein-Herausforderung

Hier finden Sie alles Wissenswerte rund um das Thema Herausforderung. Was schwächt Firmen beim jeweiligen *„erfolgsfitCode"-Baustein?* Welche Herausforderungen bringen Zeitwenden mit sich? Welche Rolle spielen die täglich kleinen Marktveränderungen? Wie beeinflussen Sie die jeweiligen Herausforderungen auch mental und schwächen somit auch unter anderem Ihre Einsatzbereitschaft, Ihren Glauben, Ihre positive Sichtweise uvm.?

Sie werden diesbezüglich sehr häufig einen Spiegel vorfinden, in den Sie hineinsehen und immer wieder erkennen werden: *„Ja, so läuft es auch in unserer Firma. Ja, das ist mir bekannt und vertraut."*

Die Baustein-Aktivierung

Hier finden Sie optimal aufbereitet alle Erkenntnisse, wie man den jeweiligen ***„erfolgsfitCode"-Baustein*** **optimal aktiviert**, die Vorteile **für sich nutzt** und in die täglichen Abläufe **erfolgversprechend einbettet**.

Weiters finden Sie meine kurze und bündige Anleitung, wie Sie **Schritt für Schritt** die **Aktivierung durchführen**. Ich werde Ihnen auch immer wieder aufzeigen, dass Sie bei der Aktivierung eines nicht übersehen dürfen: Wie Sie optimal die persönliche und somit einzigartige Note Ihres Teams in diesem Prozess optimal einbetten. Abgerundet werden dann noch die Hinweise, wie Sie Ihre aktuelle Produkt- und Dienstleistungspalette mit den *„erfolgsfitCode"-Baustein-Erkenntnissen* verzahnen müssen.

Unsichere Zeiten; nicht vorhersehbare Risiken; Krisen, die man so noch nie in der Geschichte der Menschheit bewältigen musste, uvm. So werden uns tagtäglich Meldungen präsentiert. Genährt und gestärkt von führenden, renommierten Meinungsbildnern.

Sehr häufig auch wirklich mit fundierten Zahlen, Daten und Fakten untermauert. Auf den Punkt gebracht bedeutet das: „Nichts wird mehr so sein, wie es einmal war." Befreien Sie sich von solchen Ängsten. Befreien Sie sich von solchen düsteren Zukunftsprognosen, indem Sie ganz einfach immer die aktuellen Rahmenbedingungen akzeptieren und das Beste daraus machen.

Der *„erfolgsfitCode"* begleitet, unterstützt Sie und zeigt Ihnen immer wieder auch Wege auf, wie Sie das Heute und das Morgen erfolgreich meistern.

Der „SPIRIT-Kunden-Mix" = Sog in der Masse mit Klasse

Leitgedanke Führungskraft

Die Kundengefühle sind der Anker Ihrer Firmenangebote

Der *„erfolgsfitCode"*, dies werden Sie mit Sicherheit schon bemerkt haben, erscheint in Form einer Trilogie. Sie halten gerade das *„erfolgsfitCode"*-Buch *„KUNDE"* in den Händen. Gleichzeitig sind auch die *„erfolgsfitCode"*-Bücher *„TEAM"* und *„FIRMA"* erschienen. In jedem Buch befinden sich 20 *„erfolgsfitCode"*-Bausteine, und immer beim ersten habe ich die Wichtigkeit des *„erfolgsfitCode"*-Bausteins *„The SPIRIT"* behandelt.

Von vielen Führungskräften wird leider der SPIRIT sehr stark unterschätzt. Man kennt durch das tägliche Geschäft Puzzleteile davon. Wenn man ein Firmenkonzept konzipiert, gehört z.B. auch die Firmenphilosophie dazu. Was von den Führungskräften sehr häufig dabei übersehen wird: Mit dem Beginn des 21. Jahrhunderts konnten wir alle eindrucksvoll mitverfolgen, wie Firmen mit einer einwandfreien Konzentration auf den **SPIRIT Mega-Erfolge** erzielt haben und diesen auch auf **hohem Niveau absichern**.

Dazu gehört unter anderem der Apple-Konzern. Er beweist eindrucksvoll, dass seine Produkte nicht nur IN sind. Sie haben unter anderem einen neuen **Kunden-Status** mitgeprägt, den man heute gerne als ***„Haben wollen"*** bezeichnet. Das für mich Interessante dabei ist, dass Apple nach einer guten, erstklassigen Etablierung am Markt in die Schieflage kam. Der Konzern stand vor dem AUS. In wirklich allerletzter Sekunde wurde Steve Jobs wieder an Bord gebeten. Er kam dieser Bitte nach und machte sich sofort ans Werk, das verstaubte und nicht mehr wirkungsvolle Firmenkonzept wieder auf Vordermann zu bringen. In dieser Veränderungsphase war er auch bereit, als **echter Visionär** volles Risiko einzugehen. Er betrat mit seinen Angeboten absolut unentdecktes wirtschaftliches Neuland. Viele renommierte und mächtige Manager, Experten usw. schüttelten immer wieder ungläubig den Kopf. Sie waren schließlich selbst absolute Branchenkenner und konnten sich die Vorhaben, sobald sie von Steve Jobs sichtbar gemacht wurden, nicht vorstellen. Die Musikindustrie war felsenfest davon überzeugt, dass es sehr schwer, wahrscheinlich sogar unmöglich ist, dass Kunden für Musiktitel, die sie downloaden, bezahlen. Aus der Sicht der Musikindustrie wurden ja bereits Raubkopien millionenfach auf illegalen Online-Börsen ausgetauscht. Warum sollte also ein User dafür bezahlen, wenn er auch über Medien Ratschläge erhält, wie es gratis geht. Im Prinzip hatte jedoch die Musikindustrie nichts zu verlieren. Und deshalb wurde eine Partnerschaft mit Apple abgeschlossen. Dies war die Grundsteinlegung für iTunes und die damit verbundene geniale Produkt-Einführung des **iPods**. Heute gehört iTunes zu den größten Musikhändlern der Welt, wo Kunden sehr wohl und gerne Musik, Videos und ähnliche Dinge gegen Bezahlung kaufen.

Neben der gleichzeitig wieder optimierten Computer-Linie von Apple wurden gleich zwei weitere wichtige Geschäftsfelder aufgebaut, die der Firma turboartige wirtschaftliche Erfolge bescherten.

Trotz dieser Erfolge und, damit verbunden, dem besonderen Gefühl: Was der Kunde will, was ihn bewegt, das kann man ihm anbieten, waren viele renommierte und anerkannte Entscheidungsträger wieder irritiert, als Steve Jobs zum ersten Mal durchblicken ließ, dass er nun am Handymarkt mitmischen will. Die damals noch fest im Sattel sitzenden Top-Anbieter – darunter der Weltmarktführer Nokia – konnten sich nicht vorstellen, dass plötzlich Apple die Firma sein soll, die auch das Handy revolutioniert. Genau das ist aber eingetreten! Apple gilt heute als Mitbegründer des Smartphones. Es hat neue Standards gesetzt. Die heute in der allgemeinen Sprache angebotenen Apps sind bei vielen Menschen aus dem täglichen Leben nicht mehr wegzudenken. Ohne Übertreibung kann man sagen: Vor kurzem noch in der internen Ideen-Schmiede – nun ein vom Kunden akzeptierter und gerne in Anspruch genommener Standard. Während Nokia und Co. – wie z.B. auch der Blackberry – heute stark zu kämpfen haben, weil sie nicht mehr so attraktiv auf den Kunden wirken, baut Apple seine unglaublichen iPhone-Erfolge stetig aus.

Man könnte nun meinen, alle Experten weltweit akzeptieren zumindest Folgendes: Der Erfolg gibt Apple Recht. Steve Jobs, die Nummer eins, hat mit seinem Team wohl eine besonders feine Nase, was beim Kunden ankommt, was er will und, das Wichtigste, wofür er bereit ist, auch mehr Geld auszugeben als für vergleichbare Konkurrenzprodukte.

Trotz dieser bereits mehrfach bewiesenen Erfolgsstory, die sich ständig auch auf neue Geschäftsfelder ausgeweitet hat, gab es wieder ein Déjà-vu. Bei der Ankündigung von Steve Jobs, dass er nun als nächstes Geschäftsfeld den Tablet-PC am Markt erfolgreich einführen wird, stellte sich auch das Kopfschütteln wieder ein. Zum wiederholten Male sprach man Steve Jobs das Gespür für zukünftige Geschäftsfelder ab. *„Diesmal wird er sich irren"*, war, auf den Punkt gebracht, die weitverbreitete Meinung. Denn, der Tablet-PC in klassischer Form war nicht unbedingt die absolut neueste Erfindung. Einige Jahrzehnte versuchten schon viele namhafte Computerhersteller und auch Nobodys in dieser Branche einen Tablet-PC am Markt zu etablieren – alle sind gescheitert. Die Stückzahlen waren in den meisten Fällen unter der Wahrnehmungsgrenze. Steve Jobs kündigte wie immer bei der Ersteinführung eines neuen Produktes eine *„Revolution"* an. Seine Ankündigung ging wieder voll auf. Bereits bei der Einführung des iPads zeichnete sich in den ersten Stunden wieder eindeutig ab: Genau das ist das nächste ***„Haben wollen"*-Produkt** von Apple.

In den Augen seiner Kundschaft und vieler Millionen Fans ist Steve Jobs leider viel zu früh von dieser Welt gegangen. Niemand kann genau sagen, wie sich der Konzern ohne den Mastermind weiterentwickeln wird. Aber eines hat Steve Jobs mit seinem Team für die wirtschaftlichen Geschichtsbücher unverrückbar aufgezeigt:

Der SPIRIT entscheidet! Er hat durch edles Design, geheimnisumwitterte und prestigeträchtige Produktpräsentationen und vieles mehr auch punkto Preispolitik auf allen Linien gewonnen. Während auch viele Großkonzerne ständig darunter stöhnen, wie schwer es ist, mit seinen Produkten einen vernünftig kalkulierten Preis am Markt zu erzielen, beweist Apple mehrfach das Gegenteil.

Viele Apple-Kunden kaufen nicht nur das Produkt, sondern auch das Gefühl, den Livestyle, das Besondere uvm. Es spielt keine Rolle, welche Produkte Sie als Firma vertreiben. Eine der größten Herausforderungen im 21. Jahrhundert besteht sicher darin, einen Sog in der Masse mit Klasse zu erzeugen. An dieser Kundenherausforderung kommt keine Firma vorbei. Selbst Discounter müssen dies seit vielen Jahren zur Kenntnis nehmen. Es reicht nicht mehr, dass sie in ihrem Firmenkonzept im Kern folgende Formel festgeschrieben haben: Dem Kunden günstige Produkte mit akzeptabler Qualität anzubieten. Sie müssen dem Kunden längst beweisen, dass auch sie einen besonderen SPIRIT haben, der sie auszeichnet. Dazu gehört unter anderem, dass sie bereit sind, nachhaltig zu wirtschaften, gesellschaftlich einwandfreie Spuren zu hinterlassen uvm.

Der HyperKonsum, also permanent alles zu kaufen, auch jenes, was man nicht unbedingt benötigt, ist in vielen Branchen nicht mehr nur ein Auslaufmodell, sondern der Wandel ist bereits vollzogen. Im nächsten *„erfolgsfitCode"*-Baustein werde ich Ihnen diesbezüglich noch mehr aufzeigen. Die wichtigste Botschaft, natürlich auch eng verbunden mit Ihrem SPIRIT, lautet: Sie müssen sich für den **MoralKonsum engagieren**. Sie müssen dem Kunden beweisen, dass Sie als Unternehmen am Markt einwandfrei moralisch agieren.

Leitgedanke Mitarbeiter

Fühle den Kunden und gewinne sein „JA"

Gleich am Start dieses *„erfolgsfitCode"*-Bausteins darf ich Sie, liebe Mitarbeiterinnen, liebe Mitarbeiter, bitten, dass Sie ganz kurz den *„Leitgedanken Führungskraft"* durchlesen. Ich habe hier anhand von Beispielen der Firma Apple eindeutig aufgezeigt, dass sich in Zukunft nur jene Firmen wirtschaftlich erfolgreich am Markt behaupten können, die bereit sind, den SPIRIT des Kunden zu akzeptieren. Seine Gefühle, seine Einstellungen, seine Vorstellungen werden in der Zukunft Ihr Sortiment nachhaltig beeinflussen. Dabei bleibt es jedoch nicht. Auch Sie werden in den Sog des Kunden-SPIRIT kommen. Das bedeutet: Der Kunde wird immer stärker jene Firmen bevorzugen, bei denen sich alle in der Firma tätigen Personen für seine SPIRIT-Vorstellungen engagieren. Dazu gehören unter anderem: einwandfreie moralische Beratung; ein positives, gelebtes Image des gesamten Teams uvm.

Natürlich bedeutet das für Sie ein höheres Engagement. Das heißt auch: Hier das Produkt – dort das Preisschild! reicht nicht mehr. Im Klartext: Viele Verkäufer müssen innerlich bereit sein, sich dieser Veränderung zu stellen, um das Beste daraus zu machen.

Sie wissen mit Sicherheit aus eigener Erfahrung, wenn Sie bereits länger in einer Firma oder in mehreren tätig waren, dass das mit dem Firmenkonzept so eine Sache ist. Mit Worten, mit Vorgaben usw. kann man sehr schnell auch den SPIRIT aufzeigen; das Besondere der Firma; eine erstklassige Differenzierung uvm. Die **Bruchstelle** entsteht dann beim Übergang von der **theoretischen Niederschrift** in die **praxisorientierte Umsetzung**. Viele Mitarbeiter sagen dann zu mir: *„Herr Panhölzl, das ist an sich logisch. Klingt ja toll! Doch wie können wir das im Alltag umsetzen?"* Es kommt auch sehr häufig der Hinweis, dass es die Führungskräfte sicher gut meinen, wenn sie ein Firmenkonzept entwickeln, niederschreiben und es endgültig beschließen; doch sie selbst haben dann oft große Probleme, es in der Praxis umzusetzen. Die Führungskräfte bemerken nämlich dann bei den Mitarbeitern: So einfach, wie es geschrieben ist, geht es dann doch nicht. Auch sie selbst tun sich sehr schwer, eingeschlagene und oft schon tief ausgetretene Pfade wieder zu verlassen.

Das folgende Beispiel zeigt oft entstandene Missstände auf: Auf der einen Seite werden im Firmenkonzept auch viele Punkte festgehalten, die zu einem Wohlfühl-Team führen sollen. Die Führungskräfte sagen dann auch bei der Präsentation in einer Besprechung: *„Das ist uns wichtig! Wir wollen, dass sich alle in der Firma wohl fühlen. Wir wollen, dass alle“*, und da kommt immer der Klassiker: *„an einem Strang in eine Richtung ziehen.“* – *„Klingt schön; doch wie schaut es in der Praxis aus?“*, sagen dann Mitarbeiter. *„Chefs geben hier nicht immer ein gutes Vorbild ab. Sie selbst verwenden auf einmal stärker eine negative Kommunikationssprache. Sie selbst vergiften sehr häufig das Klima. Sie stellen plötzlich Forderungen an uns Mitarbeiter, die kaum zu erfüllen sind. Ihnen ist es auf einmal egal, ob wir uns wohl fühlen; ob wir die Arbeit schaffen; ob wir zu viele Überstunden machen; ob wir auch alles verstanden haben. Ja, da beginnt es bereits. Im Firmenkonzept heißt es noch: Wir sollen exzellent beraten. Wir sollen für den Job fit sein usw. In der Praxis wird dann Wissenswertes im Schnelltempo präsentiert, und schon glauben die verantwortlichen Führungskräfte, alles läuft wie geschmiert.“*

Liebe Mitarbeiterinnen, liebe Mitarbeiter, ich kann solche Aussagen nur bestätigen. Ich erlebe das auch immer wieder, wenn ich die Firmen in Trainings anhand einer Stärken-und-Schwächen-Analyse durchleuchte.

So weit, so gut. Nur eines sollten Sie sich jetzt zu Herzen nehmen: Das ständige Drehen des *„Schuldzuweisungs-Karussells“* bringt nichts. Der Kunde gibt hier den Takt vor. Er will erkennen, dass sich Ihre Firma durch einen **besonderen SPIRIT auszeichnet**. Gerade das Thema SPIRIT ist sehr heikel. Man kann ihn nicht so einfach angreifen. Man kann nicht einfach sagen: *„Okay, das ist der Ablauf, und dann funktioniert er.“* Manche äußern sich um das Thema SPIRIT auch wie folgt: *„Naja, so etwas Esoterisches. Ein wenig Gefühls-Spinnerei usw.“* Genau das ist es nicht! Das muss Ihnen klar sein, liebe Mitarbeiter.

Top angesehene Unternehmen verfügen über einen besonderen SPIRIT. Denn er hat sie erst in diese Position gebracht.

Die **Vorstellungen des Kunden** müssen sich in **Ihrem SPIRIT wiederfinden**. Nur so ist gewährleistet, dass der Kunde bei der Angebotsauswahl auch Sie als einen attraktiven Anbieter einstuft.

Die Baustein-Herausforderung

Wie wirkungsvoll ist Ihre „SPIRIT-Differenzierung“ zur Konkurrenz?

Es geht nicht um Preise! Es geht nicht um die Angebote! Es geht nicht um die Konkurrenz! Sondern es geht um die **Kundengefühle**! Dort müssen Sie als Firma mit Ihren Firmenangeboten gewinnbringend vor Anker gehen. Die meisten Entscheidungen trifft der Kunde emotional. Dies wird leider gerade von den für die Kunden zuständigen Personen gerne ignoriert. Viele lassen sich von den billigen Preisen der Konkurrenz lenken und sehen somit nicht mehr die wahren Werte, die für den Kunden wichtig sind. Gerne neigen auch Verkäuferinnen/Verkäufer dazu, durch perfekte Selbsttäuschung von eigenen Mängeln abzulenken. In der Praxis folgen dann Aussagen wie: *„Die Konkurrenz macht alles besser. Die Konkurrenz hat es um vieles einfacher. Man steht mit den aktuellen Angebotsstrukturen einfach auf verlorenem Posten.“* Das ist in den meisten Fällen nicht richtig, denn als Profi wissen Sie sicher: Die Konkurrenz kocht auch mit dem gleichen Wasser. Ohne eindeutige SPIRIT-Differenzierung ist es auch für den Kunden schwer, Anbieter zu vergleichen. Sie wissen aus eigener Erfahrung – da wir tagtäglich auch alle Kunden sind –, dass es immer schwieriger wird, Firmen zu vergleichen, weil sie oft wie ein Ei dem anderen ähneln.

Wo sind die Schwachstellen Ihrer „Haben-wollen“-Strategie?

Sie kennen garantiert die überall immer wieder auftauchenden Erfolgsstorys von Top-Firmen. Eines eint sie alle: Sie konnten sich durch einen besonderen SPIRIT markant von der Konkurrenz abheben. Sie haben es geschafft, dass der normale Preis-Leistungs-Vergleich für die Kunden nicht mehr wichtig ist, sondern dass sie andere Werte zum Kauf bewegen: Sie wollen die Produkte unbedingt haben; sie wollen Produkte von der Firma kaufen. Sie stufen deren Produkte als absolut „IN“ ein und sind felsenfest davon überzeugt, dass sie dadurch auch „IN“ sind, wenn sie sie kaufen. Viele Kunden stecken dann noch zusätzlich ihr Umfeld mit diesem „Haben-wollen“-Virus an. Und so werden permanent die „Haben-wollen“-Wellen in Zielgruppen losgetreten. Wann haben Sie sich das letzte Mal in der Firma der Frage gestellt: *„Sind wir wirklich in der Zielgruppe IN und will der Kunde unsere Angebote wirklich von uns haben?“*

Ist unser SPIRIT mit der umworbenen Zielgruppe kompatibel?

Nicht jeder Kunde passt zu Ihrer Firma; das ist eigentlich den meisten Entscheidungsträgern und den Verkaufsmitarbeitern klar. Bei der Entwicklung einer unverwechselbaren, anziehenden Marketing-Strategie werden diese

Kenntnisse gerne ignoriert. Viele wollen sich im hektischen Alltag offensichtlich nicht die Zeit nehmen, um immer wieder eindeutig herauszufiltern: Welche Zielgruppen passen zu uns, und wo bemühen wir uns um die Gunst des Kunden umsonst? Eines muss jedem Entscheidungsträger klar sein: Der SPIRIT, den die Firma täglich lebt, wird nicht von allen Zielgruppen angenommen. Wichtig ist die Akzeptanz folgender Gesetzmäßigkeit: Um dauerhaft erfolgreich zu werden, muss man polarisieren. Das bedeutet: Man kann es nie allen Zielgruppen recht machen.

Lebe „ICH“ den Firmen-SPIRIT täglich oder täusche „ICH“ den Kunden?

Ein wichtiges Puzzle-Teil des Firmen-SPIRIT ist die Firmenphilosophie. Die meisten Firmen haben zwar eine; warum es sie gibt und wie sie wirkungsvoll strategisch täglich in allen Abläufen eingesetzt wird, wissen aber die Wenigsten. Es gibt leider auch viele Entscheidungsträger und Mitarbeiter, die den SPIRIT, selbst wenn er in der Firma eindeutig entwickelt ist, als Humbug abtun. Sie wollen dessen Wirkung nicht wahrhaben. Sie gehen meistens sogar noch einige Schritte weiter und stellen die Wirkung des Firmen-SPIRIT permanent in Frage. Immer wieder präsentieren solche Personen gerne Daten, Fakten und Infos, die ihre Aussagen untermauern sollen. Nur bei einer Frage verstummen ihre Botschaften sehr schnell: *„Warum sind gerade jene Firmen in einer Branche so erfolgreich, die sich durch einen besonderen, unverwechselbaren und für alle erkennbaren SPIRIT auszeichnen? Welchen SPIRIT-Weg sind Sie bis heute gegangen? War die Mogelpackung Ihr Favorit, oder waren Sie bereit, täglich im Geiste und Sinne ihres Firmen-SPIRIT zu arbeiten?“*

Die Baustein-Aktivierung

Die Kundengefühle ernst nehmen und in das Firmenkonzept optimal integrieren

Ihre Firma kann nur einen unverwechselbaren und dauerhaft wirkungsvollen SPIRIT entwickeln, wenn Sie die Kundengefühle in den Entwicklungs- und Etablierungsphasen optimal einbinden. Ihr Firmen-SPIRIT muss ein eindeutiges Spiegelbild Ihrer umworbenen Zielgruppen sein. Die Zielgruppen müssen sich in Ihrem Firmen-SPIRIT wiederfinden – nur dann werden Sie dauerhaft in der Lage sein, den Kunden emotional für sich zu gewinnen. Hören Sie genau in die Sehnsüchte, in die Gefühle, Wünsche und Träume Ihrer Kunden hinein. Versuchen Sie, diese möglichst identisch in die eigene SPIRIT-Strategie einzubauen. Sie werden sehen: Der Kunde wird

Sie lieben, wenn er eindeutig erkennt, dass seine Vorstellungen mit den Ihren ident sind.

Die Kunden emotional gewinnen & binden durch eine eindeutige „Haben-wollen“-Strategie

Sie müssen sich bei der Entwicklung des SPIRIT ernsthaft Zeit für Folgendes nehmen: Was sind die Zutaten Ihrer „Haben-wollen“-Strategie? In vielen Branchen und auch Firmengrößen wird es zunehmend schwieriger, mit 08 15-Produkten = Angebote von der Stange, bei der Zielgruppe dauerhaft zu punkten. Die auch einmal gewonnenen Kunden kehren Firmen sehr schnell den Rücken, wenn sie erkennen, dass ihre Sehnsüchte und Wünsche bei der Konkurrenz besser aufgehoben sind. Eine wichtige Aufgabe Ihres Firmen-SPIRIT ist es, dass er beim Kunden optimal eingepflanzt wird. Damit er dort prächtig gedeihen kann, muss er vom Kunden zu 100 % angenommen werden. Es ist gar nicht so schwierig, eine „Haben-wollen“-Strategie zu entwickeln. Man muss nur bereit sein, dem Kunden regelmäßig aktiv zuzuhören und sich im Team für die Entwicklung des Besonderen Zeit zu nehmen.

Unser SPIRIT ist der ertragreiche Kompass bei der „Kundenauswahl“

Den SPIRIT, den Sie in der Firma fühlen, leben und täglich umsetzen wollen, ist der Kompass für die Gewinnung der Zielgruppen. Folgen Sie diesem Kompass! Er wird Sie immer in die Ertragszone führen. Verzichten Sie auf „SPIRIT-Experimente“, denn Sie können nicht alle kaufkräftigen Zielgruppen in Ihrer Branche für sich gewinnen. Sie müssen sich auf jene konzentrieren, die wirklich 1:1 mit den erfüllbaren Angeboten und den Vorstellungen des Teams kompatibel sind.

Der „Firmen-SPIRIT“ lebt und wirkt durch mich auf den Kunden

Der „Firmen-SPIRIT“ in Ihrer nonverbalen Kommunikation ist ein wichtiger Bestandteil. Der Kunde spürt, ohne dass Sie irgendetwas sagen, ob Sie wirklich innerlich dazu bereit sind, täglich im Sinne des selbst definierten und festgelegten „Firmen-SPIRIT“ zu denken, zu planen und zu handeln. Jede Abweichung, jede Täuschung wird er Ihnen übel nehmen und in der Zielgruppe verbreiten. Leben Sie täglich im Sinne Ihres Firmen-SPIRIT. denn nur dadurch sind Sie auf der sicheren Seite, die Richtung Erfolg führt.

MoralKonsum verdrängt HyperKonsum

Leitgedanke Führungskraft

Mehr mit Verstand als mit Menge

Für Sie als amtierende Führungskraft wird es wahrscheinlich eine der größten Herausforderungen in Ihrer Karriere sein. Wie sehen Ihre Angebotsantwort und die Weiterführung der Firma hinsichtlich der Kundenforderung *„MoralKonsum statt HyperKonsum“* aus?

Von Experten in Rede gekommen, von den Medien immer stärker verbreitet, lautet die Botschaft: Das **aktuelle wirtschaftliche Modell**, mit dem wir über 100 Jahre gut gelebt haben, steht auf dem **Prüfstand**. Wie es nach dem Wandel aussehen kann und soll, ist der Gegenstand von heftigen Debatten und von rauchenden Köpfen, und zwar bei jenen Personen, die für die strategische Ausrichtung einer Firma zuständig sind. Nur ein Ergebnis steht heute bereits unverrückbar fest: So wie bisher kann und wird es nicht weitergehen.

Unter anderem stellen Experten Folgendes fest: *„Wir konsumieren so viel als hätten wir vier Erden.“* Diese Botschaft des Konsumforschers Michael Kuhndt bringt es erstklassig auf den Punkt. Ich selbst kann mich seit Jahren bei Firmentrainings davon überzeugen, dass die Kunden tatsächlich bei dem von den Wirtschaftstreibenden weltweit gerne forcierten Konsumwahn nicht mehr mitspielen wollen.

Natürlich sind wir immer in einer **Doppelrolle**. Auf der einen Seite **Kunde** – auf der anderen Seite **Angestellter** und **Selbstständiger**, der sich darüber Sorgen macht, wie seine wirtschaftliche Tätigkeit auch morgen noch abgesichert werden kann. Viele Menschen haben wirklich enorme Angst davor, dass sie aus dem wirtschaftlichen Kreislauf entfernt werden; dass man sie nicht mehr braucht. Das ist auch eine der vielen Zutaten, warum es so schwierig ist, über einen Systemwandel zu sprechen.

Wenn man mit Ökonomen darüber spricht, ist Folgendes eindeutig: Ständiges Wachstum geht nicht. Wachstum wird aber mit Wohlstand gleichgesetzt. Wenn man also dieses heiße Eisen angreift, es thematisiert, dann riskiert man gleichzeitig, sehr schnell am Pranger zu stehen. Ich weiß das aus eigener Erfahrung. Bereits im Jahr 2002 habe ich immer häufiger bei Vorträgen an geeigneten Stellen auf diese auf uns zukommende Herausforderung hingewiesen. Sofort bemerkte ich bei den Teilnehmern eine ablehnende Haltung. Diese zog sich durch alle Hierarchie-Ebenen, vom Lehrling bis zum Top-Unternehmer: Keiner wollte diese Botschaft hören. Denn ich sagte klipp und klar: *„Jedes Jahr mehr Gewinn, mehr Wachstum, das ist nicht möglich. Nicht alle Firmen in einer Branche, in einem Einzugsgebiet, in einem Land, in einer Zielgruppe können gleichzeitig wachsen. Das geht sich irgendwann nicht mehr aus."* Wie gesagt: Das will natürlich keiner hören. Selbst wenn man vielleicht im Innersten weiß: *„Eigentlich hat Herr Panhölzl Recht. Viele Experten geben ihm auch Recht. Viele renommierte Institute haben einwandfreie Studien dazu verfasst, und die sind deshalb auch glaubwürdig."* Trotzdem will man es nicht hören. Man wehrt sich dagegen. Provokant könnte man nun sagen: Wenn man den Unternehmern und Führungskräften dieses ihnen anvertraute Tool wegnimmt, stehen sie voll verunsichert in ihrer Firma. Welche Ziele sollen sich denn ausgehen? Wie können sie steigende Kosten bedienen, wenn die eigene Firma kein stetiges Wachstum mehr hat? Wenn nicht mehr Gewinne erwirtschaftet werden können?

Michael Kuhndt sagt dazu Folgendes: *„Nun stoßen wir mit dieser Denkweise an Grenzen. Zum ersten Mal müssen wir lernen, dass eine Gesellschaft mit weniger oder zumindest Null Wachstum auskommen muss."* Diese Botschaft untermauert Kuhndt jedoch mit einer sehr pessimistischen Erkenntnis: *„Wir werden noch zehn Jahre brauchen, bis wir ungefähr verstanden haben, dass wir mit weniger Wachstum und mehr Nachhaltigkeit nichts verlieren, sondern an Lebensqualität gewinnen. Denn zuerst müssen wir Wachstum neu definieren."*

Jetzt kommt die darin enthaltene größte Herausforderung auf das Tablett. Es entstehen zwei Geschwindigkeiten. Die Kunden können sich sehr wohl ein Zurücknehmen vorstellen. Die Kunden können sich sehr wohl den gezielten Einkauf vorstellen, der im Einklang mit der Umwelt steht. Das bedeutet: Nachhaltigkeit pur! Das waren nur zwei Puzzle-Teile aus einem Bild, welches ständig wächst, größer wird und an dessen Ende der bereits heute von mir so genannte *„MoralKonsum"* stehen wird. Es gibt nur eine einzige Einschränkung in dieser Entwicklung: So agieren wir in der Kundenrolle. So sind wir bereit, als verantwortungsvolle Kunden zu denken. Ich kann mir sehr gut vorstellen, dass auch Sie als Führungskraft bereits als Kunde ebenfalls Ihr Konsumverhalten Richtung MoralKonsum ausrichten. Hier akzeptieren Sie die Wichtigkeit von Nachhaltigkeit und bevorzugen Firmen mit einem sozialen Gewissen.

Wenn Sie aber auf die andere Seite wechseln, auf die Seite der Führungsrolle, wie sieht es dann aus? Plötzlich werfen viele Führungskräfte die selbst gelebten und definierten Vorgaben, die sie in der Kundenrolle forcieren, sehr schnell über Bord. Denn jetzt geht es darum, dass die Firma Gewinne machen muss; dass mehr Umsatz herein muss. Jetzt geht es nicht mehr darum, sich dem MoralKonsum zu widmen. Jetzt geht es im schlimmsten Fall um das nackte Überleben der Firma. Man kann hier ohne weiteres auch Worte wie *„verantwortungsvoll"* verwenden. Denn es liegt in der Verantwortung der Führungskraft, dass die Firma wettbewerbsfähig wird und bleibt. Dass die Firma zahlungsfähig ist. Dass die Firma sich marktorientiert weiterentwickelt und dabei wächst und Gewinne erwirtschaftet. *„Ganz zu Recht"*, sagen natürlich Führungskräfte. Wenn man sich auch die aktuellen Erfolgsstorys ansieht, sind sie nur durch enormes Wachstum entstanden. Firmen, vor kurzem noch unbekannt oder schwer angeschlagen, sind oft wie der Phoenix aus der Asche aufgestiegen und gehören heute zu den erfolgreichsten und wertvollsten Firmen der Welt. Gleichzeitig wissen Führungskräfte, dass andere, auch große Big Player, gestrandet sind. Vielleicht auch deswegen, weil sie die Zeichen der Zeit beharrlich ignoriert haben. Ein gutes Beispiel dafür ist mit Sicherheit Anton Schlecker. Er war aus meiner Sicht nie ein Vorzeigeunternehmer rund um das Thema *„Moralisches Handeln"*. Er hat aber wirtschaftlich gesehen aus einem Kleinstbetrieb einen milliardenschweren und viele Jahrzehnte top anerkannten Konzern geschmiedet. Als der Konzern in den letzten Atemzügen lag und man wusste, das drohende AUS ist nicht mehr abzuwenden, haben sich viele Unternehmer, Experten und Ähnliche mit folgender Botschaft zu Wort gemeldet: *„Das Management hat zu lange zugewartet, um notwendige Reformen durchzuführen."* Das war die Kernbotschaft.

Machen Sie als verantwortungsvolle Führungskraft nicht denselben Fehler. Warten Sie nicht zu lange. Schauen Sie der Entwicklung, die vom Kunden forciert wird, nicht zu lange zu, indem Sie die neuen Spielregeln des MoralKonsums ignorieren. Akzeptieren Sie, dass auch Ihre Kunden – teilweise sogar unbewusst – bei der kompletten Neugestaltung des wirtschaftlichen Systems mitwirken. Es wird also höchste Zeit, dass Sie Ihren Kunden nicht nachlaufen, sondern dass Sie im Einklang mit ihnen als Vordenker-Unternehmen die moralische Flagge zeigen und sich selbst und anderen beweisen: dass wir tatsächlich an Lebensqualität gewinnen, wenn wir Wachstum neu definieren.

Leitgedanke Mitarbeiter

Die „feine Wahl“ braucht den „feinen Unterschied“

Ich darf Sie wieder bitten, die von mir angeführten Beispiele beim Leitgedanken Führungskraft zu lesen. Dort werden Sie auch für Sie als Mitarbeiter eine wichtige Botschaft erfahren: Ihre Führungskräfte stehen vor einer Mammutsaufgabe, die es zu lösen gilt. Sie müssen Ihr Unternehmen darauf vorbereiten, dass das alte, noch bekannte wirtschaftliche System des ständigen Wachstums bereits heute nicht mehr so funktioniert. Warum nach diesen alten und verkrusteten Spielregeln des alten wirtschaftlichen Systems weltweit noch immer gehandelt wird, hat einen einfachen Grund: Viel zu wenige Entscheidungsträger sind bereit, ihren Worten und den Erkenntnissen durch Taten Gewicht zu verleihen. Warum ist das so? Weil sie vor einem Rätsel stehen. Weil sie nicht wissen, wie es weitergehen soll. Weil alle heutigen Manager, Führungskräfte, Unternehmer usw., also alle Entscheidungsträger, mit diesem alten wirtschaftlichen System aufgewachsen sind. Sie kennen nichts anderes. Obwohl sie in der Kundenrolle wie Sie, liebe Mitarbeiter, schon längst erkennen, dass es mit Sicherheit nicht mehr so weitergehen wird, fehlen ihnen die Antworten, wie es gehen könnte.

Natürlich gibt es auch von Branche zu Branche und vor allem von Firma zu Firma unterschiedliche Entwicklungen. Gerade Start-up-Unternehmen haben es hier wesentlich einfacher. Sie können auf die Kundenwünsche sehr schnell eingehen, weil sie auf ihnen ihr Geschäftsmodell aufbauen; es optimal in Richtung Kunden ausrichten. Sie können also ab Start alles neu definieren und sind somit sehr schnell in der Lage, auch dem MoralKonsum gerecht zu werden und anders zu wirtschaften. Natürlich brauchen sie auch Umsätze, Gewinne und anderes. Doch sie **definieren** sich über **andere Geschäftsmodelle**, wo die Zwänge und der damit verbundene Druck des alten Wirtschaftssystems nicht vorhanden sind.

Die meisten Mitarbeiter und auch ihre Führungskräfte arbeiten in einer Firma, deren Gründung im alten wirtschaftlichen System erfolgte. Das bedeutet: Es ist ein erheblicher Mehraufwand notwendig, um Veränderungen herbeizuführen und um gleichzeitig die Firma Richtung MoralKonsum optimal wettbewerbsstärkend auszurichten.

Sie werden in dieser Entwicklung auch eine Hauptrolle spielen. Die Kunden, die bereits im MoralKonsum angekommen sind, orientieren sich ständig an dem damit verbundenen Einkaufsverhalten. Damit der Kunde seine Wahl MoralKonsum-orientiert treffen kann, braucht es natürlich jemanden, der den *„feinen Unterschied"* für ihn sichtbar macht. Gerade jene Mitarbeiter und Führungskräfte in Ihrer Firma, die verkaufen, die den Kunden beraten, stehen hier vor großen Umbrüchen. Es sind damit Herausforderungen verbunden, die man heute noch gar nicht kennt. Weil wir noch nicht wissen, wie die endgültigen Spielregeln des MoralKonsums morgen aussehen werden.

Eines sollte Ihnen jedoch bereits heute klar sein: In der Zukunft werden Kunden jene Firmen zu ihren Favoriten erklären, die einwandfrei im Sinne des MoralKonsums täglich denken, planen und handeln.

Die Baustein-Herausforderung

Sind wir fit und willig für den Moral-Kunden?

Es ist auch Ihnen sicher nicht entgangen, dass sich mittlerweile Großkonzerne, von denen man es nicht vermutet hätte, für moralisch einwandfreie Wertschöpfungsketten einsetzen. Darunter auch Discounter, die vom Grundkonzept her dem Kunden genau das Gegenteil anbieten wollen: Günstige Produkte zu einer akzeptablen Qualität. Diese simple und sehr erfolgreiche wirtschaftliche Formel reicht den Discountern heute nicht mehr, um wettbewerbsfähig zu bleiben. Sie müssen sich, wie alle anderen Branchen, auch der Herausforderung stellen, die lautet: *„Die HyperKonsum-Ära ist ein Auslaufmodell, bei dem das Ende bereits absehbar ist. Die Zukunft wird vom MoralKonsum geprägt sein."* Leider muss ich immer wieder feststellen, dass gerade KMUs und EPUs diese Entwicklung noch nicht optimal bei ihren Kundengewinnungs- und -bindungsstrategien berücksichtigen. Das ist unter anderem auch deswegen schade, weil gerade diese Betriebsgrößen viel leichter auf den MoralKonsum reagieren können als die großen Big Player. Gerade diese haben ja immer wieder große Probleme, zigtausende Mitarbeiter auf die neue Linie einzuschwören bzw. die Abläufe im Konzern so zu steuern, dass sie dem neuen Bild des MoralKonsums optimal entsprechen. Entscheidungsträger in kleineren und mittleren Betrieben sowie EPUs (Ein-Personen-Unternehmen) müssen sich folgender Herausforderung stellen: Sind wir fit und willig für den Moral-Kunden? Entscheidungsträger, die mit ihren Mitarbeitern zuwarten, die noch nicht bereit sind, sich dieser Herausforderung zu stellen, spielen der Konkurrenz ganz bewusst Wettbewerbsvorteile zu.

Der „Immer-mehr"-Kunde verweigert sich

Was wir seit vielen Jahrzehnten mit steigender Tendenz bis heute wissen, ist nun endgültige Realität: Kunden kaufen nicht mehr wahllos. Entscheidungsträger müssen sich mit ihren Mitarbeitern im Klaren sein: Wir agieren mit unseren Firmen in nicht nur gesättigten, sondern vielfach übersättigten Märkten. Viele Kunden haben eine Menge Produkte und Dienstleistungen wirklich mehrfach. Sie wissen oft gar nicht mehr, wohin mit den Sachen. Ausnahmeerscheinungen bei Neuheiten – wie z.B. seinerzeit das Handy und anschließend das Smartphone – sind äußerst selten, und daher werden sich bei den Kunden die Impulskäufe in vielen Branchen gegen Null bewegen. Selbst Produkte, die mit einem billigen Preis ködern, werden für den Kunden zunehmend unattraktiv. Die oft herzzerreißenden Bilder von Mitarbeitern, die irgendwo in der Welt versteckt wie Sklaven arbeiten, damit andere Länder enorm profitieren, haben längst ihre negativen Spuren in den Kaufentscheidungsphasen der Kunden hinterlassen. Für Firmen bedeutet dies, dass nur jene auch morgen beim Kunden attraktiv punkten können, die wirklich bereit sind, sich mit diesem neuen Kundenverhalten intensiv auseinanderzusetzen. Das bedeutet intern, dass sich ganze Wertschöpfungsketten ändern werden; dass bestehende Geschäftsmodelle überdacht werden müssen und man neuen Platz machen muss.

Ist unsere kundenorientierte „Moral-Botschaft" eindeutig, markant und erlebbar?

Die Mogelpackung „MoralKonsum" wird vom Kunden schnell entlarvt. Wenn dies der Kunde feststellt, ist eine Firma unten durch. Es ist also Vorsicht geboten, wenn man sich dem Kunden moralisch einwandfrei präsentieren will. Der Kunde will beim Einkauf das neue moralische Verhalten der Firma wirklich erleben. Das setzt voraus, dass man in der Firma wirklich bereit ist, die selbst aufgestellten Moral-Regeln zu leben. Kunden werden ganz genau hinsehen, und Firmen, die ihre „Moral-Botschaft" nicht wirklich leben, werden sehr schnell auf den öffentlichen „Kundenpranger" gestellt. Kunden zögern heute nicht mehr und verbreiten ihre „Moral-Erlebnisse" mit Firmen auf allen ihnen zur Verfügung stehenden Wegen. Sie enttarnen dadurch Mogelpackungen und hinterlassen bei den Firmen durch ihr Vorgehen sehr schnell enorm spürbare wirtschaftliche Schäden. So kann es dann passieren, dass eine Firma von Kunden in das wirtschaftliche Out verbannt wird. Viele Entscheidungsträger unterschätzen mit ihren Mitarbeitern die neue Macht des Kunden; denn ist er einmal entfesselt, dann ist er kaum mehr zu stoppen. Mit jedem seiner Handlungen hinterlässt er Spuren am Markt und in der Gesellschaft. Teams, die dies ignorieren, erhalten vom Kunden sehr schnell die rote Karte.

Sind wir für die neuen Geschäftsmodelle, die vom MoralKonsum geprägt werden, innerlich bereit?

Die meisten Menschen tun sich bei Veränderungen immer schon schwer. Wenn es dann noch darum geht, ganze Geschäftsmodelle zu adaptieren, stehen sie wirklich vor großen – auch emotionalen – Herausforderungen. Daran führt jedoch kein Weg vorbei. Sie müssen Folgendes ohne Wenn und Aber akzeptieren: Selbst die heute noch attraktiven Geschäftsmodelle können morgen beim Kunden wirkungslos werden. Sehr häufig geht dies schneller, als manchen Entscheidungsträgern und Mitarbeitern lieb ist. Es geht nicht einfach um eine Umstellung vom HyperKonsum auf den MoralKonsum – es geht um **neue wirtschaftliche Spielregeln!** Ihre Firma wird auf dem Prüfstand stehen, und der Kunde entscheidet, ob Sie die Prüfung täglich bestehen. Es geht also nicht nur darum, die MoralKonsum-Ära zu akzeptieren, sondern sie auch zu verinnerlichen.

Die Baustein-Aktivierung

MoralKonsum oder Auslaufmodell HyperKonsum – es ist unsere Entscheidung

In der Übergangsphase können Sie noch auf einen Mix setzen; doch sehr schnell wird auch in Ihrer Branche der Zeitpunkt kommen, ab dem Sie beim Kunden nur mehr punkten können, wenn Sie Ihr Firmenkonzept nach den neuen Spielregeln des MoralKonsums ausrichten. Sagen Sie bitte jetzt auf gar keinen Fall: *„Das geht in unserer Branche / in unserer Firmengröße nicht."* Sie haben keine Wahlmöglichkeit! Der Kunde wird in der Zukunft nur mehr jenen Firmen den Vorzug geben, die wirklich auf eine moralisch einwandfreie Wertschöpfungskette verweisen können. Es ist Ihre Entscheidung, ob Sie sich auch morgen beim Kunden attraktiv präsentieren wollen oder ob Sie selbst zu einem Auslaufmodell werden. Entscheiden Sie sich für den MoralKonsum! Ich bin der Meinung, diese Entscheidung sollte eigentlich gar nicht so schwer sein, denn gerade in Deutschland und in Österreich müssen wir akzeptieren: Vielfach ist unser Wohlstand auf dem Leid und der Bitterkeit anderer Menschen aufgebaut. Die Bilder von Leuten, die in Fabriken – man kann es nicht anders sagen – wie Sklaven gehalten werden, gehen nicht nur um die Welt, sondern sie sollten auch Entscheidungsträger und deren Mitarbeiter wachrütteln. Natürlich kann man nicht von heute auf morgen den Schalter umlegen, das ist von vornherein ein sinnloses Unterfangen. Es geht darum, dass Sie Schritt für Schritt bereit sind, sich vom HyperKonsum zu verabschieden und sich auf den Weg in Richtung MoralKonsum zu machen. Sind Sie dazu bereit, werden Sie auch in der Zukunft der Liebling der Kunden sein.

Durch unser „Mehr-durch-weniger"-Konzept entstehen erfolgreiche Kundenbeziehungen

Die internen Spielregeln einer Firma wurden in den letzten Jahrzehnten sehr stark davon geprägt, dass man immer mehr schaffen musste. Mehr Umsatz, mehr Ertrag, mehr Erfolg, mehr Export uvm. Diese „Immer-mehr"-Ära ist ebenfalls ein Auslaufmodell. Heute geht es nicht mehr um Quantität sondern vielmehr um Qualität, und dazu gehört auch die erlebbare Lebensqualität. Es wird für Firmen nicht nur zunehmend schwieriger, immer weiter zu wachsen, sondern es wird bald unmöglich sein! Das sieht unser jetziges wirtschaftliches System eigentlich nicht vor. Nach wie vor wird auch bei der Ausbildung von zukünftigen Top-Managern darauf geachtet, dass das „Immer-mehr" noch im Mittelpunkt ihrer Entscheidungen steht. Doch das ist absolut falsch! In der Zukunft werden jene Firmen punkten, die nachhaltig wirtschaften und sich für den Kunden wirklich wieder Zeit nehmen. Der Fließbandumsatz ist zu Ende. Die persönliche Kundenbetreuung und Wertschätzung feiert ihr **großes Comeback**. Entscheiden Sie sich für den richtigen Weg, und zufriedene Kunden werden dafür sorgen, dass sich Ihre Firmen-Erfolgsstory auch unter den geänderten wirtschaftlichen Rahmenbedingungen fortsetzen kann.

Wofür stehen wir wirklich?

Hände weg von der Mogelpackung! Sie müssen sich entscheiden: Wollen Sie den moralischen Weg gehen? Wenn JA, dann mit allen Konsequenzen. Machen Sie kein Spiel daraus, denn der Kunde wird es Ihnen nicht verzeihen. Sie könnten damit sogar die Existenz Ihrer Firma riskieren! Wenn Sie jetzt sagen: *„Starke Worte!"*, dann sage ich: *„Ja, so sind sie auch gemeint!"* Sie müssen sich wirklich entscheiden: Wofür stehen Sie in der Zukunft? Mir ist diese Botschaft deswegen so wichtig, weil ich immer wieder bei Firmentrainings genau das Gegenteil feststellen muss: Nach außen hui, aber innen pfui. Das sieht dann in der Praxis so aus: Was der Kunde sehen kann, muss moralisch einwandfrei glänzen – was im Verborgenen ist, kann ruhig schmutzig sein. So können Sie die Herzen der Kunden nicht gewinnen; denn eines sollte Ihnen klar sein: Alles wird sichtbar, auch wenn es eine gewisse Zeit benötigt. Sie sollten sich jedoch nicht nur aus diesem Grund für die richtige Seite entscheiden – Sie sollten es auch aus Überzeugung tun! Seit vielen Jahren sprechen wir von Nachhaltigkeit, von Ressourcen schonenden Wirtschaften, dass wir der nächsten Generation eine lebenswerte Welt hinterlassen sollen uvm. Wenn es dann darum geht, die Entscheidungen zu treffen, zögern doch wieder viele. Egal, ob es dabei um Spitzenpolitiker handelt, die die Weltpolitik beeinflussen, oder ob es im kleinen Kreis der Familie passiert. Entscheiden Sie sich heute für die Moral, leben Sie sie, und

Sie werden in der Zukunft nicht nur zu den wirtschaftlichen Gewinnern gehören, sondern ein Mehr an Lebensqualität in allen Phasen Ihres Lebens genießen können.

Unsere moralische Anpassungsfähigkeit entscheidet über unsere zukünftige Firmenentwicklung

Allen in der Firma muss klar sein: In der Zukunft werden jene Firmen beim Kunden erstklassig punkten, die sich moralisch anpassen. Die moralische Anpassungsfähigkeit steht auf dem Prüfstand. Der Kunde wird permanent überprüfen, ob Sie sich Schritt für Schritt auf diesem Weg befinden oder ob Sie sich lieber für die verlockende, schnell wirksame Mogelpackung entschieden haben. Gerade die „Social-media"-Welle zeigt eindeutig: Kunden kommunizieren heute sehr stark über Unternehmen. Sie geben sich nicht mehr mit einem kurzfristigen Statement zufrieden, sondern sind bereit, an tiefgehenden und langen Dialogen teilzunehmen. Dieser Entwicklung müssen Sie gerecht werden, wenn Sie morgen zu den Gewinnern in der Wirtschaft zählen wollen. Akzeptieren Sie, dass die moralische Anpassungsfähigkeit Ihrer Firma letztendlich darüber entscheiden wird, ob Sie Kunden anziehen oder abstoßen.

Im Unbewussten des Kunden

Leitgedanke Führungskraft

Das „Kunden-JA" liegt in seinen Erinnerungen, im Vertrauten und in der Umfeld-Orientierung

Vieles machen Kunden unbewusst. Sie folgen gewissen Konsumströmen, weil z.B. das Umfeld dies vorgibt. Weil Produkte gerade IN sind. Weil sie ständig auch in ihrem Umkreis als positiv kommuniziert werden. Genauso verhält es sich mit Produkten und Dienstleistungen, die sie seit Kindheit in Anspruch nehmen. Ihre Erinnerungen und damit das Vertraute werden **unbewusst gesteuert**. In den ersten Jahren unseres Lebens werden wir natürlich von unseren Eltern sehr stark geprägt. In der Schule sind es dann die anderen Kinder, Jugendlichen und Lehrer, die unser Leben mit beeinflussen. Dazu gesellen sich dann die eigenen Erfahrungen, die wir gemacht haben.

In der **Tiefenpsychologie** geht man davon aus, dass unbewusste psychische Prozesse das menschliche Handeln, Denken und Fühlen entscheidend beeinflussen. Das ist auch einer der Gründe, warum ich immer wieder passend zum Thema die Wortkombinationen *„Denk-, Planungs- und Handlungsprozesse"* oder *„denken, planen und handeln"* verwende. In einer Firma geben Sie, die Führungskräfte, die Richtung und den damit verbundenen Takt vor. Wenn sich die Mitarbeiter, die Kunden usw. mit Ihren Vorstellungen optimal identifizieren können, haben Sie schon gewonnen. Denn vereinfacht gesagt heißt identifizieren nichts anderes als *„im Unbewussten angekommen"*.

Vielen Menschen ist gar nicht bewusst, dass **unser Bewusstsein sehr wenige Entscheidungen trifft**. Das heißt also: Wir steuern in unserem Leben gar nicht so viel bewusst wie wir meinen. Böse Zungen, wenn sie es auch liebevoll meinen, sprechen dann von Folgendem: *„Unser Unterbewusstsein gaukelt uns nur vor, dass wir mitentscheiden. Viele Entscheidungen sind längst im Unterbewussten getroffen, bevor wir glauben, dass wir sie jetzt gerade bewusst treffen. Viele Handlungen sind längst vorprogrammiert, und wir führen sie aus, bevor wir glauben, diese Vorgehensweise jetzt genau in diesem Moment entschieden zu haben."*

Für Sie als Führungskraft bedeutet das, dass Sie mit Ihrem Unternehmen immer dann eine gute Figur beim Kunden machen, wenn Sie sich optimal in seinem Unbewusstsein verankert haben. Wenn er die Vorgehensweise Ihrer Firma bejaht. Wenn er sich mit Ihren Angeboten identifiziert. Wenn das Umfeld Ihre Angebote als *„IN“* einstuft. Sie, liebe Führungskraft, wissen doch eines genau: Wenn man sich diese gewaltigen, weltweiten, oft sehr jungen Erfolgsstorys ansieht – wie z.B. Facebook, Google, Apple, Amazon, Zalando, Starbucks, McDonalds uvm. –, dann eint sie Folgendes: Immer mehr Kunden haben diese Unternehmen als absolut IN bezeichnet. Sie waren ihnen gegenüber positiv eingestellt. Kunden haben sie als Favorit eingestuft und somit bei ihnen ständig etwas konsumiert, gekauft usw. Diesen Unternehmen ist es hervorragend gelungen, sich **in das Unbewusste ihrer Kunden einzunisten,** dort durch neue Werbebotschaften ständig die Verankerung zu vertiefen und sicherzustellen. Dadurch wurde die nächste wirkungsvolle Welle ausgelöst: Aus **hochzufriedenen Kunden** wurden **Empfehlungs-Botschafter**. Immer mehr Menschen haben anderen Menschen schlicht und einfach mitgeteilt: *„Das Angebot dieser Firma ist super!“*

Das alles ist für Sie vertrautes Terrain. Als Führungskraft müssen Sie über diese Mechanismen Bescheid wissen. Diesbezüglich stellt sich auch für Sie die Frage: *„Ist Ihre Firma im Unbewussten des Kunden optimal verankert? Haben Sie es geschafft, mit Ihrem Firmenkonzept und dessen Umsetzung durch das Team eine derartige positive Unbewusstseins-Welle bei Ihren Kunden auszulösen?“*

Viele Führungskräfte neigen hier ein wenig zur Selbsttäuschung oder sogar zum Selbstbetrug. In gemeinsamen Gesprächen sagen sie mir dann oft sinngemäß Folgendes: *„Sie haben sicher mit Ihren Ausführungen Recht. Doch mir als Führungskraft kommt es immer so vor, dass solche schillernden Erfolgsstorys nur wenigen Firmen vorbehalten sind, dass es einige Wenige schaffen.“* Weiters: *„Herr Panhölzl, man spricht ja auch nicht über diese zigtausenden, die es nicht geschafft haben. Die ähnlich wie die heute voller Glanz dastehenden Erfolgsstorys ihre Visionen hatten. Die auch Ideen forciert haben, deren Zeit noch nicht gekommen ist. Sie haben auch Produkte entwickelt, die aber niemand wollte. Wenn es so einfach wäre, warum gelingt es dann nicht allen?“*

Ich sage immer: *„Ganz einfach! Weil es das Firmenkonzept und die Strategie nicht vorsehen.“* Gerne bringe ich an dieser Stelle immer folgendes Beispiel: Was unterscheidet einen Mitarbeiter, der in einer Filiale im Handel arbeitet, z.B. Lebensmittelhandel, von einem, der sich mit einem Geschäft selbstständig macht? Was unterscheidet dann wiederum den, der sich mit einem Geschäft mit z.B. fünfzehn Mitarbeitern selbstständig gemacht hat und gut verdient, von dem Unternehmer, der auch aus diesem ersten Geschäft einen Konzern mit zwei- bis dreitausend Filialen hochzieht?

Für mich ist es die **Entscheidung**. Sie geben als Führungskraft den Weg vor. Für sich und Ihr Umfeld. Natürlich hat das Unbewusste in der Entscheidungsphase einiges mitzureden. Viele Menschen schrecken z.B. vor großen Risiken zurück. Für diese ist es dann unmöglich, auch wenn sie über die Fähigkeiten verfügen würden, einen Konzern aufzubauen. Das **Unbewusste** drängt sehr stark **Richtung Sicherheit**. Jede Entscheidung wird also sehr wohl dahingehend durchleuchtet, ob es dem eigenen Sicherheitsempfinden entspricht. Wenn NEIN, dann wird blitzartig *„Hände weg!"* signalisiert. Diese Phasen laufen in Bruchteilen von Sekunden ab. Doch die Auswirkung ist klar: Ein Mensch, der lieber auf Sicherheit pocht, der zuhause seine Familie hat, um 17 Uhr mit ruhigem Gewissen nach Hause geht, kann keinen Konzern aufbauen. Denn das erfordert eine andere Vorgehensweise: volles Risiko; in Kauf nehmen, dass man sehr häufig am Pranger steht; als Verrückter mit irrwitzigen Ideen abgestempelt zu werden; dass das Familienleben stark negativ beeinträchtigt wird uvm. **Erfolg hat seinen Preis.** Das Unbewusste kennt ihn ganz genau. Wenn Sie ständig das Unbewusste dahingehend impfen, ja nicht diese Gefahrengrenze zu überschreiten, wird es dementsprechend handeln.

Genauso ist es beim Kunden. Er wird Ihrer Firma dann das JA-Wort geben, wenn ihm sein Unbewusstsein freie Fahrt signalisiert.

Leitgedanke Mitarbeiter

Nicht wie Sie es wollen – wie er es will, führt zum JA

Das Unbewusste des Kunden entscheidet darüber, ob er zu Ihrem Angebot JA oder NEIN sagt. Gerade wenn Sie als Mitarbeiter im Verkauf tätig sind, müssen Sie diese Erkenntnis akzeptieren. Sie können mit den besten Angebotsvorteilen winken – wenn das Unbewusste bei Ihrem Kunden nicht freie Fahrt signalisiert, kommt die STOPP-Taste. Das heißt für Sie in der Bewusstseinsebene: Der Kunde sagt NEIN.

Wenn Sie also als verantwortungsvoller Mitarbeiter im Verkauf tätig sind, müssen Sie eines ohne Wenn und Aber akzeptieren: Sie müssen wie ein Seismograph auf die Kundensignale reagieren und sie total sensibel auswerten können. In Ihrer täglichen Verkaufspraxis – meistens auch mit Schulungen verbunden – kennen Sie mit Sicherheit folgende Klassiker-Aussage: *„Gute*

Verkäufer hören ihren Kunden lange und intensiv zu.“ Klingt banal, denn Sie werden sagen: *„Das tue ich ja auch jeden Tag.“* Doch genau das stimmt nicht. Viele Verkäufer sprudeln selbst ihre tollen Angebotsvorteile wie ein Maschinengewehr heraus und überhören und übersehen die unbewussten Signale ihres Kunden. Des Kunden, der dem Verkäufer gerade gegenübersitzt.

Ich habe Ihnen bereits im *„erfolgsfitCode“*-Baustein aufgezeigt, dass der MoralKonsum den HyperKonsum ablösen wird. Das bedeutet gerade für Mitarbeiter, die im Verkauf tätig sind, dass sie die unbewussten Signale noch sensibler als bisher wahrnehmen müssen. Was bewegt den Kunden wirklich zum Abschluss? Wie weit orientiert er sich schon am MoralKonsum? Wie weit ist er bereit, sein Einkaufsverhalten im Sinne des MoralKonsums zu verändern?

Das sind nur einige Fragen, die in Zukunft darüber entscheiden werden, ob Sie beim Kunden erfolgreich punkten können oder ob die Konkurrenz den Vorzug erhält. Jetzt wird es aus meiner Sicht noch heißer: Das trifft nicht nur auf jene Zielgruppen zu, die Sie umwerben, wo Sie Neukunden gewinnen wollen – das betrifft auch Ihre Stammkunden! Bei denen ist es besonders heikel. Sie werden vielleicht mit einem Stammkunden bereits fünf, sechs oder mehr Jahre gut zusammenarbeiten, und auf einmal verändert er sein Verhalten; z.B. durch die neuen Spielregeln des MoralKonsums. Er fühlt sich von diesen Spielregeln angezogen. Er hat für sich unbewusst entschieden: *„Ich will Teil dieser neuen MoralKonsum-Bewegung werden.“* Ich möchte betonen: Vieles passiert hier unbewusst! Vielleicht animiert durch das Umfeld. Vielleicht durch einen Schicksalsschlag in der Familie. Möglicherweise durch eine persönliche Einschränkung – z.B. schlechte Ernährung, fahrlässigen Umgang mit dem eigenen Körper, schwere Krankheit und jetzt moralisch neu programmiert. Stammkunden werden sich verändern. Natürlich ist das von Branche zu Branche unterschiedlich. Denken Sie bitte nur auch an jene Branchen und Firmen, die Zulieferer sind. Sie wollen dem Wiederverkäufer ihre Angebote schmackhaft machen. Wenn der Wiederverkäufer bei seiner Zielgruppe eindeutige Signale bezüglich des MoralKonsums erkennt, wird er darauf reagieren müssen. Ich betone: Nicht freiwillig; nicht immer nur, weil er es will, sondern weil es die **neue Wettbewerbssituation erfordert!**

Daher muss Ihnen als Mitarbeiter klar sein: Sie können sich in Zukunft mit Ihren Führungskräften das Firmenkonzept nicht zurecht legen, wie Sie es wollen; sondern Sie müssen akzeptieren, dass der Kunde das Zepter in der Hand hat. So wie er es will, müssen Sie sich als Firma aufstellen. Nur diese Vorgehensweise führt zum Kunden-JA.

Die Verzahnung MoralKonsum mit dem Unbewussten des Kunden wird daher im 21. Jahrhundert für die Führungskräfte und für Sie als Mitarbeiter eine der größten Herausforderungen sein.

Ich habe jetzt passend zum Thema Kunde und zur Thematik *„Unbewusstsein und MoralKonsum"* vom Mitarbeiter gesprochen, der im Verkauf tätig ist. Selbstverständlich gilt das auch für alle Mitarbeiter, die dem Verkäufer im Hintergrund zuarbeiten. Denn eines sollte jedem Mitarbeiter klar sein: Die Verkäufer, die dem Kunden die Angebote schmackhaft machen, sind letztendlich nur: die **Botschafter der machbaren Vorteile**, die durch das Team und die ausgewählten Produkte entstehen.

Die Baustein-Herausforderung

Orientieren sich unsere „Differenzierungs-Botschaften" am Unbewussten des Kunden?

Die Mehrheit der Entscheidungen, die Ihr Kunde trifft, trifft er im Unbewussten. Das Unbewusste ist dabei so schlau, dass es dem Bewusstsein vorgaukelt, dieses hätte mitentschieden; doch in Wahrheit hat es ganz alleine die Entscheidung getroffen. Das bedeutet in der Praxis, dass Sie nur dann beim Kunden optimal punkten können, wenn Ihre „Differenzierungs-Botschaften" sich am Unbewussten des Kunden orientieren. Was er erlebt hat, seine Sehnsüchte, seine Vorstellungen uvm. müssen optimal in Ihre „Differenzierungs-Botschaften" integriert werden. Leider wird diese wichtige Erkenntnis in Firmen sehr oft bei der Entwicklung ihrer Kundengewinnungs- und -bindungs-Strategien vernachlässigt.
Viele Entscheidungsträger und auch die Mitarbeiter, die vor allem im Verkauf tätig sind, kennen oft gar nicht die Wichtigkeit des Unbewussten. Man wundert sich dann, warum man beim Kunden nicht optimal punktet, warum z.B. die Konkurrenz die Nase auch dann vorn hat, wenn sie doch ähnlich wie man selbst agiert. Doch das ist ein häufig vorkommender Irrtum. Firmen, die beim Kunden bestens punkten, haben vor allem eines geschafft: das Unbewusste des Kunden von den Angeboten zu überzeugen. Häufig werde ich dann gefragt, warum man eigentlich so wenig über das Unbewusste Bescheid weiß; warum man in vielen Firmen offensichtlich diese Erkenntnisse nicht bei der Entwicklung des Firmenkonzepts berücksichtigt. Die Antwort ist sehr einfach: Viele Entscheidungsträger nehmen sich mit ihren Mitarbeitern für die Entwicklung eines eindeutigen und wirkungsvollen Firmenkonzepts wieder einmal zu wenig Zeit. Dabei übersehen sie natürlich auch wichtige Erfolgszutaten. Dann sagen sie in meinen Firmen-

trainings: *„Herr Panhölzl, ich bin total im Alltag verhaftet. Ich habe ganz wenig Zeit, mich mit der strategischen Ausrichtung der Firma zu beschäftigen."* Ich verstehe natürlich diese Argumentation, auch wenn sie falsch ist. Es kann ja nicht befriedigend sein, wenn man beim Kunden nicht so gut ankommt, wie dies offensichtlich einige Konkurrenten schaffen. Die Frage, die man sich stellen muss, lautet eher: *„Was ist besser: Sich vorher die Zeit für ein erstklassiges, wirkungsvolles Firmenkonzept zu nehmen oder später einen enormen Mehraufwand zu betreiben, um doch noch Kunden unter schwierigeren Voraussetzungen für sich gewinnen zu können?"*

Begegnen wir dem Unbewussten des Kunden vertrauenswürdig

Das Unbewusste entscheidet auch darüber, ob Ihre Firma auf den Kunden vertrauenswürdig wirkt. Das Unbewusste wird Ihre verführerischen Botschaften immer auf Basis der vorhandenen Erinnerungen überprüfen; es orientiert sich also an den Erinnerungen und Erfahrungen des Kunden, welche bei ihm abgespeichert sind. Wenn es aber feststellt, dass Ihre verführerischen Botschaften möglicherweise in die Irre führen, dann wird dem Bewusstsein des Kunden sehr schnell ein eindeutiges NEIN als Entscheidung übermittelt. Das bedeutet: Verführerische, verlockende Versprechen werden vom Unbewussten immer dahingehend überprüft, ob sie auch tatsächlich vertrauenswürdig sind und wirken. Die Beweisführung wird im MehrWert-Zeitalter noch wichtiger sein, als es bereits bisher der Fall war. Der K unde – und hier vor allem das Unbewusste – will eindeutig erkennen: dass Sie vertrauenswürdig sind. Das heißt, Ihre Botschaften müssen der Realität entsprechen. Firmen, die dies ignorieren, die sich zu stark oberflächlich präsentieren, bekommen vom Kunden sehr schnell die rote Karte und wissen dann oft nicht einmal, warum.

Wie gehen wir im Unbewussten unserer Kunden täglich vor Anker und festigen unsere Position?

Die größte Herausforderung besteht also darin, beim Kunden optimal vor Anker zu gehen. Die Botschaften müssen im Unbewussten verankert werden. Der Kunde soll sehr schnell das Besondere erleben. Das ist tatsächlich eine gewaltige Herausforderung, weil das Unbewusste der Bewusstseinsebene sehr schnell Folgendes übermittelt: *„Sei vorsichtig! Lass dich nicht zu schnell verführen! Überprüfe, ob die Botschaften wirklich der Realität entsprechen!"* Wir müssen dem Kunden ab dem ersten Kontakt ein für ihn nachvollziehbares Kundenerlebnis bieten, denn nur so sprechen wir auch optimal das Unbewusste gewinnbringend an. Firmen, die beim Kunden erfolgreich vor Anker gehen wollen, müssen sich von Schnellschüssen in der Verführung verabschieden und akzeptieren, dass nur eine einwandfreie gelebte Kundengewinnungs- und -bindungs-Strategie dauerhaft von Erfolg gekrönt sein wird.

Sind wir für die Kundenempfehlung würdig?

Das Unbewusste spielt auch bei der Kundenempfehlung eine sehr entscheidende Rolle; es entscheidet nämlich darüber, ob Sie als Firma würdig sind, dass man Sie weiterempfiehlt. Immer wieder erlebe ich leider genau das Gegenteil! Wenn ich Entscheidungsträger und Verkaufsmitarbeiter frage: *„Sind Sie würdig, dass man Sie weiterempfiehlt? Was würden Sie mir denn jetzt als besondere Punkte aufzählen, die diese Würdigkeit unterstreichen?"*, dann sehe ich sehr schnell lange Gesichter. Das verwundert mich wieder aufs Neue; denn genau diese Personen müssen doch wissen, was das Besondere ihrer Firma ist. Sie müssen doch in der Lage sein, mir als Kunde aufzuzeigen, warum es Sinn macht, sie weiterzuempfehlen. Warum sie wirklich würdig sind, dass man dies tut. Leider muss ich immer wieder feststellen, dass die wichtigsten Mitarbeiter rund um das Thema Kundengewinnung und Kundenbindung echte Schwierigkeiten haben, mir die besonderen Vorzüge aufzuzeigen, die man auch weiterempfehlen kann. Wenn ihnen dies schon im Trockendock beim Firmentraining Schwierigkeiten bereitet, dann kann man sich vorstellen, dass es in der Praxis auch nicht viel besser aussehen kann.

Behandeln wir unsere Kunden so, als wären wir selbst dieser Kunde

Gerade Verkäuferinnen und Verkäufer sowie auch Entscheidungsträger, die Kunden von ihrer Firma überzeugen wollen, beklagen sich in diesem Zusammenhang über die damit verbundenen Herausforderungen, die zunehmend schwieriger werden. Es folgen dann Aussagen wie: *„Der Kunde ist nicht mehr so leicht zu überzeugen wie früher. Die Konkurrenz schlägt mit brutalen Preisschlachten zu. Es wird immer schwieriger, sich von der Konkurrenz eindeutig zu differenzieren, weil auch sie die guten Produkte hat oder mit dem gleichen Wasser kocht."* Sehr häufig wird dabei aber übersehen: Wir wissen eigentlich ganz genau, wie man Kunden positiv von einer Firma überzeugt. Wir alle sind doch jeden Tag selbst Kunde; wir wissen also bestens, wie sie es gerne hätten. Die Schwächen einer Firma erkennt man eigentlich sehr schnell. Sie brauchen die Abläufe Ihrer Firma nur aus der Vogelperspektive beobachten: Umgehend erkennt man, dass viel Positives im Firmenkonzept niedergeschrieben ist. Doch wie schaut es bei der täglichen Umsetzung aus? Wo werden Abstriche gemacht? Wo schlägt der Stress zu? Wo sagen Mitarbeiter: *„Schön gedacht, aber nicht umsetzbar"*, uvm. Sehr häufig blockieren wir also selbst eine erfolgversprechende Kundengewinnung und Kundenbindung.

Die Baustein-Aktivierung

Unsere Differenzierungs-Botschaften müssen vom Unbewussten unserer Kunden akzeptiert werden

Entwickeln Sie ab heute im Team „Differenzierungs-Botschaften“, von denen Sie ausgehen können, dass sie vom Unbewussten des Kunden als positiv eingestuft werden. Das ist leichter als Sie glauben; denn auch Sie sind täglich Kunde. Sie wissen somit genau, was Sie von der Firma erwarten. Ihr Unbewusstes reagiert in gleicher Weise wie das Ihrer Zielgruppen. Menschen reagieren homogen. Achtzig bis fünfundachtzig Prozent Ihrer Kunden werden genauso agieren wie die dreißig bis vierzig Prozent Ihrer besten Stammkunden. Sie wissen durch die Erkenntnisse Ihrer besten Stammkunden, was die Kunden an Ihnen lieben. Diese Differenzierungs-Botschaften müssen permanent verstärkt und optimal kommuniziert werden. Überprüfen Sie also Ihre „Differenzierungs-Botschaften“ dahingehend, ob Sie sich selbst damit identifizieren können und ob sie beim Stammkunden positiv ankommen. Ist das der Fall, dann sind Sie auf dem richtigen Weg!

Vertrauenswürdigkeit ist kein Strategie-Puzzle-Teil sondern ein Teil unserer Lebenseinstellung

Wenn es darum geht, ob man vertrauenswürdig ist, muss man vorab für sich entscheiden: Vertrauenswürdigkeit ist kein Teil einer Firmenstrategie. Es ist nicht „IN“, vertrauenswürdig zu wirken – es ist „IN“, vertrauenswürdig zu sein und dies auch zu leben. Genau darum geht es: Kann man Ihnen vertrauen? Das ist eine Lebenseinstellung. Sind Sie wirklich bereit, dem Kunden das Beste im Rahmen Ihrer Möglichkeiten zu offerieren und es zu erfüllen? Wenn ja, dann gehören morgen auch Sie zu den wirtschaftlichen Gewinnern. Verabschieden Sie sich bitte ganz bewusst von den oft ins Rennen geschickten Mogelpackungen, die Vertrauen vorgaukeln, bei genauer Betrachtung jedoch nur heiße Luft darstellen. Wer vom Kunden als vertrauensunwürdig eingestuft wird, verschlechtert nicht nur seine Position im täglichen Wettbewerb, sondern es kann sehr schnell zum AUS der Firma führen. Die heutigen Kunden verfügen über technische Kommunikationsmöglichkeiten, mittels derer sie Ihre echte Vertrauenswürdigkeit sichtbar machen können. Werden Sie dieser Herausforderung gerecht und entscheiden Sie sich für einen vertrauenswürdigen Lebensstil!

Täglich bei unseren Kunden positiv vor Anker liegen

Eine Eintagsfliege wird im harten Wettbewerb nicht mehr überleben. Das bedeutet: Verabschieden Sie sich von verführerischen Versprechen, die Sie nur kurzfristig halten können. Viele Firmen wollen sich mit einem besonderen Zauber präsentieren, heben sich mit wunderbaren Botschaften von der Konkurrenz ab. Der Kunde muss leider später eindeutig feststellen, dass Vieles vom Versprochenen nicht der Realität entspricht. Natürlich spielt hier das Unbewusste wieder die entscheidende Rolle. Es erkennt sehr sensibel und blitzschnell, ob Ihre „MehrWert-Botschaften" der Realität entsprechen oder ob es Sinn macht, einen großen Bogen um Ihre Firma zu machen. Sie haben nur eine einzige Chance: Sie müssen beim Kunden tagtäglich positiv vor Anker liegen. Beim Kundenkontakt müssen Sie immer Ihr Bestes geben. Immer wenn Sie dem Kunden Angebote versprechen, müssen Sie diese im Rahmen Ihrer Möglichkeiten optimal erfüllen. Versprechen Sie also nichts, was Sie nicht halten können. Überprüfen Sie vor allem zentrale „Pro-Botschaften", ob sie auch wirklich in dem Rahmen erfüllt werden können, wie Sie sie dem Kunden versprechen. Der heutige Kunde wechselt blitzschnell zur Konkurrenz; er entscheidet sich sehr schnell für oder gegen eine Firma. Selbst treue Stammkunden kehren Firmen umgehend den Rücken, wenn sie das Gefühl haben, dass sie bei der Konkurrenz besser aufgehoben sind. Die einzige wirkungsvolle Antwort auf dieses Kundenverhalten ist, dass Sie täglich dem Kunden beweisen: Er ist bei Ihnen wirklich gut aufgehoben, und es war somit die richtige Entscheidung, Ihr Kunde zu werden und zu bleiben.

Unser Engagement entscheidet den „Kunden-Empfehlungs-Radius"

Das Normale wird nicht weiterempfohlen. Es geht um das **Besondere:** Es geht um den AHA-Effekt. Das bedeutet: Kluge Firmenkonzepte verschießen nicht alle Vorteile auf sämtlichen Kommunikationswegen. Sie machen einige erst dann sichtbar, wenn sich der potentielle Interessent entschieden hat, bei ihnen Kunde zu werden. Eines muss Ihnen klar sein: Gerade das Unbewusste listet all Ihre positiven Angebote auf. Wenn es dann zum JA-Wort der umworbenen Zielperson kommt, wird deren Unbewusstes das Abarbeiten der Liste überprüfen; es wird also ständig darauf achten, ob wirklich alle Versprechen auch in dem Ausmaß erfüllt werden, wie sie seinerzeit in der heißen Eroberungsphase von der Firma gemacht wurden. Ist das der Fall, ist das Unbewusste zufrieden und signalisiert dies auch der Bewusstseinsebene. Das war es dann. Es kann zu keiner bewussten Empfehlung kommen, weil das Besondere, der Überraschungseffekt nicht optimal eingeplant war. Was sollte denn weiter empfohlen werden außer: *„Ja, die Firma war gut. Sie hat alles optimal erledigt."* Das ist eigentlich schon sehr viel wert. Doch die

Firma wird nicht deswegen weiterempfohlen, weil alles selbstverständlich war – das ist der ganz normale Ablauf! Man hat etwas versprochen – es wurde erfüllt. Man spricht über Ihre Firma natürlich sehr gut, doch sie bewusst positiv weiterzuempfehlen, dafür gibt es keinen Anlass.
Steigern Sie also ganz bewusst den „Kunden-Empfehlungs-Radius“, indem Sie die Kunden durch ein besonderes Engagement verblüffen und verzaubern. Bieten Sie ihnen etwas an, mit dem sie nicht gerechnet haben – natürlich ausschließlich im positiven Sinne. Gelingt Ihnen das, dann werden Sie von Ihren hochzufriedenen Kunden aktiv weiterempfohlen, weil diese den Überraschungseffekt gerne kommunizieren. In der Praxis werden sie dann wie folgt vorgehen: Sie werden erzählen, dass sie eine Firma kennengelernt haben, die die normalen Kundenversprechen schon sehr gut erfüllt hat; doch dann kam das Besondere: *„Stell dir vor, sie haben mich mit dem und dem überrascht!“* Genauso läuft es. Ihr Engagement – Ihr Überraschungseffekt mündet in aktive Empfehlungen Ihrer hochbegeisterten Kunden.

Sie wissen ganz genau, was Kunden lieben

Akzeptieren Sie, dass auch Sie tagtäglich Kunde sind. Sie wissen bestens, was in Ihrer Firma gut und was falsch läuft. Sie erkennen, was sich positiv entwickelt und wo bereits der Wurm drinnen ist. Nutzen Sie dieses Wissen und machen Sie Nägel mit Köpfen! Mitarbeiter und Führungskräfte sowie auch die Firmeninhaber haben ein Recht – ja sogar eine Verpflichtung, die lautet: *„In den dafür geeigneten Besprechungen eindeutig aufzuzeigen, wenn beim Kunden etwas falsch läuft. Wenn interne Vorgaben beim Kunden nicht optimal wirken. Wenn man ganz bewusst ein Kunden-Abwehrprogramm in der Firma forciert.“* Sie haben richtig gelesen! Auch das erlebe ich immer wieder im Zuge meiner Firmentrainings. Wenn Sie ehrlich sind und Ihre Firma aus der Vogelperspektive betrachten, werden Sie mir sehr schnell beipflichten und vielleicht sinngemäß sagen: *„Herr Panhölzl, Sie haben Recht. Auch bei uns gibt es viel zu tun.“* Packen Sie es an! Reparieren Sie negative Vorgehensweisen rund um den Kunden und engagieren Sie sich für das Positive! Wenn Sie bei ihm so vor Anker gehen, entstehen ertragreiche dauerhafte Kundenbeziehungen.

Kunden-Wut fördert Wollen

Leitgedanke Führungskraft

Profitieren Sie von den Fehlern der Konkurrenz und genießen Sie die freie Fahrt zum „JA“ des Kunden

Die Zeiten, in denen Firmen die Kunden massiv in Form einer *„Einbahnstraßen-Kommunikation“* beeinflussen konnten, sind längst vorbei. Die Kunden sind mündiger geworden. Sie zeigen Missstände auf. Sie setzen gezielt mordernste Technik ein, um ihrer Wut Gehör zu verschaffen. Noch nie war es für den Kunden so einfach, ein Unternehmen, von dem er enttäuscht wurde, an den Pranger zu stellen. Es wundert daher keinen, dass selbst die Medien auf diesen Zug sehr plakativ aufgesprungen sind. Immer häufiger liest man vom sogenannten *„Wutbürger“*. Diese Bezeichnung wird an erster Stelle mit der aktuellen politischen Situation in Verbindung gebracht. Hier hat sich ebenfalls das neue Kommunikationsverhalten des Bürgers bereits etabliert.

Für Sie als Entscheidungsträger in Ihrem Unternehmen bedeutet das, das neue Kundenverhalten im Firmenkonzept und in den täglichen Abläufen zu akzeptieren und es zu berücksichtigen. Der Kunde verzeiht wirklich nichts. Auch das altbekannte Sprichwort kann für Sie böse Folgen haben: *„Aus einer Mücke einen Elefanten zu machen.“* Wenn sich ein Kunde schlecht behandelt fühlt, ihm etwas nicht passt, die Wut in ihm hochsteigt, stehen Sie sehr schnell auf verlorenem Posten. Sie haben gar keine Chance, den Wutkunden, der auf Sie losgeht, zu stoppen. Für die positive Gegenwelle Richtung Wutkunde und die Zielgruppe müssen Sie obendrein noch sehr viel Aufwand betreiben.

Natürlich ist mir bewusst, dass es immer wieder Kunden gibt, die hier auch sehr schnell überzogen reagieren. Die einer Firma etwas Ungerechtes vorwerfen. Die wirklich dazu neigen, aus einer ganz kleinen Verfehlung eine große Sache zu machen. Es spielt jedoch keine Rolle, wie die Ausgangsposition ist. Sie müssen akzeptieren: Der **Kunde** von heute und morgen hat immer sein **Wutzepter in der Hand**. Wenn es ihm gefällt, wenn er glaubt, es ist Zeit, es zu schwingen, wird er es ungebremst tun. Sie können nur mehr darauf reagieren und alles tun, dass Sie eine möglichst hohe Quote bei der Schadensbegrenzung erzielen.

Eines der wichtigsten Gebote im 21. Jahrhundert für Sie als Entscheidungsträger muss daher lauten: *„Besonders darauf zu achten, dass keine vermeidbaren Fehler eintreten können."* Gerade die Führungskräfte in einer Firma sind dazu angehalten, immer ein wachsames Auge auf die Abläufe und die Mitarbeiter zu haben, wenn es darum geht, unnötige Fehlerwellen bereits im Keim zu ersticken. Sie dürfen gar keine Chance haben, dass sie beim Kunden sichtbar werden. Dazu gehört es auch, dass alle Führungskräfte ihren Mitarbeitern aktiv zuhören, wenn ihnen diese Botschaften rund um das Thema *„Fehlerbehebung und deren Vermeidung"* übermitteln. Was mit Sicherheit nun logisch klingt, sieht in der Praxis, wenn ich Firmen analysiere, leider oft ganz anders aus. Immer wieder beklagen sich Mitarbeiter darüber, dass sie sehr wohl falsche Entwicklungen in der Firma aufzeigen, die jedoch oft ungehört an den Führungskräften abprallen. Sie werden von den Führungskräften einfach nicht wahrgenommen. Eines muss Ihnen als Führungskraft klar sein: Solche Mitarbeiter verschließen sich dann wie Austern. Sie zeigen keine Missstände, keine Fehlentwicklungen mehr auf. Sie sind nicht mehr bereit, Impulse einzubringen, wie man Fehlentwicklungen vermeiden kann. Bitte akzeptieren Sie als Führungskraft, dass viele Fehler tatsächlich *„vermeidbare Fehler"* sind. Sie sind wirklich unnötig. Sie entstehen nur durch ein unprofessionelles und unkoordiniertes Vorgehen.

Sie entstehen auch deswegen, weil die Unternehmensführung oder die oberste Führungsebene oft unmögliche und somit nicht durchführbare Forderungen an das Team stellt. Die Führungskräfte, die dann unter der obersten Linie tätig sind, stöhnen unter solchen oft irrwitzigen Entscheidungen. Ich finde dazu kein anderes, passenderes Wort, weil solche Entscheidungen wirklich nicht nachvollziehbar sind. Durch diese Vorgehensweisen verlieren Sie nicht nur die Treuen Ihrer Führungskräfte und die Mitarbeiter, die darunter für die Firma tätig sind – Sie geben sich auch eine Blöße! Sie stehen eigentlich wie ein Idiot da. Sie werden vielleicht sagen: *„Die Worte sind hart."* Aber ich meine es wirklich so. Denn stellen Sie sich einmal vor: Die oberste Entscheidungsebene gibt etwas vor, was einfach nicht haltbar ist. Sie wird von ihren Führungskräften, von den Mitarbeitern darauf aufmerksam gemacht – und trotzdem beharrt sie auf ihrer Linie! Das ist unmöglich – gerade im Zeitalter des *„Wutkunden"*!

Erst vor kurzem habe ich im Zuge eines Firmentrainings eine solche Entwicklung gesehen. Eine große Firma, die mittlerweile auch von mehreren Konzernen als große Verschachtelung gekauft worden ist, verhält sich genau so negativ wie gerade beschrieben. Alle Hinweise, alle Impulse der österreichischen Geschäftsführung werden beharrlich von der ausländischen Mutter ignoriert. Jetzt könnte man meinen: Naja, vielleicht ist der Mutter die österreichische Tochter ganz einfach egal. Die sagen vielleicht: *„Okay, wenn der nötige Umsatz nicht kommt, dann können wir nicht weitermachen; dann sperren wir zu."* Genau das Gegenteil ist der Fall: Permanent werden von Jahr zu Jahr steigende Umsätze eingefordert. In der Praxis sieht das dann so aus: Die österreichische Führung beschließt mit den Verkaufsleitern und Gebietsrepräsentanten eine aus ihrer Sicht wirkungsvolle Vorgehensweise in der Kundenakquisition. Diese wird wirklich minutiös ausgearbeitet, und alle würden sich dafür optimal einsetzen. Das Konzept würde auch finanziell billiger sein, als andere Töchter oder die Konzernzentrale für ihre Akquisitionen investieren. Doch die Mutter will nicht gerne, dass hier eigene Wege gegangen werden, und verweist auf die interne große Marketingabteilung im Haus. Die Aktionen werden also nach vielen Vorarbeiten vom obersten Management des Konzerns oft sehr brutal gestoppt. Jetzt könnte man schnell meinen: *„Ja, okay. Diese Aktivitäten macht die interne Marketingabteilung, und sie entwickelt entsprechende Akquisitionsunterlagen und Strategien."* Doch dem ist nicht so. Das heißt auf den Punkt gebracht: Die österreichische Geschäftsführung steht auf verlorenem Posten. Das Gleiche trifft auch auf die deutsche zu: Sie darf ebenfalls vieles nicht selbst machen, was sinnvoll und wirkungsvoll wäre. Beide bekommen aber auch nichts von der Mutter, während diese am Heimatmarkt mit Geld um sich wirft und alles tut, dass sie beim Kunden im besten Glanz erstrahlen kann.

Es liegt bei einer solchen Entwicklung auf der Hand, dass sich wie in diesem Fall ein Konkurrent sehr freut, weil er von solchen Fehlentwicklungen enorm profitiert.

Akzeptieren Sie ab heute, dass alles, was Ihre Kunden wütend macht, abgestellt gehört. Alle im Team sollten sehr sensibel darauf achten, dass jegliche Aktion, die zu einem wütenden Kunden führt, vermieden wird; vor allem eine, die man unnötigerweise selbst verschuldet.

Beobachten Sie auch regelmäßig Ihre Konkurrenten und vor allem die heute überall im Internet sehr leicht auffindbaren Statements der Kunden zum aktuellen *„Kunden-Beziehungs-Status"*. Das ist eine sehr wichtige Vorgehensweise, die Sie bitte nicht ignorieren sollten. Sie garantiert Ihnen immer wieder einen optimalen Überblick über das Kundenverhalten bei der Konkurrenz; sie zeigt deren Schwächen auf. Das bedeutet, dass Sie dadurch auch interne Fehlentwicklungen schon im Vorfeld stoppen können, damit Sie nicht den gleichen Fehler machen wie Ihre Mitbewerber. Weiters zeigt die Beobachtung eindrucksvoll auf, was Kunden wirklich wollen. Denn die ausgesprochene Kundenwut beinhaltet im Kern immer eine glasklare Botschaft: Was Kunden wollen! Denn wenn diese auf Missstände hinweisen, zeigen sie auch gleichzeitg die aus ihrer Sicht optimale Version auf. Nutzen Sie diese Erkenntnisse gezielt, und Sie werden **der Liebling der Kunden**.

Leitgedanke Mitarbeiter

Kundenwut bei uns: „Nein, danke!" – die der Konkurrenz ist unsere Chance

Beim *„Leitgedanken Führungskraft"* habe ich eindrucksvoll aufgezeigt, wie gefährlich es ist, Firmenkonzepte und Abläufe in der Firma zu forcieren, die ungebremst Richtung Kundenwut unterwegs sind. Ich habe bei den Führungskräfteverhalten auch nicht mit Kritik gespart, denn ich weiß, dass sich bestimmte Entscheidungen der Führungsseite beim Kunden negativ auswirken. Viele Mitarbeiter zeigen mir bei der Durchführung von Firmentrainings auf, dass Schwachstellen, die der Kunde erkennt und die ihn in Wut versetzen, eigentlich vermeidbar wären, würde nur die Führungsseite die Umstände akzeptieren, die dazu führen. Diesbezüglich übermitteln Mitarbeiter immer wieder wirkliche Hilferufe. Sie wollen ernsthaft aufzeigen, dass es eine Fehlentwicklung in der Firma gibt, doch leider wird sie seitens der Führung ignoriert.

Sie als Mitarbeiter sollten trotzdem keine Ruhe geben und gerade mit diesem *„erfolgsfitCode"*-Baustein sich selbst und Ihren Führungskräften die Augen öffnen. Sie können sich hier ruhig auf mich beziehen und sagen: *„Schauen Sie, der Herr Panhölzl zeigt es doch auf. Wenn wir das und jenes tun, dann werden wir Schiffbruch erleiden. Wir wollen aber keinen Kunden, der auf uns wütend ist; darauf können wir verzichten."*

Diese Aussagen, die Sie gerade gelesen haben, bedeuten natürlich nicht, dass ich die Mitarbeiter gleich pauschal freispreche. Sie wissen sicher aus Erfahrung, dass auch Sie sehr häufig in den Abläufen Aktivitäten setzen, die zum Wutkunden führen. Denn nicht alles, was die Unternehmensführung und die Führungskräfte beschließen, ist unmöglich durchführbar. Sehr viele Bestandteile des Firmenkonzepts sind gut durchdacht und würden bei richtiger Anwendung eine positive Wirkung auf Ihre Kunden haben.

Ich muss also wieder einmal auf einen meiner Lieblingsklassiker verweisen. Er lautet: ***„Ehrliche ernten Erfolge."*** Sind Sie bitte wirklich ehrlich zu sich selbst! Akzeptieren Sie: Wenn Sie den Kunden verärgern, bekommt die Firma große Probleme. Ich weiß leider aus vielen Gesprächen mit Mitarbeitern, dass das einigen wirklich egal ist. Das tut mir immer sehr weh. Denn egal, wie Sie zur Firma, zur Wirtschaft stehen, eines sollte Ihnen klar sein: Eines Tages standen Sie vor Ihrem Chef, vor einer Führungskraft – je nach Firmengröße – und haben sich beworben. Sie haben sich bemüht, bei dieser Firma einen Job zu bekommen. Sie wussten mit Sicherheit schon im Vorfeld, was die Firma tut, was Sie leisten können, wie also Ihr Arbeitsplatz aussehen wird. Sie wussten damit auch glasklar, welche Rolle Sie beim Kunden einnehmen; denn ich glaube, Sie kennen Ihr Berufsbild doch sehr gut. Ist es dann nicht unfair, wenn Sie auf einmal nach der Aufnahme gegenteilig arbeiten? Wenn Sie plötzlich all Ihre positiven Statements aus der Bewerbung vergessen? Machen wir uns bitte nichts vor, liebe Mitarbeiter: Sie haben mit Sicherheit Ihr Bestes gezeigt. Sie haben aufgezeigt, dass Sie sich für die Firma engagieren würden – Denn sonst würden Sie kaum eingestellt werden.

Verstehen Sie mich jetzt, warum ich oft so enttäuscht bin? Weil ich es mir nicht vorstellen kann, dass man sich bei einer Firma bewirbt und dann permanent gegen diese arbeitet. Sie haben richtig gelesen! Ich spreche nicht von kleinen Fehlern und Ausrutschern. Ich meine wirklich ein permanentes, unkollegiales Verhalten. Damit meine ich nicht nur Ihre Kollegen in der Mitarbeiterebene; Sie sind auch mit der Unternehmensführung, mit den Führungskräften eine Partnerschaft eingegangen. Da ist es aus meiner Sicht unfair, Firmenkonzept-Vorgaben zu ignorieren und damit eng verbunden auch das, was die Kunden wollen.

Machen Sie es sich nicht so einfach, indem Sie als Mitarbeiter die Verfehlungen der Führungskräfte aufzeigen, die es natürlich gibt. Sind Sie bitte zu sich selbst so ehrlich und analysieren Sie einmal Ihr Spiegelbild, indem Sie Ihre Verfehlungen durchleuchten. Überlegen Sie, ob Sie nicht auch selbst manchmal der Verursacher von negativen Kundenentwicklungen sind.

Eines sollte Ihnen klar sein: Kunden, die wütend sind, können Ihre Firma enorm beschädigen. Das wissen Sie wahrscheinlich sogar aus eigenen Aktivitäten, wenn Sie bei einer anderen Firma selbst Kunde sind. Wenn es nicht passt; wenn Sie nicht optimal betreut werden, Versprechen nicht gehalten werden, der Service nicht stimmt, Beratungsgespräche nicht optimal verlaufen; wenn Handwerker bei Ihnen zu Hause schlecht arbeiten usw., dann sind Sie wütend. Sie werden Ihrer Wut freien Lauf lassen. Wenn Sie bereits die modernen Kommunikationsmöglichkeiten nutzen, werden Sie wahrscheinlich auch dort Ihre Wut sichtbar machen, z.B. in sozialen Netzwerken. Das alles beschädigt eine Firma. Doch Sie werden aus Ihrer Sichtweise sagen: *„Das haben die verdient! Sie haben mir einiges versprochen und nicht gehalten.“* Und wie ist es mit Ihnen, wenn Sie auf der Anbieterseite stehen? Neigen Sie dann auch dazu, mehrheitlich solche negative Kundenwut-Ausbrüche zu forcieren, oder geben Sie Ihr Bestes, damit diese nie entstehen können?

Die Baustein-Herausforderung

Kennen wir die „Kundenbeziehungs-Schwachstellen" der Konkurrenz?

Leider muss ich im Zuge meiner Firmentrainings immer wieder feststellen, dass sich die zuständigen Führungskräfte und Mitarbeiter zu wenig Zeit nehmen, um sich die „Kundenbeziehungs-Schwachstellen" der Konkurrenz anzusehen. Das heißt, man weiß eigentlich gar nicht, wo die unmittelbare Konkurrenz ihre Schwachstellen hat, und agiert somit oft wie im Nebel. Das ist wirklich sehr schade, denn hier vergeben viele Firmen die Chance auf **wirkungsvolle Wettbewerbsjoker**. Die Schwachstellen der Konkurrenz sind ein wunderbares Mittel, um die eigene Wettbewerbsfähigkeit zu stärken. Wenn ich mir dies in meinen Trainings mit den betreffenden Personen ansehe, stellen wir meistens gemeinsam fest, dass die Firma über Stärken verfügt, die bei der Konkurrenz als Schwäche eingestuft werden können. Ich betone: Nicht aus dem eigenen Blickwinkel ist das so, sondern die Kunden beweisen es uns eindeutig! Genau darum geht es: Dass man genau hinschaut, wie der Kunde die Konkurrenz beurteilt. Wo stuft er sie positiv ein; wo macht sie keine gute Figur? Diese Erkenntnisse sind, wenn man in diesen Bereichen selbst über Stärken verfügt, natürlich ein echter Umsatzturbo, unter der Voraussetzung, dass er geschickt eingesetzt wird. Doch wie gesagt: Meist fehlt in vielen Firmen dieser Konkurrenz-Scan komplett.

Kennen wir unsere „vermeidbaren Fehler", die bestehende Kundenbeziehungen negativ beeinflussen und neue ver-/behindern?

Bei meinen Seminaren wissen die anwesenden Führungskräfte und Mitarbeiter oft ganz genau, wo sich ihre „vermeidbaren Fehler" in der Firma befinden. Sie wissen also exakt darüber Bescheid, was eigentlich unrund läuft – sie tun bloß nichts dagegen. Das ist für mich total unverständlich. Man weiß eigentlich schon, dass man Kundenbeziehungen ganz bewusst täglich schwächt und ist dennoch nicht bereit, diesen negativ eingeschlagenen Weg zu korrigieren. Ich würde es noch verstehen, wenn man im Zuge einer Besprechung darüber rätselt, warum es in einer Kundenbeziehung nicht so gut läuft. Warum man es z.B. nicht so wie die Konkurrenz schafft, Kunden zu gewinnen. Warum es einem schwer fällt, Kunden von den Angeboten der Firma zu überzeugen. Das ist etwas anderes. Doch viele wissen, wo der Hund begraben ist, und ändern trotzdem nichts. Vielmehr wundern sich die Firmen noch, warum bestehende Kundenbeziehungen unrund laufen, warum sie sprichwörtlich sauer auf die Firma sind, weil wieder etwas nicht funktioniert hat. Gleichzeitig verstehen oft Entscheidungsträger und Mitarbeiter nicht, warum es ihnen schwer fällt, neue Kundenbeziehungen aufzubauen. Ich bin überzeugt, Sie haben aufgrund meiner Ausführung eindeutig erkannt: Das ist Selbstbetrug vom Feinsten, der leider die Wettbewerbsposition einer Firma enorm schwächt.

Das „Wutzepter des Kunden": Sind sich alle in der Firma im Klaren, was es anrichten kann?

Heute wird meist übersehen, dass Kunden nicht mehr so pflegeleicht sind wie früher. In vergangenen Zeiten haben sich Kunden wirklich viel gefallen lassen. Sie konnten auch nicht zwischen mehreren Mitbewerbern wählen und hatten auch keine Chance, sich über die mannigfachen Möglichkeiten der Angebotsvielfalt in der Wirtschaft zu informieren. Heute ist das ganz anders: Der Kunde hat ein sehr wirkungsvolles „Wutzepter" in der Hand. Diese **neue Kundenmacht** wird jedoch von sehr vielen Leuten in den Firmen ignoriert. Ich möchte betonen: Sie wissen darüber schon Bescheid. In meinen Firmentrainings rund um das Thema Kundengewinnung und Kundenbindung spreche ich das „Wutzepter des Kunden" an. In den anschließenden Dialogen erkenne ich eindeutig: Ja, die Teilnehmer wissen darüber Bescheid, dass der Kunde über diese enorme Macht verfügt. Wenn ich dann frage: *„Was ist die Antwort darauf, es erst gar nicht so weit kommen zu lassen, dass er das Wutzepter auspackt und gegen die eigene Firma verwendet?"*, dann wird es im Schulungsraum sehr still. Warum das so ist, haben Sie in den ersten beiden Punkten dieser Baustein-Herausforderungen bereits gelesen. Die Teilnehmer wissen nämlich ganz genau, dass sie selbst sehr häufig ganz bewusst Schuld auf sich laden und die Wut des Kunden provozieren, weil sie bei ihm negativ agieren.

Wie werden wir täglich zum „Liebling der Kunden"?

Selbstverständlich ist jede Firma bestrebt, zum Liebling der Kunden zu werden. In vielen Firmenkonzepten finden sich auch gute Ansätze, wie man das erreichen kann. Es gibt aber wie immer nur einen Haken: das ist die gelebte Praxis. Hier wird oft übersehen, was zu tun ist, um der Liebling der Kunden zu werden. Ganz im Gegenteil: Die meisten wissen zwar, wie es gehen könnte, doch man will es einfach nicht tun. Manche sind auch zu faul dazu: Sie wollen sich nicht für den Kunden engagieren. Sie ziehen einfach ihr Alltagsgeschäft durch und zeigen lieber auf, was alles unrund läuft und warum es so ist, als zu überlegen, wie man es besser machen kann. Ja, auch das erlebe ich immer wieder. In manchen Firmen zeigen z.B. selbst die

Verkäufer gerne alles auf, was an Mankos in der Firma existiert und dass man dadurch keine gute Figur beim Kunden machen kann. Sie beweisen sich also schon selbst, dass sie gar nicht der Liebling der Kunden werden können, weil dies die Abläufe, die Strategie der Firma und Ähnliches verhindern. Das Einzige, was mich daran überrascht, ist, dass genau diese Personen dann zu mir sagen: *„Herr Panhölzl, warum machen wir beim Kunden so eine schlechte Figur? Wieso können wir es nicht besser machen? Warum hängt uns die Konkurrenz ab?"* Es ist schon oft interessant, dass man sich selbst die Antwort gibt und dann in der Fragestellung so tut, als wäre man gar nicht dabei.

Die Baustein-Aktivierung

Wo die Konkurrenz hinfällt, steigen wir auf

Nehmen Sie sich bitte für einen permanenten „Konkurrenz-Scan" ausreichend Zeit. Analysieren Sie ganz genau: Wo hat Ihre Konkurrenz die Schwachstellen? Wo macht sie beim Kunden keine gute Figur? In weiterer Folge müssen Sie überprüfen: Haben Sie in diesen Bereichen Stärken? Können Sie getreu meinem Motto „Ehrliche ernten Erfolge" in diesen Bereichen wirklich beim Kunden glänzen? Werden Sie in diesen Angebotsbereichen vom Kunden als positiv eingestuft? Wenn ja, bringen Sie bitte diese Botschaften auf allen Kommunikationswegen sehr plakativ in Stellung! Sie wirken beim Kunden enorm, denn er reagiert in diesen Bereichen natürlich sehr sensibel. Er ist von der Konkurrenz enttäuscht und wird gerne bereit sein, zu ihnen JA zu sagen, um gleichzeitig den bitteren Erfahrungen bei der Konkurrenz adieu zu sagen.

Wir lernen aus Fehlern und machen sie nicht mehr

Fehler sind an sich positiv: Sie zeigen uns die Schwachstellen im täglichen Erfüllungsprozess auf. Es ist daher nur logisch, dass erfolgreiche Firmen eine offene, klare und ungeschminkte Fehlerkultur auszeichnet. Nehmen Sie sich daran ein Beispiel und gehen Sie ab heute wie folgt vor: Wenn Fehler auftreten, werden die Ursachen analysiert, und man lernt daraus, wie man es in der Zukunft besser machen kann. Alle in der Firma sind dazu angehalten, wirklich aus Fehlern zu lernen und ohne Wenn und Aber zu akzeptieren: Eine Wiederholung ist nicht drinnen!

Akzeptieren Sie: „Wer zündelt, riskiert immer einen Wut-Flächenbrand!"

Nicht der Kunde ist schuld, sondern oft unser Verhalten. Viele Verkäufer und auch die Mitarbeiter, die für die Erfüllung zuständig sind – dazu gehören auch Lieferanten –, zündeln wirklich gerne und wundern sich dann, wenn ein „Wut-Flächenbrand" seitens des Kunden ausgelöst wurde. Zündeln Sie bitte nicht mehr! Engagieren Sie sich für den Kunden in dem Ausmaß, wie Sie es ihm versprochen haben! Provozieren Sie den Kunden nicht durch ein negatives Verhalten! Sind Sie sich bitte Ihrer Rolle bewusst, und das bedeutet auch: Akzeptieren Sie die damit verbundene Einsatzbereitschaft. Überlassen Sie die „Wut-Flächenbrände" der Konkurrenz.

Machen wir es uns und dem Kunden einfacher – unser Wohlfühl-Programm

Es ist nicht schwer, den Kunden zu verzaubern und beim Kunden positiv aufzufallen – Sie müssen es nur tun! Weil Sie jeden Tag selbst Kunde sind, wissen Sie genau, was seine Lieblinge sind – weil Sie sie selbst gerne bevorzugen. Wenn Sie auf der Anbieterseite stehen, müssen Sie sich natürlich dafür einsetzen. Genau das aber ist oft der große Haken: Man will nicht das tun, was man eigentlich tun könnte. Sagen Sie jetzt nicht: *„Das stimmt nicht!"*, denn ich erlebe es in vielen meiner Firmentrainings. Ziehen Sie ab heute einen Schlussstrich! Entwickeln Sie ein erlebbares und somit erfüllbares „Kunden-Wohlfühl-Programm". Legen Sie im Team fest, wie Sie es schaffen, dass man zum dauerhaften Liebling der Kunden wird. Das ist kein Prozess, den man in einigen Tagen abhandelt, sondern einer, der dauernd läuft. Für die erste Grundausstattung können Sie sich ruhig einige Monate Zeit lassen. Es geht um die Wohlfühl-Bausteine: Bauen Sie dann immer ein Stück dazu, sobald Sie sich wieder für eine neue Zutat entschieden haben, die zum Kundenliebling führt. Je mehr Bausteine Sie aufbauen, desto stärker wird das Fundament. Sobald Sie über ein starkes Fundament verfügen, bauen Sie das Besondere oben drauf. Sie werden sehen, es macht richtig Spaß, sich für ein Wohlfühl-Programm zu engagieren und es gemeinsam im Team zu entwickeln.

Kunde 3.0 – teilen statt kaufen

Leitgedanke Führungskraft

Wenn der Kunde unsere Angebote nicht mehr braucht

Couchsurfing, Carsharing, Swapping uvm. bringen aktuelle Geschäftsmodelle enorm in Bedrängnis. Vor allem die mobilen Technologien, gekoppelt mit sozialen Netzwerken, entfalten eine neue Form der sogenannten **„Miteinander-Wirtschaft"**. Es geht hauptsächlich darum, dass Kunden Ressourcen schonen wollen, dass sie Vertrauen zu anderen Menschen vertiefen und dabei letztendlich selbst enorm viel Geld sparen. Das bedeutet für Sie als Führungskraft: In Ihrem Firmenkonzept muss es auf dieses **neue Kundenverhalten** eine verkaufsfördernde Antwort geben. Denn was machen wir, wenn Kunden immer häufiger mit anderen teilen statt kaufen?

Das Phänomen ist gar nicht so neu, wie man es auf den ersten Blick meinen könnte. Bereits 2003 wurde **Couchsurfing.org** gegründet. Es handelt sich dabei um eine globale Gemeinschaft, bei der mittlerweile weltweit drei Millionen mitmachen. Sie bieten sich weltweit untereinander kostenlose Schlafplätze an. Man vertraut sich auf dieser Plattform. Und das sieht dann in der Praxis vereinfacht wie folgt aus: Sie wollen in einem fernen Land Urlaub oder eine Reise dorthin machen, brauchen dazu aber kein Hotel. Sie schauen einfach nach, wer dort eine Schlafmöglichkeit anbietet. Wer lässt einen wirklich in der Wohnung mitleben? Wer teilt also auf Zeit das Leben mit einem? Wenn man dann in seinem Reiseziel einen Anbieter findet, stellt man die Anfrage. Wird diese bestätigt, hat man kostenlos seinen Schlafplatz, der sonst vielleicht in üblichen Hotels mehrere hundert Euro für einige Tage verschlingen würde. Natürlich ist man selbst auch bereit, einen Schlafplatz für die Couchsurfing-Community anzubieten.

Beim **Carsharing** gilt genau das Gleiche. Immer mehr Menschen verleihen untereinander, privat zu privat, ihre Autos. Selbstverständlich gibt es auch die gewerblichen, die professionellen Anbieter von Firmen; sie werden auch in Anspruch genommen. Doch nebenbei baut sich ein starker *„Miteinander-Markt"* auf.

Das sind nur zwei Beispiele, die Sie aber bitte keineswegs dazu verführen sollten, innerlich nun folgendes Statement abzugeben: *„Naja, Herr Panhölzl, vielleicht betrifft das die Reisebranche, die Hotels, die Autoverleiher* *und noch ähnliche Anbieter. Mir als klassischem Anbieter kann das nicht passieren."* Eine solche Denkweise wäre höchst gefährlich. Denn Sie könnten bereits die nächste Branche sein. Auch bei den in meinen Beispielen angeführten Branchen hat es vor vielen Jahren einmal einen Zeitpunkt gegeben, wo Sie nicht einmal im Entferntesten an eine solche Entwicklung gedacht hätten. Ganz einfach: Niemand konnte sie abschätzen. Niemand wusste, dass es eine Technologie geben wird, die einen solchen *„Miteinander-Markt"* erst ermöglicht. Heute ist das Realität.

Ich gehe sogar so weit: Jede Branche kann es treffen! Nehmen wir etwas Klassisches, was wir alle tagtäglich tun: Lebensmittel essen. Immer wieder berichten Medien über die unglaublichen Berge an Lebensmitteln, die wir wegwerfen. Im privaten Haushalt meistens deswegen, weil wir zu viel gekauft haben. Hier werden Lebensmittel weggeworfen, deren Haltbarkeit z.B. heute abgelaufen ist oder wo die Haltbarkeitsgrenze einen Tag überschritten wurde. In den meisten Fällen sind diese Lebensmittel absolut einwandfrei. Mindestens haltbar steht ja nicht dafür, dass das Lebensmittel an diesem Tag ungenießbar wird, sondern dass man es bis zu diesem Tag bedenkenlos konsumieren kann. Selbstverständlich muss auf eine optimale Lagerung, wie vom Hersteller vorgegeben, geachtet werden. Doch dann kann man sich sicher sein, dass Lebensmittel an diesem Tag noch genießbar sind. Da viele Hersteller nun mal auf Nummer sicher gehen, können Sie davon ausgehen, dass die meisten Lebensmittel mindestens zwei bis drei Tage darüber problemlos konsumierbar sind. Manche sogar noch Wochen danach. Stellen Sie sich bitte folgendes Szenario vor: Es wird eine Plattform gegründet. Man muss sich auf dieser nur registrieren und kann dort die Lebensmittel, wenn notwendig sogar mit Foto, abstellen. Und zwar jene, die man zu viel gekauft hat und die man nun günstig abgeben könnte bzw. einfach gegen andere austauscht, weil man sie später brauchen könnte. Also entweder bezahlt der Interessent ein geringes Entgelt, z.B. 20–40 % des Warenwertes, oder man tauscht die Lebensmittel einfach untereinander aus, ohne dass Geld fließt. Diese Plattform könnte sogar so weit gehen, dass man dadurch auch sozial bedürftigen Menschen hilft uvm. Das ist nur ein Impuls; ich weiß nicht einmal, ob es eine solche Plattform nicht schon gibt, während ich diese Zeilen schreibe. Doch undenkbar ist sie mit Sicherheit nicht.

Denn gerade in den beiden Ländern Deutschland und Österreich spricht man hier von Milliarden, die die Kunden dadurch verlieren, weil sie einwandfreie Lebensmittel wegwerfen. Man hat vielleicht bis heute noch nicht die richtige Antwort für den Kunden gefunden; doch genau eine solche Plattform könnte sie sein. Dadurch würde Folgendes passieren: Kunden kaufen bewusster, gezielter Lebensmittel, und das, was sie doch zu viel gekauft haben, geben sie einfach anderen, die es gerade benötigen. Dadurch erspart sich der andere Kunde den Weg in das Geschäft, um die Ware dort zu kaufen. Weiters spart er Geld, Zeit und schont die Umwelt.

Bei Überproduktionen z.B. einer Bäckerei wird das ja mittlerweile forciert. Genauso geben Lebensmittelmärkte noch einwandfreie Waren an Sozialmärkte, Tafeln usw. ab, wo sich bedürftige Menschen mit leistbaren Lebensmitteln eindecken können.

Der Kunde 3.0, der immer häufiger teilen statt kaufen wird, ist meiner Meinung nach für die Führungskräfte eine der größten Herausforderungen in einer Firma. Bei der Entwicklung des Firmenkonzepts muss man den Markt immer achtsam dahingehend überprüfen, ob sich teilen statt kaufen nicht auch in der eigenen Branche entwickelt. Sollte dem so sein, ist eines unaufhaltsam vorprogrammiert: Sie müssen damit leben, dass Ihre Kunden bei Ihnen weniger kaufen. Dass Ihre Standardangebote, die Sie bisher gut verkauften, auf einmal nicht mehr so nachgefragt werden. Nicht weil sie schlechter geworden sind, weil der Kunde Ihre Angebote total ignoriert, sondern weil er nun auch aus dem *„Miteinander-Markt“* auswählen kann.

Eines dürfen Sie auf gar keinen Fall tun: Eine solche Entwicklung in Ihrer Branche auf die leichte Schulter nehmen. Ich gehe sogar einen Schritt weiter und empfehle Ihnen, dass Sie sich bereits heute darüber Gedanken machen: *„Was ist zu tun, wenn auch in meiner Branche ein Miteinander-Markt entsteht?“*

Leitgedanke Mitarbeiter

Die „neuen Verhaltensmuster“ der Kunden führen immer zur Strukturveränderung oder ins AUS

Ich könnte mir gut vorstellen, dass Sie als Mitarbeiter auch schon beim *„Miteinander-Markt“* aktiv dabei sind. Dass Sie mit Ihren Freunden, Bekannten usw. einfach Waren und Produkte austauschen und sie nicht mehr kaufen. Was sich früher z.B. auf den handwerklichen Bereich beschränkt hat, weitet sich heute auf viele Branchen und das globale wirtschaftliche System aus. Immer mehr Kunden neigen heute bereits dazu, Produkte und Leistungen nicht mehr zu kaufen, sondern zu teilen, zu tauschen oder gemeinsam mit Freunden zu benutzen, was sie früher nur in der Soloversion getan haben. Dies ist mit Sicherheit auch für Sie aus der privaten Sichtweise ein interessanter Weg, der hier eingeschlagen wird. Es klingt doch verlockend: Man kann seine Bedürfnisse wie gewohnt befriedigen und spart dabei gleichzeitig Geld. Wenn man das Ganze aus der geschäftlichen Perspektive sieht, verblasst der Glanz sehr schnell, denn dann geht es letztendlich auch um Ihren Job. Wenn Kunden immer häufiger sagen: *„Eigentlich brauche ich die Angebote Ihrer Firma nicht mehr im vollen Umfang, ich teile sie mir mit anderen Personen"*, dann fehlen Ihnen die Kunden, die Umsätze, und dann werden die Erträge weniger. Am Ende dieser Kette könnte natürlich im schlimmsten Fall das AUS Ihrer Firma stehen. Ihr Arbeitsplatz wäre dann weg.

Was heißt das jetzt für Sie als Mitarbeiter? Sie müssen akzeptieren, dass sich die Kunden durch dieses neue Verhaltensmuster in der Zukunft auszeichnen werden. Dass die Kunden bereit sind, mehr zu teilen als zu kaufen. Ihre Führungskräfte müssen auf diese Entwicklung eine Antwort finden. D.h. es wird unausweichlich zu Strukturveränderungen kommen: Das Angebot Ihrer Firma wird sich verbessern müssen; Sie werden Umstellungen in der Preispolitik machen uvm. Das heißt, auch für Sie wird sich einiges ändern. Nicht alles wird immer zu Ihrem Vorteil sein. Vielleicht müssen Sie sich für den gleichen Lohn mehr einsetzen. Gerade gibt es wieder flächendeckende Streiks, durch die Mitarbeiter genau das bekämpfen wollen. Noch nicht so ausgelöst durch den **Kunden 3.0**, der teilen statt kaufen will, sondern eher durch die billige Konkurrenz in Branchen. Denn dort gibt es das Spiel schon seit Langem. Was macht denn eine etablierte Firma mit einem großen Apparat, die sich gegen einen jungen Angreifer wappnen soll? Das ist doch der Vorteil von Start-up-Unternehmen. Sie haben nicht den Ballast wie das etablierte Unternehmen.

Ein gutes Beispiel dafür sind die Airlines: Dort erkennt man genau, wohin eine solche Entwicklung führen kann. Die großen, etablierten Airlines tun sich seit vielen Jahren sehr schwer, mit der Billigkonkurrenz umzugehen, denn diese schaut, dass sie überall Kosten einsparen kann. Einer der wichtigsten Posten dabei, ob man es als Mitarbeiter hören will oder nicht, ist das Personal. Was soll nun die etablierte Airline tun? Sie muss sich, auch wenn es ihr schwer fällt, die Personalkosten ansehen. Sie muss überlegen: Kann ich dort etwas einsparen? Sie muss vielleicht überlegen, auch mit Leiharbeitern zu arbeiten, auch wenn das Ganze berechtigterweise aus der Sicht der Mitarbeiter nicht gerade positiv ist. Doch wenn Sie ehrlich sind, gibt es dazu keine Alternative. Was sollen denn die Führungskräfte machen? Sie sind vielleicht aber auch jener der Kunden, der gerne wegfliegt – und das möglichst billig. Wenn Sie als Bordpersonal auf der Seite der Fluggesellschaft sitzen, dort tätig sind, werden Sie nicht mehr so denken. Jeder Preiskampf und die damit immer wieder eng verbundene notwendige Einsparung wird auch Ihren Arbeitsplatz verändern. Es wird zu einer Strukturreform kommen müssen, weil sonst eines Tages die etablierte Airline draufgeht, weil sie Konkurs anmelden muss. Es ist mir schon klar, liebe Mitarbeiter, dass das Management dann sehr häufig solche Entwicklungen als Anlasspolitik dafür nimmt, gleich richtig aufzuräumen. Natürlich ist das Management eines Konzerns immer darauf aus, Kosten einzusparen; doch darum geht es hier nicht. Machen Sie es sich als Mitarbeiter auch nicht zu einfach. Man kann sich natürlich gerne mit solchen Botschaften selbst verblenden, selbst täuschen; einfach bewusst die Realität ignorieren. Doch es bringt nichts. Denn wenn Sie mit dem Finger auf das Management zeigen und sich beklagen, ändern Sie gar nichts daran, dass viele solcher Maßnahmen tatsächlich notwendig sind.

Mitdenken statt bekämpfen heißt das **Zauberwort**. Es geht also darum, dass Sie als Mitarbeiter aktiv daran mitwirken, wie Sie dem neuen Verhaltensmuster der Kunden optimal begegnen. Wie können Sie im klassischen, wirtschaftlichen Markt noch attraktiv auf den Kunden wirken, der auch bereit ist, sich im Miteinander-Markt zu bedienen? Denn eines ist klar: Nicht alle werden verlieren! Damit ich teilen kann, muss ich vorher etwas gekauft haben. Selbst wenn ich einen Menschen bei mir wohnen lasse, setzt das voraus, dass ich eine Couch habe, ein Zweitbett organisieren kann, Bettwäsche habe uvm. Wichtig ist, dass Sie diese **Entwicklung nicht ignorieren** und **notwendige Veränderungen** durch die Führung **nicht blockieren**.

Die Baustein-Herausforderung

Die Auswirkungen von „teilen statt kaufen" in unserer Branche bis heute

Viele Firmen nehmen sich zu wenig Zeit, um herauszufiltern, wie sich das Kundenverhalten in ihrer Branche rund um das Thema „teilen statt kaufen" verändert. Ich erlebe es immer wieder, dass dann die Inhaber mit ihren Führungskräften richtig geschockt sind, wenn sie plötzlich eine bereits etablierte Welle des Teilens seitens des Kunden erkennen. Meistens spüren Sie sie erst dann, wenn es eigentlich schon zu spät ist; wenn also Ihre Umsätze spürbar nachlassen. Dann ist natürlich Feuer am Dach, und man schaut sich die Sache genauer an. Viele sagen dann in meinen Firmentrainings: *„Herr Panhölzl, ich war richtig geschockt. Ich habe es gar nicht mitbekommen, dass diesbezüglich eine neue Entwicklung auf mich zukommt. Auf einmal habe ich gesehen, dass unsere Umsätze immer schwächer wurden. Bei der Analyse stellten wir fest, dass sich bei unseren Kunden einiges getan hat, von dem wir gar nicht Bescheid wussten."*

Natürlich wissen dann auch viele Entscheidungsträger nicht, wie sie auf diese neue Kundensituation optimal reagieren sollen. Abgesehen von der bösen Überraschung haben sie auch viel wertvolle Zeit verloren, weil sie nicht rechtzeitig und vor allem permanent das Kundenverhalten beobachtet haben. Ein gutes Beispiel dafür ist die Hotellerie. Heute gibt es bereits viele Internet-Plattformen, in denen Menschen einen Schlafplatz unentgeltlich anbieten. Das bedeutet für die Hotellerie, dass sie dadurch viele Kunden verliert. Das ist aber nur einer von vielen Trends, die eindeutig zeigen: Ich muss keinesfalls auf Annehmlichkeiten verzichten, wenn ich mich für das Teilen statt des Kaufens entscheide. Ganz im Gegenteil: Ich erhalte sogar vieles dazu, und das Ganze kostet mich oft wenig bis gar nichts. Es liegt doch auf der Hand: Wenn ich in ein fremdes Land komme, und jemand hat dort eine Wohnung und bietet mir ein Zimmer an, dann habe ich folgenden ersten Vorteil: Ich bezahle nichts für die Übernachtung, die in guten Hotels – und sagen wir einmal bei einem zehntägigen Aufenthalt – sehr schnell 700 bis 1.000 Euro kosten kann. Gleichzeitig bekomme ich als wunderbaren Nebeneffekt einen Insider, eine vertrauenswürdige Person, die mir das Besondere des Urlaubszieles aufzeigen kann. Selbstverständlich muss ich dazu bereit sein, das Gleiche zu tun. Das heißt, dass auch ich immer wieder bereit bin, Menschen bei mir aufzunehmen. Das ist nur eins von vielen „Teile-Systeme"-Beispielen, die sich bereits hervorragend etabliert haben.

Die Auswirkungen von „teilen statt kaufen" in unserer Branche ab heute

Obwohl viele Entscheidungsträger und Mitarbeiter in Firmen durch Seminare, Vorträge uvm. auf diese neuen Entwicklungen hingewiesen werden, verharren sie trotzdem in ihrer Abwarteposition. Ich selbst besuche selbstverständlich auch viele Kongresse, Seminare und Ähnliches, um mich über die Entwicklung in der Zukunft zu informieren. Als Wirtschaftstrainer sollte man nicht nur am Ball bleiben, sondern eigentlich schon vorab ein wenig erkennen, wohin sich dieser bewegt. Ich staune dann immer wieder, wenn ich im Zuge solcher Veranstaltungen in den Pausen mit anderen Entscheidungsträgern ins Gespräch komme und sofort deren Abwarteposition erkenne. Sie haben zwar die Botschaft vernommen, jedoch an eine Umsetzung denken sie noch nicht. Viele täuschen sich sogar selbst, indem sie z.B. sinngemäß sagen: *„Naja, mal schauen, ob das kommt; ob sich das wirklich so etabliert. Vieles klingt einfach fantastisch, aber ich glaube, so kommt das garantiert nicht."* Machen Sie bitte nicht diesen Fehler! Schauen Sie in Ihrer Branche genau nach, wie weit sich der Kunde 3.0, der oft lieber teilen statt kaufen will, bereits entwickelt und was er in der Zukunft zu tun beabsichtigt!

Sind wir für das neue Verhaltensmuster unserer Kunden „wettbewerbsfit"?

Viele Firmen ignorieren nicht nur diese Entwicklung, sondern sie überprüfen auch nicht, ob sie morgen noch für die neuen Spielregeln der Wirtschaft, die aus einem solchen Kundenverhalten entstehen, wettbewerbsfit sind. Sie können das Verhaltensmuster einer Zielgruppe nicht ignorieren – Sie müssen es akzeptieren! Die Zielgruppe erwartet dann nach dem JA eine wettbewerbsfähige Antwort. Sie müssen Ihrer Zielgruppe beweisen, dass es Sinn macht, bei Ihnen ein Geschäft abzuschließen; bei Ihnen etwas zu kaufen; Ihre Dienste in Anspruch zu nehmen usw. Ihre Zielgruppe kann nun nämlich wunderbar auswählen: Will sie teilen oder will sie kaufen? Ich möchte betonen: Das Pendel wird nicht zu 100 % in eine Richtung ausschlagen – es wird ein Mix entstehen. Manches wird man teilen, anderes wieder möchte man kaufen. Natürlich muss man in dieser Welle auch einmal erkennen: Ich kann nur teilen, wenn ich vorher etwas gekauft habe! Bei Hotels ist es einfach, denn die meisten Menschen haben eine Wohnung, in der sie einen Schlafplatz zur Verfügung stellen können. Bei täglichen Gebrauchsgütern, wie z.B. Computer, Handy usw., ist das Teilen nicht mehr so einfach. Das ist natürlich nur auf das Gerät bezogen, denn die Software und Inhalte kann ich sehr wohl wieder teilen. Sie brauchen sich also nicht zu wundern, wenn Sie beim Kunden nicht mehr so gut ankommen, wie das früher der Fall war, wenn Sie seine Verhaltensmuster ignorieren.

Welche Angebotsrolle unserer Firma wird vom Kunden 3.0 heute und morgen angenommen?

Es ist also längst an der Zeit, dass man sich als Firma darüber Gedanken macht: Welche Angebotsrolle wird der Kunde eigentlich noch annehmen? Was können wir dem Kunden 3.0 in der Zukunft offerieren, zu dem er JA sagen wird? Ganz berechtigt sagen mir dann viele Entscheidungsträger und Verkaufsmitarbeiter: *„Herr Panhölzl, früher war es einfach. Es ging darum, dass man dem Kunden ein gutes Angebot machen konnte – sinnvollerweise besser als die Konkurrenz –, und dann hat der Kunde sich entschieden. Heute haben wir Mitbewerber am Markt, die eigentlich gar keine richtigen sind. Heute werden Kunden auf einmal zu Mitanbietern. Wie reagiere ich optimal auf diese Entwicklung?"* Genau in dieser Fragenstellung liegt eigentlich auch schon die Antwort. Man muss sich Zeit nehmen, um seine Angebotsrolle zu überdenken. Man muss sich ansehen, wohin sich die Branche und die Kunden, die dort einkaufen, entwickeln. Wer dies ignoriert, verliert!

Sind alle im Team für den Kunden 3.0 bereit?

Der Kunde 3.0 bedeutet auch intern eine große Herausforderung, denn es handelt sich sehr häufig um eine Strukturveränderung. Das heißt: Die bekannten Abläufe müssen angepasst werden. Vieles in der Firma wird sich verändern. Eine große Herausforderung kommt auf alle Fälle auf jene Personen in der Firma zu, die im Verkauf tätig sind. Sie werden mit einem Kunden konfrontiert sein, der ganz anders als früher denkt, plant und handelt. Sie müssen sich auf das neue Kundenverhalten optimal einstellen. Wie so oft geht es bei den Veränderungen darum, dass man innerlich dazu bereit ist. Das ist auch das größte Manko, das ich immer wieder im Zuge meiner Firmentrainings diagnostiziere. Vom Chef abwärts wollen viele solche Entwicklungen nicht wahrhaben und ignorieren sie total. Sie wollen sich nicht einmal im Ansatz damit auseinandersetzen und gehen den bereits seit Jahren und Jahrzehnten eingeschlagenen Weg stur weiter. Leider sind sehr viele Menschen auch dann noch nicht bereit, diesen Weg zu verändern, wenn sich bereits abzeichnet, dass er ins Verderben führt.

Die Baustein-Aktivierung

Dem Kunden 3.0 folgen und von ihm lernen

Wir haben nur eine einzige Chance: den Kunden 3.0 zu akzeptieren, sein Verhalten zu analysieren und ihm zu folgen. Wie bereits bei der Herausforderung des Bausteins erwähnt, wird es sich in der Zukunft um einen Mix handeln. Kunden werden teilen! Kunden werden kaufen! Ihre Firma muss auf diese neue Wettbewerbssituation bestens vorbereitet sein; und wenn sich der Kunde für das Kaufen entscheidet, muss sie eine besonders gute Figur machen. Dann gehören Sie zu den Zukunftsgewinnern!

Sehen und akzeptieren, was der Kunde morgen will

Wenn Sie in Ihrer Firma für die Kundenstrategie verantwortlich sind, nehmen Sie sich bitte Zeit, um eindeutig herauszufiltern: Was will der Kunde morgen? Wohin entwickelt sich der Kunde morgen? Durch welche Meinungsbildner und Gruppierungen wird der Kunde in seinen Denk-, Planungs- und Handlungsprozessen beeinflusst? Besonders wichtig ist dann, dass Sie die daraus gewonnenen Erkenntnisse akzeptieren und bei der Entwicklung des zukünftigen strategischen Firmenkonzepts berücksichtigen und optimal einbetten. Die Entwicklung des Kunden 3.0 ist oft nicht das Problem, sondern dass diese ignoriert wird! Ziehen Sie darunter bitte einen Schlussstrich und ignorieren Sie keinesfalls das neue Verhaltensmuster der Kunden 3.0.

Wettbewerbsfit durch ständige Anpassung

Ich weiß, man hört es nicht gerne; ich weiß auch, man tut es nicht gerne – und trotzdem gibt es keine Wahl! Fangen Sie lieber gleich damit an, denn die Verzögerung führt später zu noch mehr Schmerzen. Unser ganzes Leben ist durch Anpassung geprägt. Sie wollen sicher, dass Ihre Firma wettbewerbsfähig ist und bleibt. Das werden Sie beim Kunden 3.0 nur erreichen, wenn Sie sich wirklich anpassen; wenn Sie für ihn akzeptabel sind; wenn er erkennt, dass es Sinn macht, Ihre Produkte zu kaufen, Ihre Dienste in Anspruch zu nehmen. Sie können diese Herausforderung auch nicht so nebenbei von heute auf morgen lösen, denn das ist ein ständiger Prozess, der auch von einer ständigen Anpassung begleitet sein wird.

Die einwandfreie Kundenorientierung wirkt immer erfolgfördernd

Sie müssen Ihre Angebotsrolle oft überdenken, ja Sie werden sie oft neu definieren müssen! Sie müssen sich von alten Zöpfen trennen, indem Sie sie abschneiden! Ja, das wird eine der wichtigsten Herausforderungen, die Sie permanent Jahr für Jahr bewältigen müssen. Nur eine einwandfreie Kundenorientierung wird sich erfolgfördernd in Ihrer Firma auswirken. Sie müssen ganz genau wissen, was der Kunde will, wohin er sich entwickelt, und dann müssen Sie ihm beweisen, dass Sie ihm nicht nur folgen, sondern für ihn einen Gewinn darstellen, wenn er zu Ihren Angeboten JA sagt. Genau darum geht es: Der Kunde 3.0 will erkennen, dass es Sinn macht, Ihnen das JA-Wort zu geben; dass er sich nicht für das Teilen entscheiden soll, sondern in Ihrem Fall für das Kaufen. Dass Sie meist sogar eine Mix-Variante anbieten, bei der es wirklich darum geht, dass er etwas kauft und später auch teilen kann. In vielen Firmen wird es also eine Mix-Variante geben. Sie werden vielleicht selbst zum Systemanbieter werden, indem Sie auf der einen Seite etwas verkaufen und auf der anderen Seite selbst Initiator von einem Teile-System sind.

Ohne Bereitschaft zur Strukturveränderung keine optimale Strukturanpassung: Wie entscheiden Sie sich?

Ich weiß, es ist nicht einfach; ich weiß auch, man tut es nicht gerne; aber Sie sollten wissen und akzeptieren: Es führt kein Weg daran vorbei! Das Tempo der wirtschaftlichen Entwicklung nimmt von Jahr zu Jahr enorm zu. Insbesondere der technische Fortschritt mit seinen mannigfachen Möglichkeiten ermöglicht es dem Kunden, sich z.B. für das Teilen statt für das Kaufen zu entscheiden. Sie können diese Entwicklung nicht ignorieren, denn Sie sind bereits selbst Teil dieser Entwicklung. Es ist bereits passiert! Also warum sollten Sie sich noch darüber Gedanken machen, ob Sie für eine

Strukturveränderung bereit sind? Ob Sie bereit sind, an einer Strukturanpassung mitzuwirken? Es gibt keine Alternative! Akzeptieren Sie es! Sie würden nur einen Leidensweg beschreiten, wenn Sie diese Entwicklung ignorieren. Sind Sie ab heute bitte bereit, alles zu verändern, was verändert werden muss, damit Sie morgen noch als Firma attraktiv auf den Kunden 3.0 wirken können.

Die Zukunft wird vom mobil informierten Kunden geprägt – sieht er uns?!

Leitgedanke Führungskraft

Sind Sie für den mobil informierten, Angebot suchenden Kunden unsichtbar, verlieren Sie ihn an die Konkurrenz

Viele technische Veränderungen, die beim Kunden oft zu Begeisterungsstürmen führen, sind für Führungskräfte unentdecktes Land und eine gewaltige Herausforderung. Einer dieser gewaltigen technologischen Fortschritte besteht in der ständig **steigenden Anzahl** von **mobil informierten Kunden**. In einem Punkt sind sich alle Experten, die sich mit dem Thema mobiler Information und der damit verbundenen Technologie beschäftigen, einig: In der Zukunft werden sich mehr Menschen über Angebote von Firmen anhand mobiler Endgeräte wie Smartphones, Tablet-PCs usw. informieren, als sie dies bisher mittels stationärem Computer getan haben.

In einigen Branchen steht das bereits heute schon auf der Tagesordnung. Ein mittlerweile etablierter Klassiker beim mobil informierten Kunden ist mit Sicherheit die Gastronomie. Wenn Sie unterwegs sind und das Bedürfnis verspüren, vor Ort herauszufinden, wo man gut speisen kann, was entspricht Ihren Geschmacksvorstellungen, dann geht das heute so einfach wie nie zuvor in der Wirtschaft. Sie aktivieren das Smartphone, Ihr Navigationsgerät, Ihren Tablet-PC und starten die lokale Suche nach vorhandenen Restaurants. Sofort wird Ihnen auf einer Karte einfach dargestellt und aufgezeigt, welche Restaurants in Ihrer Umgebung verfügbar sind. Wenn Sie auf ein Restaurant klicken, erhalten Sie sofort auf einen Blick detaillierte Informationen, wie z.B. Öffnungszeiten, die kulinarische Ausrichtung, erste Statements von Bewertungen früherer Gäste usw. Wenn Sie nun möchten, können Sie z.B. die Bewertung von früheren Gästen abrufen und wissen, ob es sich lohnt, das Restaurant zu wählen oder nicht. Wenn also die Führung des Restaurants mit den Mitarbeitern nicht den Erwartungshaltungen der Gäste entspricht, werden sich die negativen Aussagen mehren, und die rote Karte des potentiellen Interessenten ist bereits vorprogrammiert. Es muss gerade Ihnen als Führungskraft klar sein, dass der Kunde hier bereits eine enorme Machtposition eingenommen hat. Sie werden in Ihrer Kundenrolle sicher auch den Erfahrungen anderer Kunden vertrauen, die bereits Dienstleistungen und Produkte einer Firma in Anspruch genommen haben. Selbst eine optimal aufgebaute und mit positiven Botschaften veredelte Webseite ist nun chancenlos. Wenn nun der potentielle Interessent, der sich gerade in der Entscheidungsphase befindet, das Restaurant zu besuchen, solche ersten negativen Meldungen liest, wird er sofort zur Auswahlübersicht zurückkehren und nachsehen, welche Restaurants noch vorgeschlagen werden.

Wenn der erste Eindruck aber passt, wird der potentielle Gast gerne bereit sein, ein wenig in die Tiefe zu gehen. Dabei machen auch viele Firmen keine optimale Figur, weil die normale Darstellung der Webseite für Smartphones und auch teilweise für Tablet-PCs dafür nicht 100 %ig geeignet ist. Aufgrund dieser Tatsache entscheiden sich immer mehr Führungskräfte dafür, auch eine mobile Variante anzubieten. Die Technik macht es möglich: Sämtliche Botschaften der Firma werden optimal aufbereitet und z.B. auf die Größe des Smartphone-Bildschirms abgestimmt.

Auf den Punkt gebracht, heißt das für Sie, liebe Führungskraft, dass sich der Angebot suchende Kunde im Auswahlverfahren wohl fühlen will. Das beginnt bei der Bewertung Ihrer Angebote durch bereits bestehende Kunden und endet in einer einfachen Darstellung von Wissenswertem zu Ihrer Firma, die der Kunde unkompliziert nutzen will.

Zu guter Letzt müssen Sie sich in diesem Zusammenhang der wichtigsten Herausforderung stellen: Ist Ihre Firma für den mobil informierten, Angebot suchenden Kunden sichtbar? Das bedeutet: Werden Ihre Angebote auch von der Zielgruppe gefunden, wenn diese den mobilen Weg für die Suche im Internet wählt? Das ist deswegen für mich eine der größten Herausforderungen, weil sich die Rahmenbedingungen ständig ändern. Sie werden jetzt vielleicht sagen: *„Eigentlich ist es schon irrwitzig, wie temporeich hier Veränderungen eintreten.“* Ich stimme Ihnen sofort zu. Doch in einem Punkt müssen wir uns im Klaren sein: Unser Empfinden, unsere Vorstellungen sind nicht jene Vorstellungen des mobil informierten, Angebot suchenden Kunden. Wenn Sie bemerken, dass die Zielgruppe ein neues Suchverhalten hat, weil es technisch möglich ist, haben Sie keine Chance, dies langfristig zu ignorieren.

Es gibt natürlich in jeder Branche Ausnahmeerscheinungen. In unserem Beispiel bedeutet das: Sie betreiben ein Restaurant mit einem 3-Sterne-Koch, sind oft in den Medien, haben Prominenz als Gäste und wirken dadurch attraktiv und anziehend auf Ihre Zielgruppe.

Das sind jedoch wirklich Ausnahmeerscheinungen. Die Mehrheit der Firmen kämpft eher mit der Wettbewerbsherausforderung, die ich gerne als *„Ei-ei-Prinzip"* bezeichne. Auf den ersten Blick unterscheiden sich ihre Angebote kaum von der Konkurrenz; der besondere MehrWert, die eindeutige Differenzierung ist somit nicht vorhanden. Genau diese Zutaten werden jedoch vom mobil informierten, Angebot suchenden Kunden immer stärker eingefordert. Er will in sehr kurzer Zeit einen optimalen Überblick haben: Welche Angebote bietet der Markt zu seinen Bedürfnissen an? Wer ist der optimale Anbieter für die Erfüllung seiner Vorstellungen?

Führungskräfte, die mit ihren Teams diese Entwicklung beharrlich ignorieren, müssen damit rechnen, dass sie den mobil informierten, Angebot suchenden Kunden ganz bewusst an die Konkurrenz verlieren. Eines muss Ihnen klar sein: In der Zukunft werden jene Firmen in dieser Wettbewerbssituation die Nase vorne haben, die auf allen vom Kunden frequentierten Kommunikationswegen sichtbar sind.

Leitgedanke Mitarbeiter

Wie sichtbar – eine TEAM-Entscheidung

Viele Mitarbeiter, vor allem jene, die sich noch zur jungen und jüngeren Generation zählen können, wissen ganz genau: Das *„JA"* des Kunden zum Angebot einer Firma wird immer stärker in der mobilen Wettbewerbskommunikation entschieden. Die Technik ermöglicht es, den Kunden mit einer einfachen Handhabung über die Angebote des Marktes zu informieren. Diese neue Wettbewerbsherausforderung stellt viele Führungskräfte mit Ihnen als Mitarbeiter vor große Probleme.

Alles dreht sich um die wirklich alles entscheidende Frage: *„Wie sichtbar?!"*

Wie werden Sie also beim mobil informierten, Angebot suchenden Kunden optimal sichtbar? Wie gelingt es Ihnen, Ihre Produkt- und Dienstleistungsvorzüge dem Kunden schmackhaft zu machen? Dazu gehört es auch, liebe Mitarbeiter, dass Sie eines akzeptieren: Ihr Verhalten gegenüber dem Kunden steht jeden Tag auf dem Prüfstand. Sobald der Kunde mit Ihnen Kontakt aufnimmt, entscheidet er, ob Sie auch weiterhin im Wettbewerb eine gute Figur machen oder ob Sie für die Zielgruppe immer unattraktiver werden.

Das beginnt schon beim Anruf eines Kunden in Ihrer Firma. Die Sekretärin, die Telefonistin ist ab diesem Zeitpunkt die höchste Botschafterin Ihrer Firma. Ihre Imagespuren, die sie jetzt beim Anrufer hinterlässt, werden am Markt sichtbar werden. Das Gleiche gilt selbstverständlich auch, wenn ein Kunde ein Geschäft betritt. Ab dem Zeitpunkt, an dem eine Verkäuferin, ein Verkäufer mit dem Kunden ins Gespräch kommt, nimmt diese Person die höchste Rolle als Botschafterin der Firma ein. Sie ist ab diesem Zeitpunkt die Person, die darüber entscheidet, wie sich das Image-Puzzle dieser Firma weiterentwickelt. Jeder Ausrutscher, jede negative Reaktion wird vom Kunden registriert und verbreitet. Das ist für mich die wichtigste tägliche Herausforderung. Kunden neigen immer stärker dazu, ihrem Unmut sofort Luft zu machen. Was früher in der negativen Mund-zu-Mund-Propaganda von Mensch zu Mensch vonstattenging, wird heute zusätzlich technisch unterstützt. Es gibt immer mehr Kunden, die dies nach einem negativen Erlebnis sofort anderen Menschen mitteilen. Das würde bedeuten: Der Kunde verlässt das Geschäft, aktiviert bereits draußen sein Smartphone und verbreitet über soziale Netzwerke, Beschwerde-Portale und Ähnliches. gerade das negative Erlebnis.

Sie kennen sicher den Klassiker, den man immer wieder in den Medien liest und der sich immer häufiger bestätigt: Das Internet vergisst selten etwas. In den meisten Fällen ist es für eine Firma verdammt schwer, negative Wellen zu stoppen bzw. die damit verbundenen Botschaften entfernen zu lassen.

Viel häufiger tritt genau das Gegenteil ein: Sie stehen sehr lange am Pranger! Auch wenn es vielleicht nur einige kleine Ausrutscher waren – das spielt keine Rolle. Denn einmal an den Pranger gestellt, kommt die gute alte *„Stille Post“* zum Tragen. Da wird Neues dazugedichtet, Vorhandenes kommt weg. Eine oft harmlose Situation nimmt plötzlich unkontrollierte Ausmaße an. Man könnte hier sprichwörtlich sagen: *„Aus der Mücke wird ein Elefant gemacht.“*

Mir ist schon klar, liebe Mitarbeiter, dass man nicht immer gut drauf sein kann und dass einem auch Fehler passieren. Doch gerade beim Kundenkontakt sollten Sie besonders achtsam sein, dass negative Impulse vermieden werden. Vielen Menschen ist dies noch gar nicht so richtig bewusst, weil die neue Technologie, die ein solches *„An-den-Pranger-Stellen“* leicht ermöglicht, noch nicht bei allen im gleichen Ausmaß angekommen ist. Viele Menschen ignorieren ganz einfach solche Entwicklungen. Viele sagen: *„Naja, das sind ja Spielereien. Wer braucht die sozialen Netzwerke? Das kann doch nicht so schlimm sein.“*

Das Ergebnis ist oft niederschmetternd. Wenn es dann zu spät ist, bemerken Firmen, dass sie sehr wohl permanent digitale Spuren in der Gesellschaft hinterlassen und diese im schlimmsten Fall dazu führen können, dass sie von der Zielgruppe wirklich als unattraktiv angesehen werden. Wenn ein solcher Zustand eintritt, hat die Konkurrenz leichtes Spiel; denn Ihr kluger Mitbewerber wird diese negativen Impulse sogar gezielt einsetzen. Das heißt: Auch in der realen Welt werden dann solche negativen Ereignisse immer stärker Ihre Wettbewerbsfähigkeit schwächen. Der Konkurrent wird keine Gelegenheit auslassen, wenn er um einen Kunden buhlt, auch aufzuzeigen, dass gewisse Konkurrenten mit Vorsicht zu genießen sind. Denn der Mitbewerber sucht wie Sie nach Differenzierungsmöglichkeiten. Wenn der Konkurrent in seiner Kundengewinnung und auch -bindung vom Kunden mit Ihren Angeboten konfrontiert wird, greift er garantiert zum negativen Erscheinungsbild. Sie schießen sich somit eigentlich ein Eigentor. Er ist durch Ihre Imageschwächung in der Lage, dem Kunden, den er gerade umwirbt, eindeutig und sofort wirksam aufzuzeigen, dass Sie mit Sicherheit keine gute Wahl sind.

Akzeptieren Sie ab heute, dass viele technologische Fortschritte, die die Kundengewinnung und -bindung betreffen, nicht nur technisch, sondern auch deren Auswirkungen auf das Kundenverhalten und die Möglichkeit, Angebote auszuwählen und zu vergleichen, bewertet werden müssen.

Die Baustein-Herausforderung

Wie informiert sich unser Kunde heute und morgen über die aktuellen Angebote der Branche?

Nicht was Sie können, was Sie anbieten, sondern wie der Kunde es sieht, wird in der Zukunft über Ihren Firmenerfolg entscheiden. Viele Entscheidungsträger und auch Verkäufer ignorieren die Entwicklung des mobil informierten Kunden. Bereits heute weiß man, dass es nicht mehr lange dauern wird, dass mehr Menschen auf der Welt über mobile Endgeräte z.B. ins Internet einsteigen, sich informieren, Daten herunterladen uvm., als sie es heute stationär tun. Man weiß bereits, dass der Kunde Kaufentscheidungen blitzartig trifft, wenn er gerade unterwegs ist. Er befindet sich z.B. in einer Einkaufsstraße, schaltet sein mobiles Endgerät ein – z.B. das Smartphone – und lässt sich über Angebote informieren, die in seinem aktuellen Umfeld verfügbar sind. Immer wenn der Kunde Lust auf Angebote hat, soll er auch Ihre Firma finden. Leider sind viele Firmen auf diese sich schon heute abzeichnende zukunftsweisende Entwicklung beim Kunden schlecht vorbereitet.

Wie hat unsere Konkurrenz bisher auf die neuen Wettbewerbsanforderungen durch den mobil informierten Kunden reagiert?

Ich staune immer wieder, dass viele Firmen nicht darüber Bescheid wissen, was eigentlich die Konkurrenz tut, um für den mobil informierten Kunden fit zu werden. Ich bin deswegen überrascht, weil dieses Wissen eigentlich sehr einfach zu bekommen ist. Man kann sich heute ja leicht informieren: Was macht die Konkurrenz? Wie präsentiert sie sich klassisch z.B. auf ihrer Webseite, und welche Aktivitäten setzen sie, damit sie auch beim mobil informierten Kunden optimal sichtbar wird? Eines muss den Entscheidungsträgern und Verkäufern klar sein: Wenn Sie nicht bereit sind, bei der Konkurrenz nachzusehen, dann agieren Sie im Wettbewerb im Blindflug. Sie wissen nicht, worauf Sie sich einlassen, was der Kunde bevorzugt und was die Konkurrenz unternimmt, um die Wettbewerbsfähigkeit zu steigern? Das ist eine, wie ich meine, sehr unbefriedigende Wettbewerbssituation!

Welche „Wissensquellen“ zeigen uns die Entwicklungen des „mobil informierten Kunden“ in unserer Branche auf?

Ein weiteres Manko rund um das Thema „mobil informierter Kunde“ besteht darin, dass Firmen auf die verfügbare Auswahl von „Wissensquellen“ verzichten. Viele Entscheidungsträger wissen nicht einmal, dass solche Wissensquellen vorhanden sind, und sie stochern daher wieder wie Blinde im Nebel herum. Im Zuge meiner Firmentrainings staunen dann die Entscheidungsträger und ihre Mitarbeiter oft, wenn ich ihnen jene Wissensquellen präsentiere, die eindeutig aufzeigen, wohin sich die Branche rund um das Thema mobil informierter Kunde entwickeln wird bzw. bereits entwickelt hat. Diese Quellen sind vor allem für Entscheidungsträger sehr wichtig; denn selbstverständlich können Sie nicht auf jedem Gebiet ein Profi sein. Man hat sich für einen Beruf entschieden, ist als Entscheidungsträger in einer Führungsposition, vielleicht gehört Ihnen sogar die Firma. Das Wichtigste ist dann, dass Sie auf Ihrem Fachgebiet ein Profi sind. Dies sollten Sie den Kunden auf allen Kommunikationswegen übermitteln und dafür sorgen, dass zufriedene Stammkunden entstehen. So vereinfacht könnte man eine Person beschreiben, die in der Wirtschaft tätig ist. Diese Kurzcharakteristik zeigt uns glasklar auf: Man kann nicht überall ein Profi sein. Schon gar nicht, wenn es darum geht, wie man optimal die neuen technischen Möglichkeiten des Internets bestens für sich nutzt. Wir wissen aber auch, dass gerade Entscheidungsträger die Weichen stellen müssen. Sie sind dafür verantwortlich, dass ihre Firma auch beim mobil informierten Kunden, der sich ebenso informieren will, eine gute Figur macht. In dieser ohnehin schon heiklen Situation auf Wissensquellen zu verzichten, ist eigentlich nicht nachvollziehbar.

Wie machen wir uns für den „mobil informierten Kunden" optimal sichtbar?

Entscheidungsträger oder Mitarbeiter – beide befinden sich in einer technischen Sackgasse. Sie müssen auf externe Beratung zugreifen; sie müssen Profis im IT-Bereich engagieren; sie müssen sich fachliche Unterstützung holen, um auch in der Zukunft beim Kunden und im Wettbewerb eine gute Figur machen zu können. Daran führt kein Weg vorbei. Natürlich kann man sich etwas einschulen lassen; sich technisch etwas bauen lassen, was man dann selbst verändern und betreuen kann. Doch ganz alleine auf sich gestellt können es nur die wenigsten Entscheidungsträger, die sich wirklich in diesen technischen Bereichen auskennen. Dabei gibt es einen ganz gefährlichen Knackpunkt, den ich immer wieder gerne präsentiere: Experten auswählen ist auch nicht so einfach! Sehr erfolgreiche Experten bringen es dann immer wieder auf den Punkt, indem sie sagen: „Experte zu werden ist im Internet oft gar nicht so schwer, wenn ich mich auskenne – es zu bleiben ist eine gewaltige Herausforderung!" Das Internet verändert sich bezüglich der Spielregeln blitzartig. Auch Sie müssen oft eine gerade übermittelte Empfehlung morgen wieder korrigieren. Sie dürfen sich als Entscheidungsträger davon aber nicht abschrecken lassen. Die Experten und Profis können nichts dafür, denn die großen Big Player im Internet verändern gerne die Regeln bzw. sind neue technische Möglichkeiten auch für sie heute noch unbekannt. Wichtig ist, dass Sie sich in der Branche genau umhören, wer der Experte in Ihrer Branche ist: Wem kann man trauen? Wer hat die besten Referenzen? Das Wichtigste aber: Wie haben sich seine Aktivitäten bei bestehenden Kunden entwickelt? War die Wirkung beim Kunden optimal? Konnten die gewünschten Resultate erzielt werden? uvm. Machen Sie sich wirklich schlau, wer in der Branche von welchen Experten bereits profitiert hat.

Die Technik macht es möglich – wir auch?

Den temporeichen technischen Fortschritt können wir nicht mehr aufhalten. Viele hören das nicht gerne, wenn man über ihren Beruf spricht. Sie wollen am liebsten, dass in der Firma alles so bleibt, wie es war. Doch das ist unmöglich! Privat sieht es schon etwas anders aus. Hier lieben wir oft gerne die neuen technischen Spielereien und nutzen sie dementsprechend häufig. Wichtig ist, dass wir beim Thema „Mobil informierte Kunden" eines nicht übersehen: Was die Technik möglich macht, muss auch vom Team real erfüllt werden. Das Schlimmste, was Ihnen passieren kann: Sie präsentieren sich technisch einwandfrei; der Kunde ist top informiert – und dann muss er in der realen Welt feststellen, dass Sie ihm über diesen Kommunikationskanal viel heiße Luft übermittelt haben. Die Technik kann uns viel abnehmen, nur eines nicht: die persönliche Erfüllung. Das ist gut so, denn Erfüllung ist etwas Persönliches, und unsere Kunden sind Menschen.

Die Baustein-Aktivierung

Dort, wo sich unser Kunde informiert, sind wir sichtbar

Analysieren Sie genau, wenn notwendig unter Einbeziehung von Branchenkennern, wo sich Ihr mobiler Kunde heute informiert. Stellen Sie so schnell als möglich sicher, dass Sie diesen neuen Gewohnheiten des Kunden gerecht werden und sich dort sichtbar präsentieren, wo er sich informiert. Bleiben Sie also auch auf dem Laufenden, über welche Kanäle sich der Kunde aktuelle Angebote aus Ihrer Branche ansieht, und stellen Sie wirklich sicher, dass auch Sie an sichtbarer Stelle mit Ihren Angeboten punkten können.

In Wettbewerbs-Augenhöhe mit der Konkurrenz und einen Schritt voraus

Achten Sie ab heute bitte darauf, dass Sie sich im Wettbewerb immer auf gleicher Augenhöhe mit der Konkurrenz befinden. Sie dürfen auf gar keinen Fall den Kürzeren ziehen, nur weil Sie die neuen Gewohnheiten des Kunden ignoriert haben. Ihre Angebote müssen die gleiche Chance haben wie die der Konkurrenz. Wenn sich in Ihrer Branche die Kunden immer mehr mobil informieren, müssen Sie dort auch an sichtbarer Stelle gefunden werden. Wenn das nicht der Fall ist, überlassen Sie hier der Konkurrenz das Feld und verlieren somit Kunden, die Sie mit Sicherheit gewinnen könnten, wären Sie nur sichtbar. Wenn Sie sich auf gleicher Wettbewerbs-Augenhöhe befinden, sollten Sie sich auch dafür engagieren, dass Sie der Konkurrenz einen Schritt voraus sind. Sie müssen im Wettbewerb immer die Nase vorne haben. Das gilt auch beim Kunden, der sich mobil informieren will. Nehmen Sie sich Zeit und schauen Sie sich an: Was wird in der Branche morgen wirken? Was empfehlen Experten? Worauf müssen Sie achten? Aber dann sind Sie bitte bereit, die richtigen Weichen zu stellen und loszulegen.

Wissen, was wirkt

Legen Sie bitte „Wissensquellen“ fest. Sie müssen über eine gute Auswahl verfügen, die einen optimalen Branchenüberblick gewährleistet. Heute ist das einfacher als jemals zuvor, denn das Internet bietet auch Ihnen alle Möglichkeiten, sich über das zu informieren, was wirklich wirkt. Fallbeispiele, die Konkurrenzsituation, Expertenmeinungen, Foren, die die Entwicklung der Zukunft vorhersagen, uvm. – alles wird einem geboten; Sie müssen nur das vorhandene Wissen anzapfen! Legen Sie Ihre Favoriten fest und nehmen Sie sich jede Woche ein wenig Zeit dafür, sich mit den neuesten Erkenntnissen zu beschäftigen. Als Untergrenze empfehle ich Ihnen eine Stunde, in der Sie sich intensiv damit beschäftigen, wie sich der mobil informierte Kunde weiterentwickelt.

Wer macht's für unsere Kunden am besten?

Ganz alleine können Sie es nicht schaffen. Sie müssen sich auf die Ausübung Ihres Berufs, auf die Wettbewerbsfähigkeit Ihrer Firma uvm. konzentrieren. Sie brauchen also Profis, die sich wirklich auskennen, wie man beim mobil informierten Kunden optimal sichtbar wird. Sie müssen bei der Auswahl darauf achten, dass die Profis nicht nur heute IN sind, sondern auch über die Ressourcen verfügen, die das „Morgen-IN-Sein" gewährleisten. Das bedeutet: Die Profis, die Sie engagieren, die Firma, der Sie Ihr Vertrauen schenken, sollte auch über die nötigen Ressourcen verfügen, dass sie sich selbst weiterentwickeln kann. Das spricht leider sehr häufig gegen Ein-Personen-Unternehmen, gegen Einzelkämpfer, weil sich diese sehr schwer tun, neben der Ausübung ihres Berufes auch noch viel Zeit zu investieren, um sich am Puls des mobil informierten Kunden weiterzuentwickeln.

Im Einklang mit der Technik leben

Akzeptieren Sie, dass der mobil informierte Kunde die Technik nicht nur anwendet, sondern dass die Inhalte der Wahrheit entsprechen müssen. Genau das ist oft der Knackpunkt, wie auch auf vielen klassischen Wegen, die Sie gerne für den Kundendialog einsetzen. Wenn Sie z.B. dem mobil informierten Kunden die Möglichkeit einräumen, Kommentare abzugeben, dann wird er dies tun. Wenn Sie diese unbeantwortet lassen, wird er negativ reagieren. Viele Firmen bieten gerade dem mobil informierten Kunden genau das an. *„Bleiben Sie mit uns im Dialog"*, heißt dann ein Slogan. Bei vielen Firmen wartet man oft wochenlang auf die Antwort. Ich weiß, das Tempo ist meist nicht so leicht zu bewältigen. Das Jammern darüber bringt jedoch auch nichts. Denn wenn Sie sich dafür entscheiden, auch beim mobil informierten Kunden sichtbar zu werden, müssen Sie das daraus resultierende Tempo akzeptieren. Der mobil informierte Kunde macht das ja nicht aus Bosheit. Er ist z.B. gerade unterwegs, will sich informieren, will mit Ihnen in Kontakt treten, und plötzlich merkt er, dass er sich auf einer holprigen Straße befindet, die im schlimmsten Fall in eine Sackgasse mündet. Genau das darf nicht passieren! Das reale Team muss im Einklang mit der Technik agieren und sich auch bewusst sein, was diese Technik dem mobil informierten Kunden bietet und welche Anforderungen für Sie daraus entstehen. Nur so können Sie Ihre Wettbewerbsfähigkeit heute und morgen absichern.

Der Web-geprägte Kunde verändert die Angebots- & Arbeitskultur radikal

Leitgedanke Führungskraft

Es geht immer um die „O-Business"-Aktivitäten

Der Kunde wird in seinem Kaufverhalten in der Zukunft noch stärker als heute durch die mannigfachen Möglichkeiten des Internets geprägt werden. Wenn sich Führungskräfte aktuell bei mir beklagen, dass Internet-Shops bei gewissen vergleichbaren Produkten preislich die Nase vorn haben, ist das zu akzeptieren. Wenn dann ergänzend einige die Meinung vertreten, dass es hier zu einem sogenannten Beratungsdiebstahl kommt, ist es auch zu akzeptieren. Ob Sie es als Führungskraft wahrhaben wollen oder nicht, spielt dabei keine Rolle. Sie müssen die Rahmenbedingungen des Marktes so akzeptieren, wie sie sind.

Ich weiß, das ist unschön, das macht nicht immer Spaß, und es beschädigt die Wettbewerbsfähigkeit. Doch Sie können stundenlang darüber diskutieren, hunderte Meetings abhalten – es wird sich an der Situation nichts ändern. Der Kunde wird für sich immer nach dem optimalen Angebot suchen. Dazu gehört es leider auch, dass er jene Firmen bevorzugt, die den günstigsten Preis haben. Es ist jedoch nicht der Preis, der hier entscheidet, sondern die Wertigkeit. Machen wir uns bitte nichts vor; nehmen wir das Beispiel eines Notebooks: Wenn ich heute zum Einzelhandel oder auch zu den großen Ketten gehe, die Notebooks anbieten, kann ich mir dort als Kunde viele Modelle ansehen. Ich werde mich vielleicht sogar vom Verkäufer beraten lassen. Wenn ich dann zu meinem Computer zurückkehre – manche machen es auch schon mobil, unmittelbar, nachdem sie das Geschäft verlassen haben – , werde ich als potentieller Interessent Angebotsvergleiche durchführen. Das ist heute als Kunde wirklich sehr einfach. Der Kunde wird also Preisvergleichsportale aktivieren, sich bei bekannten und namhaften Online-Shops informieren. Was passiert dann sehr häufig? Er findet exakt das gleiche Notebook, für das er sich vorhin im Geschäft interessiert hat. Er hat eigentlich schon eine Vorauswahl getroffen; ein Notebook ist bereits sein Favorit. Er hat es noch nicht gekauft, weil er sich noch einen weiteren Überblick über die Angebote des Marktes verschaffen wollte. Genau jetzt in dieser Phase erkennt der Angebot suchende Kunde, dass exakt das gleiche Notebook, das er vorher im Geschäft gesehen hat – sagen wir einmal –, um 200 Euro billiger ist. Ich möchte betonen: Das gleiche Leistungsangebot = die gleichen Leistungseigenschaften usw. – absolut ident! Einmal ehrlich: Was würden Sie tun, wenn Sie an seiner Stelle wären? Richtig! Sie würden zuschlagen. Denn wenn Sie sich in der Vorauswahl bereits Richtung JA entschieden haben, dann ist beim identen Angebot mit einer Ersparnis von € 200 eigentlich gar keine andere Entscheidung mehr möglich.

Bitte beachten Sie meine Worte: Ich spreche wirklich von einem identen, vergleichbaren Angebot. Wenn Sie Ihr Angebot als Einzelhändler jetzt aufwerten möchten, um sich von der Online-Konkurrenz zu differenzieren, dann muss der Verkäufer das Angebot **mit Weitblick veredeln**. Unter **Weitblick** verstehe ich unter anderem, dass auch der Verkäufer von der Führung auf solche Verkaufssituationen optimal vorbereitet sein muss. Denn jetzt geht es wirklich darum, dass er das Angebot so aufwertet, dass selbst ein späterer Online-Vergleich keine derartige eindeutige Wirkung hat. Wenn dem nicht so ist, kaufen die meisten Kunden online.

Was verstehe ich jetzt in unserem Beispiel unter **Aufwertung**? Immer wieder habe ich in meinen Vorträgen und Seminaren bei solchen Situationen eindeutig darauf hingewiesen: Der Kunde kauft nicht nur das Notebook, er kauft in Wirklichkeit **die Anwendung** des Notebooks. Bei der Anwendung kann natürlich einiges passieren: Das Notebook kann ausfallen; die Festplatte streikt, uvm. Genau in dieser Phase würde dann der Kunde erkennen, dass der Online-Kauf nicht so attraktiv ist, wie er auf den ersten Blick über den Preis gesehen wirkt. Denn jetzt geht es darum: Wer kann ihm in dieser Situation schnell helfen? Viele Menschen benötigen ihr Notebook, ihren Computer tagtäglich; für diese ist er absolut lebensnotwendig; ohne ihn geht gar nichts. Wenn ich jetzt einen Händler ums Eck habe, einen echten Profi, dann reicht meistens ein Anruf. Er wird kommen, bringt mir ein Ersatzgerät mit, wechselt vielleicht sogar die Festplatte, und ich kann oft nur mit einer Verzögerung von ein bis zwei Stunden weiterarbeiten. Geht gar nichts mehr, und ich habe zumindest ein Back-up gemacht, dann wird das auf das neue Notebook eingespielt, und schon kann ich als Kunde wieder wie gewohnt weiterarbeiten. Das Notebook wird repariert, entweder direkt beim Einzelhändler, mit seinem Netz an Partnern im Hintergrund, oder er schickt es zum Hersteller.

Natürlich bieten das auch Online-Shops an. Selbst Discounter bieten heute Notebooks an, die wirklich technisch locker mit Qualitätsprodukten aus dem Handel mithalten können. Discounter bieten auch bereits einen Pick-up-Service an. D.h. ich brauche nur anrufen, das Notebook wird ohne jegliche Kosten geholt, und ich bekomme es repariert zurück. Einige Discounter gehen sogar so weit, dass sie mir, wenn es schwer angeschlagen ist, ein neues Notebook geben. An sich könnte man sagen: eine wunderbare Sache. Doch wenn Sie das Notebook hergeben, wenn es eingeschickt wird, sind auch Ihre Daten drauf. Wenn das Notebook streikt, können Sie die Daten nicht mal mehr herunterladen. Sie haben also auch das Problem, dass jetzt die Daten bei Dritten sichtbar werden. Wenn Sie sagen: *„Okay, das kann ich noch verschmerzen"*, dann stehen Sie trotzdem vor der Problematik: Wie kommen Sie jetzt schnell zu einem neuen Notebook, damit Sie weiterarbeiten können? Das ist nämlich nicht inkludiert; Sie bekommen in den meisten Fällen kein Ersatzgerät!

Ich bin überzeugt, liebe Führungskraft, Sie wissen längst, wohin die Reise im Wettbewerb geht. Der Web-geprägte Kunde verändert unsere Angebots- und Arbeitskultur wirklich radikal. Wir müssen ihm einen **eindeutigen MehrWert** bieten, der meistens bei Offline-Händlern menschlich sein wird. Nur durch die menschliche Stärke werden Sie beim Kunden punkten können. Denn viele Service- und vor allem After-Sale-Service-Leistungen werden durch den Menschen erfüllt. Hier kann der Online-Händler nicht optimal mithalten. Es wird in vielen Bereichen sogar so sein, dass er gar nicht mithalten kann.

Was verstehe ich also jetzt unter *„O-Business"*? **O-Business** steht für **On-** und **Offline**. Ich muss heute als klassische Firma auch online fit sein. Ich muss akzeptieren, dass z.B. Start-up-Unternehmen, die meine Produkte plötzlich online anbieten, einen kleinen Rucksack an Belastungen mit sich tragen: Sie haben kein Filialnetz oder kein eigenes Geschäft; sie haben kaum Mitarbeiter; die Ware ist nicht einmal bei ihnen auf Lager; meistens wird sie zum Kunden direkt vom Hersteller geliefert uvm. Das alles spart natürlich enorm an Kosten, wie sie klassische Unternehmen jedoch haben. Dadurch gibt es oft auch Unstimmigkeiten z.B. zwischen Mitarbeitern und Führungskräften. Denn selbstverständlich ist oft die Führungsseite gezwungen, beim Personal einzusparen, um sicherzustellen, dass die Firma wettbewerbsfähig ist und bleibt. Dass dies bei Mitarbeitern nicht gut ankommt, versteht sich von selbst.

Ich als Führungskraft muss also immer überlegen: Was ist der beste Offline- und Online-Weg? Denn eines wird sich am Ende des Weges nicht ändern: Sie müssen für den Kunden attraktiv sein. Sind Sie das nicht, bekommen Sie blitzartig die rote Karte. Dazu gehört auch die Feststellung, die bereits viele Führungskräfte machen: Dass Kunden nicht mehr so treu sind wie früher. Sie entscheiden immer angebotsbezogen nach der gleichen Formel: Wer ist der beste Anbieter für meine Bedürfnisse? Schlägt Sie das Online-Angebot, haben Sie das Nachsehen. Sind Sie als Offline-Anbieter ohne weiteres auch gemixt mit einem Online-Angebot attraktiv, werden Sie den Vorzug gegenüber den modernen Online-Händlern erhalten.

Natürlich spielen dabei auch die angebotenen Produkte eine Rolle. Leider müssen manche Firmen – ob sie es wollen oder nicht – zur Kenntnis nehmen, dass sie bei gewissen Produkten keine Chance mehr haben werden. Dabei handelt es sich meistens um jene Produkte, die man nicht erklären muss, die keinen Service benötigen, die man einfach kauft. Akzeptieren Sie dies als Führungskraft, indem Sie wirklich innerlich bereit sind, Ihre Angebots- und Arbeitskultur permanent auf den Prüfstand zu fahren, um herauszufiltern: Wo sind Sie attraktiv und was muss verbessert werden? In solchen Phasen wird es auch vorkommen, dass Sie sich von Produkten verabschieden müssen, weil es Ihnen gegenüber der Online-Konkurrenz nicht mehr gelingt, die Attraktivität derartig aufzuwerten, dass Sie den Vorzug vom Kunden erhalten. In die andere Richtung funktioniert es natürlich auch. Sie können als klassischer Offline-Anbieter Ihre Produkte und Dienstleistungen derartig aufwerten, dass die Online-Konkurrenz das Nachsehen hat.

Leitgedanke Mitarbeiter

Rein in die Firma mit Ihren „Kundenrollen-Impulsen"

Machen Sie Ihre Firma **attraktiv**. Sie als Mitarbeiter befinden sich tagtäglich auch in der Kundenrolle. In meinen Firmentrainings erlebe ich es immer wieder, dass sich die Firmen auf der einen Seite darüber beklagen, im Wettbewerb permanente Schwächungen hinnehmen zu müssen, weil z.B. die Online-Konkurrenz immer stärker wird. Sie können ganz einfach mit deren Angeboten nicht mehr mithalten. Sehr häufig spielt natürlich dabei der Preis eine sehr entscheidende Rolle. Darüber beklagen sich unter anderem auch Mitarbeiter, die in einer solchen Firma im Verkauf tätig sind. Sie sagen: *„Herr Panhölzl, wir haben gegenüber den Online-Händlern ganz einfach keine Chance mehr. Mir fallen einfach keine Argumente mehr ein, die ich einbringen könnte, weil auch ich zugeben muss: Die Konkurrenz ist in vielen Bereichen exakt ident mit uns."* Wenn sich dann die Mitarbeiter mit den Führungskräften z.B. im Zuge einer geeigneten Besprechung darüber unterhalten, treten sie immer auf derselben Stelle. Denn auch die Führungskräfte haben ihre liebe Not, diesbezüglich eine optimale Antwort zu geben.

Worüber wundern Sie sich, liebe Mitarbeiter? Wenn Sie sich schon selbst die Antwort geben, dass Ihr Angebot nicht mehr so attraktiv ist, warum soll dann der Kunde anders entscheiden? Nur weil Sie glauben, er soll es Ihnen recht machen? Weil er Sie sponsern soll? Ja, so müssen Sie es sehen. Sie würden doch damit nichts anderes sagen als: *„Der Kunde soll mir den Vorzug geben, obwohl wir eigentlich ein unattraktiveres Angebot haben."* Welcher normal denkende Mensch würde so etwas tun? Ich bin überzeugt, Sie auch nicht! Denn sobald Sie sich in der Kundenrolle befinden, werden Sie genauso entscheiden.

Ich habe mit Mitarbeitern viele Gespräche geführt, die sich genauso verhalten haben. Sie haben mir aufgezeigt, wie schwierig es ist, den Kunden zu überzeugen. Sie haben sich wirklich enorm darüber geärgert, dass sich die Kunden ablehnend verhalten haben. Natürlich wollen Sie als Verkäufer den Kunden gewinnen, doch Sie schaffen es nicht mehr. Er will ganz einfach nicht mitziehen. Er lehnt viele Argumente ab. Sind wir uns doch ehrlich: Der Grund dafür ist, dass Ihre Argumente nicht mehr greifen. Sie müssen an die **Wurzel des Problems** gehen und sich nicht ständig an der Oberfläche aufhalten. Das bedeutet: Wenn Sie für den Kunden nicht attraktiv sind, wenn Sie das als Mitarbeiter selbst spüren, muss eine Änderung herbeigeführt werden. Das heißt, Sie müssen akzeptieren: Der Web-geprägte Kunde verändert die Angebots- und Arbeitskultur enorm. Was auf den ersten Blick logisch klingt, kann aus Ihrer Sicht unschöne Aktivitäten nach sich ziehen. Ich betone: aus Ihrer Sicht! Denn es könnte sein, dass Sie in der Zukunft Service- und After-Sale-Service-Leistungen anbieten müssen, damit Ihre Firma konkurrenzfähig bleibt. Dies führt zu einem *„Mehreinsatz"* Ihrer Person.

Jetzt sind wir bei einem für mich sehr entscheidenden **Knackpunkt;** an einer Stelle, wo sich viele plötzlich wieder gegen die eigene Firma entscheiden. Viele Mitarbeiter wissen ganz genau, wie sie attraktiv werden könnten. Doch gleichzeitig wissen sie auch: Das bedeutet für sie einen *„Mehraufwand"*. Welcher Mensch ist innerlich gerne bereit, einen *„Mehraufwand"* zu akzeptieren, ohne dafür auch mehr zu bekommen? Das wiederum schaffen die Führungskräfte nicht. Denn sehr häufig ist rund um den Preis gerade der Online-Handel ein scharfer Wettbewerbsgegner. Wenn Sie jetzt einen höheren Service anbieten, der zu einem Mehraufwand führt, der wiederum von Ihrem Chef bezahlt werden müsste, steht dieser noch schlechter da als vor diesem Prozess.

Der einzige für mich sinnvolle Weg ist also, dass Sie Ihre Kundenrollen-Impulse in die Firma optimal integrieren. Zeigen Sie in den dafür geeigneten Besprechungen auf: Was könnte Ihre Firma attraktiv machen? Selbst wenn damit ein *„Mehraufwand"* verbunden ist. Bitte verweigern Sie nicht diese Kundenrollen-Impulse, denn sie sind für die Firma überlebensnotwendig. Sie als Mitarbeiter, ungeachtet, welche Position Sie in der Firma besetzen, wissen exakt, was sich Sie als Kunde von einem Anbieter bei den verschiedensten Produkten und Dienstleistungen erwarten. Entspricht ein Anbieter Ihrer Erwartungshaltung, sagen Sie JA. Wenn nicht, folgt das NEIN. Genauso läuft es in Ihrer Firma. Machen Sie sie attraktiv, indem Sie die Firma permanent mit Ihren Impulsen versorgen, die aus Ihrer Sicht in allen Phasen der Kundengewinnung und -bindung erfolgfördernd sind.

Die Baustein-Herausforderung

Nur offline wettbewerbsfit zu sein, reicht nicht mehr

Viele Firmen verfügen über eine sehr gute Tradition, auf der sie sich aufbauend weiterentwickeln können. Sie waren es gewohnt, in der sogenannten realen Welt um den Kunden zu buhlen. Die Spielregeln waren klar aufgeteilt; die Abläufe waren bekannt. Man wusste also mit den täglichen Wettbewerbsherausforderungen umzugehen. Doch plötzlich kam das Internet! Anfangs belächelt, mussten viele Entscheidungsträger und Mitarbeiter in Firmen sehr schnell erkennen: Da kommt etwas auf die Wirtschaft zu, das viele der bekannten und eingespielten Wettbewerbs-Spielregeln radikal verändern wird. Die meisten Befürchtungen sind für viele Firmen mehr als erwartet eingetreten. Großkonzerne wurden im harten Wettbewerb genauso an die Wand gespielt wie viele kleinere und mittlere Unternehmen. Nach wie vor gibt es viele Entscheidungsträger, die es noch gar nicht fassen können, dass selbst Großkonzerne von jungen Start-up-Unternehmen in die Knie gezwungen wurden; dass Konzerne, die man für unzerstörbar hielt und die marktbeherrschend waren, auf einmal Konkurs anmelden mussten. Wie so oft haben auch Entscheidungsträger und in weiterer Folge die Mitarbeiter den Entwicklungen des Internets zu lange tatenlos zugesehen und müssen heute dafür oft bittere Wettbewerbspillen schlucken. Die Konkurrenz ist schneller, beliebter beim Kunden, kommt besser an und verfügt auch über das technische Know-how, um überall, wo es der Kunde gerade will, verfügbar zu sein. Firmen, die auf diese Entwicklung aus der Sicht des Kunden natürlich in ihrer Branche nicht schnell eine positive Wettbewerbsantwort anbieten können, laufen auch weiterhin Gefahr, im schlimmsten Fall von der Konkurrenz eliminiert zu werden.

Wer seiner Zielgruppe nicht folgt, verliert den wirtschaftlichen Anschluss

Eines müssen sich Entscheidungsträger und Mitarbeiter in einer Firma aktuell und auch zukünftig vor Augen halten: Es spielt keine Rolle, was Sie über die Zielgruppe und deren Online-Verhalten denken; Sie müssen es so akzeptieren, wie es sich entwickelt. Viele Entscheidungsträger und auch deren Mitarbeiter wollen diese Entwicklung immer noch ignorieren. Sie sehen tatenlos zu, wie ihre Kunden die Online-Konkurrenz immer mehr bevorzugen, weil diese in vielen Bereichen – ich betone: aus der Sicht des Kunden – einfach besser als das Offline-Angebot ist. Ob es dann wirklich der Realität entspricht, ist nicht das vordergründige Thema. Denn es geht darum, dass Sie dem Kunden als Offline-Anbieter Folgendes eindeutig aufzeigen: Dass er bei Ihnen besser aufgehoben ist als bei der Online-Konkurrenz. Genau das ist aber eine der größten Schwachstellen bei Firmen, die sich auf Offline-Angebote konzentrieren. Sie kennen unzählige Beispiele aus dem Handel. Warum soll ein Kunde mit viel Stress und Aufwand im Buchhandel, im Textilhandel uvm. nach einem gewünschten Produkt suchen, dass oft nicht im Geschäft vorrätig ist, wenn er es bequem online bestellen kann? Big Player und Shootingstars der Branche wie Amazon, Zalando und Co. beweisen eindrucksvoll, dass der Kunde das Angebot nicht nur schätzt, sondern Jahr für Jahr steigend annimmt. Es liegt auch auf der Hand, dass hier der Online-Handel einen gewaltigen Vorteil hat. Ich selbst habe das auch unzählige Male getestet. Wenn ich z.B. von einer TV-Serie die Staffel auf DVD oder Blu-ray Disc kaufen will, dann muss ich leider immer wieder feststellen, dass oft Tage nach dem Erscheinen der gewünschte Artikel noch nicht bei den großen Ketten wie z.B. Mediamarkt und Saturn vorrätig ist. Die Beratung bei diesen Artikeln ist ohnehin nicht notwendig. Warum sollte ich also nicht zu einem Online-Anbieter gehen, der oft schon vor dem Erscheinungstermin eine Vorbestellung aufnimmt und, sobald der Artikel verfügbar ist, ihn mir automatisch zusendet? Es geht also wirklich darum, dass Sie in der Firma akzeptieren: Wir müssen unserem Kunden dorthin folgen, wo er sich wohl fühlt, bzw. wir müssen ihm ein Wohlfühl-Programm anbieten, damit er sich trotz der Online-Konkurrenz für uns entscheidet. Sind wir dazu nicht bereit, werden wir auch in der Zukunft schmerzhaft feststellen, dass Kunden für immer zur Online-Konkurrenz abwandern.

Die Wurzel des Problems: Die schwache Attraktivität wird oft ignoriert, obwohl sie in der Firma längst bekannt ist!

Gerade wenn ich mit Verkäufern in Firmentrainings zusammensitze, zeichnet sich eines eindeutig ab: Sie wissen längst, dass die Online-Konkurrenz mit ihren Angeboten in vielen Bereichen wirklich besser ist; das heißt, sie können das Verhalten ihrer Kunden sehr wohl nachvollziehen. Viele Verkäufer beschweren sich dann darüber, dass sich ihre zuständige Führungskraft bzw. der Chef hier bewusst verweigert. Sie wollen diese Entwicklung einfach nicht wahrhaben. Sie verlangen dann von den Verkäufern nach wie vor stur die Umsatzzahlen, die ausgemacht wurden. Sie sagen: *„Ihr seid deswegen da, damit wir beim Kunden besser glänzen können. Wir können sehr wohl auch mit dem Preis mithalten!“*, uvm. Die Verkäufer sagen dann wieder zu mir: *„Herr Panhölzl, alles recht und schön; aber in der Praxis ist dies nicht mehr real! Da sieht es ganz anders aus!“* Daher achten Sie bitte darauf: Wenn Sie bemerken, dass Ihre Attraktivität gegenüber dem Web-geprägten Kunden nachlässt, stehen Sie sehr schnell auf verlorenem Posten. Der Web-geprägte Kunde wird immer jenen Anbietern den Vorzug geben, die auf ihn attraktiv wirken und aus seiner Sicht den MehrWert anbieten, den er sich erwartet.

„Die Lügen-Falle“: Als Kunde bevorzugen wir oft das, was wir als Anbieter verdammen!

Nicht nur die Verkäufer und Führungskräfte in einer Firma, sondern im Prinzip alle Mitarbeiter wissen doch ganz genau, dass sie privat oft exakt nach dem gleichen Kaufverhaltensmuster agieren, wie das der eigene Kunde tut. Privat sind sehr viele auch auf den günstigsten Preis, auf die schnellste Lieferung, auf die optimale Verfügbarkeit von Waren ausgerichtet. Gerade Verkäufer und Führungskräfte, die für die Kundengewinnung und Kundenbindung in einer Firma zuständig sind, tappen daher selbst immer wieder in die „Lügen-Falle“: Sie belügen sich selbst! Denn in der Rolle des Kunden bevorzugen sie genau das, was sie bei ihren Kunden wirklich verdammen. Sie akzeptieren das, was Sie selbst tun, gerade bei ihren Kunden nicht! Man muss sich ganz ehrlich die Frage stellen: *„Warum tut man denn das eigentlich?“* Viele Verantwortliche in der Kundengewinnung und Kundenbindung stellen den Kunden viel zu oft an den Pranger, zeigen das Schlechte auf, beschweren sich über sein Kaufverhalten, obwohl sie sich selbst, als Kunde ident verhalten. Denken Sie mal darüber nach, ob Sie als Ihr eigener Kunde bei Ihnen einkaufen oder nicht auch schon die Online-Konkurrenz bevorzugen würden?

Der Knackpunkt ist nicht die „Online-Konkurrenz“, sondern der mangelhafte „MehrWert-Mix“

Sie können es drehen und wenden, wie Sie wollen: Alles dreht sich immer um **Attraktivität**. Als Firma können Sie Ihre Attraktivität nur durch einen exzellenten „MehrWert-Mix“ zum Ausdruck bringen. Das bedeutet auch für Firmen, die jahrzehntelang nur offline um die Gunst des Kunden gebuhlt haben, dass sie nun auch bereit sein müssen, sich online wettbewerbsfit aufzustellen. Es wird auch Branchen bzw. Produktgruppen in Branchen geben, wo es keinen Sinn mehr macht, sich offline mit der Online-Konkurrenz zu duellieren. Das ist zwar eine schmerzhafte Erfahrung, doch sehen Sie bitte den Tatsachen ins Auge: Wenn sich eine Entwicklung in diese Richtung vollzieht, können Sie das als Firma nicht mehr stoppen. Es gibt einfach Produkte, die man besser online kaufen kann. Da können Sie auch mit Ihrer Preispolitik nicht mehr dagegenhalten; in diesem Bereich hat der Online-Anbieter die Nase vorne. Als kluge offline-geprägte Firma sollten Sie sich dann eher darauf konzentrieren: Wie können wir dem Kunden einen optimalen MehrWert-Mix anbieten? Es macht also auch durchaus Sinn, gewisse Produkte nur mehr online anzubieten bzw. zumindest dem Kunden diese Möglichkeit zu offerieren. Das heißt natürlich nicht, dass Ihre Firma das unbedingt selbst tun muss, denn auch beim Online-Handel ist am Start viel Aufwand notwendig. Es macht hier durchaus Sinn, sich Geschäftspartner zu suchen, die diesen Online-Bereich abdecken können. Nicht selten kommt es dabei vor, dass es sich dabei sogar im weiteren Sinne um eine aktuelle bzw. zukünftige Konkurrenz handelt. Der Knackpunkt, warum so viele davor zurückschrecken, ist, dass sie für diesen besonderen „MehrWert-Mix" innerlich nicht bereit sind; sie halten oft stur an den bestehenden Strukturen fest. Das tun manche so lange, bis sie mit ihnen untergehen.

Die Baustein-Aktivierung

Wissen, was die Konkurrenz tut und plant

Ich habe in der Überschrift bewusst auf das Wort Online-Konkurrenz verzichtet; denn auch traditionelle Betriebe, die viele Jahre nur durch ein erstklassiges Offline-Wirtschaften geprägt sind, agieren bereits online. Das heißt: Ihr Mitbewerber, dem Sie früher nur im Offline-Wettbewerb begegnet sind, könnte nun plötzlich bereits mit seinen Online-Angeboten eine sehr gute Figur machen. Das bedeutet: Nehmen Sie sich bitte Zeit und lernen Sie die Konkurrenz so kennen, wie es Ihr Kunde bereits in vielen Bereichen getan hat. Ich mache immer wieder die Erfahrung, dass bei Firmen diesbezüglich eine enorme Schwachstelle besteht: Sie wissen oft gar nicht, wie die Online-Konkurrenz in ihrer Branche agiert, aktuell den Kunden umwirbt und was sie zukünftig plant. Beobachten Sie also regelmäßig Ihre Online-Konkurrenz! Das heißt als erstes, dass man sich am Markt umsieht: Wer ist meine Online-Konkurrenz? Sobald das bekannt ist, sollte man diese Webseiten in einem Favoritenordner anlegen und sie regelmäßig besuchen. In weiterer Folge sollten Sie auch ein besonderes Augenmerk darauf haben: Was macht Ihre seit Jahren und Jahrzehnten bekannte Offline-Konkurrenz? Wie verändert sie sich? Was können Sie davon lernen und wie können Sie besser werden als deren Angebote?

Der Kunde gibt immer den ersten Takt vor

Heute können Sie es drehen und wenden wie Sie wollen: In vielen Branchen gibt der Kunde bereits den Takt vor. Er ist über das Internet top informiert, kennt die Preise und die Spezifikationen Ihrer Produkte und Dienstleistungen uvm. Sie müssen heute wirklich sattelfest sein. Insbesondere Verkäufer und Führungskräfte tun sich oft schwer, wenn der Kunde ein Geschäft optimal vorbereitet aufsucht bzw. als top informierter Dialogpartner in ein Angebotsgespräch hineinstartet. Wenn Sie Kundenkontakt haben, ist es besonders wichtig, dass Sie bereits erstklassige „MehrWert-Argumente" und „Pro-Argumente" vorbereitet haben, die dem Kunden blitzartig signalisieren: Es lohnt sich, Ihr Angebot anzusehen, sich in Ihrem Geschäft umzusehen und Ihren Ausführungen zuzuhören, weil Sie etwas bieten können, was die Online-Konkurrenz nicht kann.

Es geht immer um die Attraktivität!! – Akzeptieren Sie es!!

Es klingt einfach, es klingt banal, und doch ist es immer wieder der Ausgangspunkt für viele Sorgen und Probleme: Akzeptieren Sie ab heute, dass Sie nur dann beim Kunden punkten können, wenn Sie attraktiv sind! Ihre Attraktivität entscheidet in jeder Sekunde, wo Sie einen Kundenkontakt haben. Beachten Sie bitte, dass es der Web-geprägte Kunde mittlerweile auch gewohnt ist, dass er mit Ihrer Firma 24 Stunden in Kontakt treten kann. Natürlich wird man jetzt sagen: *„Das wird er nicht tun."* Doch wir wissen heute aus Erfahrungen, dass selbst Österreicher und Deutsche sehr wohl bereit sind, noch um 22 oder 23 Uhr – wenn es ihnen Spaß macht – im Internet nach Angeboten zu surfen. Das bedeutet: Sie müssen dem Kunden insbesondere auf Ihren Online-Kanälen eines eindeutig und sofort erkennbar aufzeigen: Sie sind ein attraktiver Anbieter, der optimal zu seinen Bedürfnissen und Sehnsüchten passt. Gelingt Ihnen das nicht, klickt der Kunde nur einmal – und schon ist er bei der Konkurrenz. Akzeptieren Sie es und leben Sie danach! In meinen Firmentrainings merke ich nämlich immer wieder, dass viele Verkäufer und Entscheidungsträger, die für die Kundengewinnung und Kundenbindung zuständig sind, genau dieses wichtige Puzzleteil ignorieren. Sie können mir nicht einmal im Zuge eines Seminars die Attraktivität, d.h. die markanten Vorteile eindeutig aufzeigen, die sie dem Kunden gegenüber der Konkurrenz anbieten. In den meisten Fällen ist es wirklich so, dass wir gerade bei Seminaren, in denen unterschiedliche Betriebe vertreten sind, im Workshop sehr schnell feststellen: Jeder präsentiert sich eigentlich wie die Firma davor oder die Firma danach. Ich brauche dann gar nichts mehr dazu sagen, denn die Teilnehmer erkennen selbst, dass hier eine große, selbst geschaufelte Falle auf sie wartet: Wenn der Kunde keine Entscheidungshilfen erhält und kein eindeutiges, besonderes MehrWert-Profil erkennt, KANN er gar nicht JA sagen!

Wenn wir es tun, tut es der Kunde auch!

Stoppen Sie den Selbstbetrug! Belügen Sie sich nicht mehr, indem Sie als Verkäufer und Entscheidungsträger rund um das Thema Kundengewinnung und Kundenbindung mit dem Finger auf Ihren Kunden zeigen und erbost sind, indem Sie sagen: *„Er bevorzugt die Online-Konkurrenz! Er bevorzugt den billigen Preis! Er macht uns das Leben schwer! Wir können kalkulatorisch eigentlich nicht mehr mithalten!“*, denn Sie machen es auch. Immer wieder erlebe ich in meinen Firmentrainings und auch bei offenen Seminaren, dass wir hier doppelzüngig unterwegs sind. Akzeptieren Sie bitte ab heute auch, dass der Kunde das Recht hat, sich den Anbieter auszusuchen, der aus seiner Sicht die beste Figur macht! Wenn Sie dieser sind, haben Sie selbst daran Schuld – niemand anderer! Sie bieten sich gegenüber dem Kunden an – nicht der Kunde hat Sie dazu gedrängt, sich als Anbieter zu präsentieren! Sie umwerben den Kunden; Sie wollen seine Gunst erobern – und nicht umgekehrt! Akzeptieren Sie, dass es den Web-geprägten Kunden gibt. Und heute sind wir noch immer nicht am Ende dieser Entwicklung, sondern gerade einmal in einer guten Startphase. Achten Sie also besonders darauf, wie sich der Web-geprägte Kunde in Ihrer Branche weiterentwickelt. Werden Sie seinen Anliegen gerecht, indem Sie das anbieten, was er will – nur so können Sie in der Zukunft bei Ihren bestehenden Kunden und in der Zielgruppe punkten!

Der Kunde wählt immer den MehrWert

Sie haben in diesem Buch schon mehrfach das Zauberwort „MehrWert“ gelesen. In vielen Seminaren und Vorträgen vor diesem Buch habe ich diesen MehrWert auch sehr häufig präsentiert. Nehmen Sie ihn bitte wirklich ernst! Tun Sie es nicht so – auch wenn Sie von mir bereits Bücher gelesen haben –: *„Naja, ich habe das eh schon gehört.“* Denn es zu hören, ist das eine – es zu tun, ist das andere. Wenn Sie sagen: *„Ich bin diesbezüglich fit!“*, dann gratuliere ich Ihnen. Doch überprüfen Sie, ob Sie wirklich einen besonderen MehrWert haben, den Sie auch so kommunizieren können und der auch beim Web-geprägten Kunden als solcher eingestuft wird. Erst wenn das der Status quo ist, dann können Sie sich gratulieren. Sie müssen dann nur eines noch tun und beherzigen: Überprüfen Sie regelmäßig, ob Ihr Online- und Offline-MehrWert-Mix noch wettbewerbsfähig ist. Wenn Sie bemerken: Nein, es gibt bereits eine Schwächung durch die Konkurrenz, dann müssen Sie umgehend Optimierungsphasen einleiten bzw. neue MehrWert-Zutaten entwickeln und sie um die Gunst des Kunden ins Rennen schicken. Einmal MehrWert reicht nicht: Es ist ein immerwährender Prozess, den Sie intern starten und der extern im Licht erstrahlen soll!

elitec

LEISTUNGSORIENTIERTE PARTNERSCHAFT HAT TRADITION

5 x in Österreich - neben der Elitec-Zentrale in Innsbruck gibt es weitere Niederlassungen in Graz, Klagenfurt, Linz und Wien

Ein Partner der überzeugt

Leistungsorientierte Partnerschaft hat Tradition
... ein Slogan, der viel verspricht ist das Motto eines Teams, das noch mehr bieten kann.
Elitec ist die Nummer eins für anspruchsvolle Elektrogroß- und Elektrofachhändler!

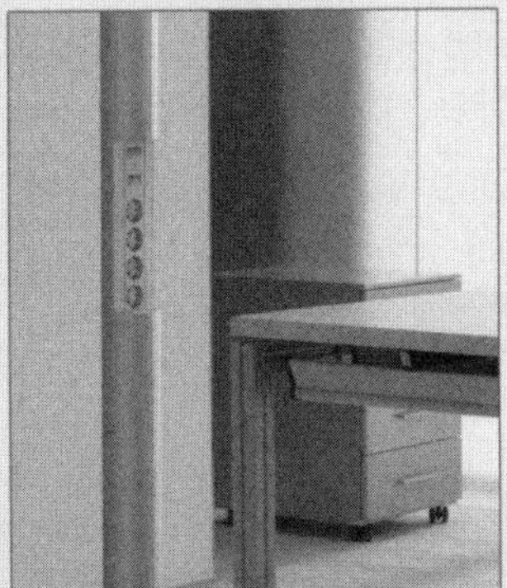

Leitungsführung mit Design & Funktionalität

Elitec beweist seit über 25 Jahren höchstes Qualitätsbewusstsein und erstklassigen Kudenservice. Mit Standorten in Innsbruck, Wien, Graz, Klagenfurt und Linz betreut Elitec über 1.000 Partner-Kunden persönlich und kompetent. Jeder Kunde profitiert vom Know How und der Erfahrung des Spezialisten für elektrische und Infrarot-Heizsysteme, Kabelmanagement und Unterflursysteme.

EIN GUTES GEFÜHL

Innovationsvorsprung, höchste Produktqualität und Toppreise sichern nicht nur die herausragende Marktposition, sondern machen die Entscheidungen in Sachen Elektro-Installationen erstaunlich einfach. Das kompetente Netzwerk und der hohe Anspruch an Lieferanten sprechen für höchste Sicherheit und Langlebigkeit der Systeme. Die strenge Kontrolle von Preis und Produktgüte, sowie die kurzen Lieferzeiten, haben Elitec zu einem der führenden Anbieter von Elektro-Installationsprodukten gemacht. Genießen Sie das Gefühl, eine hervorragende Wahl getroffen zu haben und profitieren Sie von den Leistungen des Elitec-Teams.

HEIZSYSTEME

Elitec liefert alles. Von verlegefertigen Heizmatten bis hin zu punktgenauen Regelgeräten. Terrassen, Außenbereiche, Wintergärten usw. werden vermehrt mit Infrarotwärme bestrahlt. Elitec bietet das ideale System für alle Anforderungen und Einsatzbereiche. Auf das geprüfte Sortiment ist Verlass.

KABELKANÄLE & KABELRINNEN

Mit dem Elitec-Kabelmanagement ist der Kunde bestens beraten. Die verschiedenen Systeme lassen keine Wünsche offen – Sonderlängen und Sonderfarben für Kunden mit besonderen Ansprüchen.

TOP PERFORMANCE

Die Philosophie und der hohe Anspruch an Mitarbeiter, Partner und Produkte sind Grund dafür, dass namhafte Hersteller den Generalvertrieb ihrer Produkte in Österreich Elitec anvertrauen. Das Handeln und die Top-Performance stärken die Marktposition heute und in Zukunft – und sind der Garant für eine erfolgreiche Zusammenarbeit.

FACTS

5 Niederlassungen in Österreich
insgesamt über 30 Mitarbeiter
Marktführer in der Kabelverlegetechnik

Elitec Zentrale:
Griesauweg 35a, 6020 Innsbruck
T: 0512 / 33 4 21
E: elitec.innsbruck@elitec.at
www.elitec.at

Der grüne Kunde und seine Auswirkungen auf unsere Angebote

Leitgedanke Führungskraft

Keine Verschwendungsangebote, sondern Nachhaltigkeit in reinster Form

Bereits in den letzten Jahren, stetig mit steigender Tendenz, hat **der grüne Kunde** die Angebotskultur von Firmen verändert. Selbst Discounter mussten einsehen: Ohne grüne Aktivitäten geht es nicht mehr. Eines meiner Lieblingsbeispiele ist der Aldi-Konzern, in Österreich der Hofer-Konzern, der genau diese Entwicklung nachvollziehbar bestätigt.

Dieser Konzern hat, wie viele andere auch, seine Angebotskultur permanent an die Vorstellungen seiner Zielgruppe angepasst. Keiner meiner Teilnehmer hätte mich in den Jahren 1990 bis 2000 ernst genommen, wenn ich ihnen aufgezeigt hätte, dass dieser Konzern eines Tages voll auf Bio setzt. Genau das ist aber bei Aldi/Hofer längst eingetreten. Früher war unter anderem deren Angebotskultur vereinfacht dargestellt folgende: Funktionelle Geschäfte, Angebotspräsentation auf Paletten, gute Ware zum billigsten Preis. Als Kommunikation mit dem Kunden wurden hauptsächlich das Angebotsinformationsblatt und die Zeitungswerbung eingesetzt.

Ich bin überzeugt, Sie haben längst mitbekommen, dass dieser Konzern seine Angebotskultur mit besonderen Bio-Aktivitäten aufgewertet hat. Es wurde ab dem Start nichts dem Zufall überlassen. Für die neue Biomarke *„Zurück zum Ursprung“* hat sich der Konzern einen renommierten und allseits geschätzten Bio-Pionier geholt: Werner Lambert. Bei der Vermarktung der neuen Biomarke reichten dem Konzern die klassische Zeitungswerbung und die Prospektverteilung nicht mehr, sondern es gibt eine eigene Webseite, wo unter anderem der *„ökologische Fußabdruck“* dargestellt wird. Im Kern bedeutet das: Der Konzern will beweisen, wie er sich für das nachhaltige Wirtschaften aktiv engagiert. Damit wird dem Kunden eindeutig signalisiert: *„Kaufst du Produkte aus der Bio-Linie ‚Zurück zum Ursprung‘ wirst du Teil dieser nachhaltigen Erfolgsstory“*. Dieses Engagement will in das rechte Licht gerückt werden. Somit hat sich der Konzern erstmals z.B. in Österreich dafür entschieden, in der Prime-Time, also in der besten Sendezeit, Werbespots zu schalten. Die Botschaft aller Werbespots ist immer eindeutig: Natur pur und plakative Kernaussagen, die die Wirkung der Nachhaltigkeits-Aktivitäten von Hofer für unsere Umwelt bestätigen.

Auf der Webseite bestätigt der Konzern eindeutig, was ich Ihnen vorher aufgezeigt habe: Der Impuls dieses Verhaltens kam vom Kunden. In der Einleitung auf der Hofer-Webseite zum Unternehmensbereich *„Bio-Qualität bei Hofer"* steht nämlich Folgendes: *„Immer mehr Konsumentinnen und Konsumenten wollen sich bewusst ernähren und wünschen gesunde und umweltgerecht produzierte Lebensmittel. Die kontrollierte biologische Landwirtschaft liegt auch Hofer am Herzen. Seit Mitte 2003 finden Sie ein ständig wachsendes Sortiment ausgesuchter Bio-Produkte in all unseren Filialen. Wir sind uns aber nicht nur der wachsenden Nachfrage, sondern auch der besonderen Verantwortung im Umgang mit diesen besonderen Lebensmitteln bewusst."*

Sie sehen also, den verantwortlichen Entscheidungsträgern im Konzern reicht es nicht, dem Kunden nur einfach Bio-Produkte anzubieten, sondern sie gehen noch einige Schritte weiter. Sie signalisieren somit dem grünen Kunden: *„Wir tun noch viel mehr als das normale Maß, um eindeutig sicherzustellen, dass auch in der Zukunft eine gesunde Umwelt für die nächsten Generationen vorhanden ist."*

Diesbezüglich habe ich bei meinem Web-Winner-Vortrag folgende passende Empfehlung übermittelt: *„Hier das Produkt – da das Preisschild"* ist ein Auslaufmodell. Es reicht dem Kunden einfach nicht mehr, dass wir ihm Produkte anbieten und ihm den Preis dafür nennen. Er will mehr! Er will Hintergrundinformationen! Er möchte erkennen, dass sich die Firma auch für eine intakte Umwelt engagiert. Er will in diesem Zusammenhang auch erkennen, dass die Firma ein **soziales Gewissen** hat. Dieser Entwicklung können sich, wie Sie gerade am Beispiel Aldi/Hofer eindeutig erkennen, nicht einmal ein Discounter und große Konzerne entziehen, die eher den Preis als Differenzierungsmerkmal zur Konkurrenz favorisieren.

Kunden lieben keine Angebote mehr, die auf verschwenderischen Füßen stehen. Kunden wollen auch die Auswirkungen der Angebote auf die Umwelt und auf die Gesellschaft nachprüfen. Schneidet bei dieser Überprüfung ein Konzern negativ ab, wird er auch vom Kunden so behandelt.

Ihr Job als Führungskraft wird in der Zukunft auch darin bestehen, Ihr Firmenkonzept dahingehend aufzuwerten und damit einhergehend so auszurichten, dass Nachhaltigkeit in reinster Form immerwährend angeboten wird.

Leitgedanke Mitarbeiter

Grün ist die Zukunft – grün ist unser Team

Wie Sie dem *„Leitgedanken Führungskraft“* entnehmen können, habe ich anhand des Beispiels Aldi/Hofer eindeutig aufgezeigt, dass es selbst für diesen Lebensmittelkonzern nicht mehr reicht, Produkte nur mehr über den Preis anzubieten. Kunden wollen heute eine bewusste Aufwertung der Produkte. Diesbezüglich ist eines der wichtigsten Anliegen des Kunden, dass die Firma mit ihren Partnern so wirtschaftet, dass die Umwelt intakt bleibt und bereits vorhandene Schäden wieder eingedämmt bzw. beseitigt werden können.

Ich kann mir vorstellen, dass Sie als Mitarbeiter in Ihrer Kundenrolle das genauso sehen. Das bedeutet auch, dass sich Ihre Firma, ungeachtet der Branche, in der Zukunft für den grünen Kunden attraktiv aufputzen muss. Was heißt das? Wenn Sie nicht grün erstrahlen und dies nicht grün erfüllen, wird der Kunde immer häufiger jene Konkurrenten bevorzugen, die es tun.

Beim grünen Kunden und der damit verbundenen grünen Angebotskultur Ihrer Firma dürfen Sie nie übersehen: Sie werden Teil dieser grünen Erfolgsgeschichte werden und immerwährend bleiben. Sie können es sich als Mitarbeiter nicht so einfach machen und sagen: *„Okay, es wird eine neue Angebotskultur geben. Wir müssen unsere Angebote mit grünen Produkten und Dienstleistungen aufwerten. Naja, das ist Führungsaufgabe. Die entscheiden ja letztendlich unsere Sortimentszusammenstellung oder unser Angebot, das der Kunde später in Anspruch nehmen kann.“* Nein! Denn Sie sind in die Erfüllungsphase voll integriert. Wenn Sie Produkte in einem Geschäft verkaufen, wird Ihre grüne Beratung sehr maßgeblich darüber entscheiden, ob Sie oder die Konkurrenz den Kundenzuschlag erhalten. Wenn Sie handwerklich tätig sind, wird der Kunde auch darauf achten, ob auch die Verarbeitung der Produkte ökologisch einwandfrei durchgeführt wird. Sie werden in Ihrer Tätigkeit immer beobachtet werden, weil alle herausfiltern wollen: Ist sie grün?

Eine Firma wird in der Zukunft nur dann erfolgreich punkten können, wenn wirklich alle – nehmen wir einen Klassiker – an dem grünen Strang in die gleiche Richtung ziehen. Ihr persönliches Verhalten wird dabei auch auf dem Prüfstand stehen. Ihre Persönlichkeit entscheidet gerade beim Kundenkontakt sehr markant darüber, ob er sich von der Firma angezogen fühlt oder ob sie abstoßend wirkt. Wenn Sie dem Kunden durch Ihr Verhalten eindeutig signalisieren, grün ist nicht nur Ihr Werbeslogan, nicht nur eine Mogelpackung, sondern grün sind all Ihre Denk-, Planungs- und Handlungsprozesse, dann werden Sie langfristig punkten.

Engagieren Sie sich bitte auch dafür, dass Ihre Firma grün werden und bleiben kann. Das bedeutet: Haben Sie grüne Impulse! Haben Sie eine aus Ihrer Sicht wirkungsvolle Vorstellung, wie man im grünen Wettbewerb optimal punkten kann, dann übermitteln Sie bitte diese Botschaften den Führungskräften!

Grün sollte nicht nur ein Marketing-Gag sein. Grün sollte nicht nur dazu dienen, dass die Firma auch morgen noch gute Umsätze erzielt. Grün ist eine Grundhaltung! Der wunderbare Nebeneffekt ist, dass Sie damit auch wirtschaftliche Erfolge erzielen.

Die Baustein-Herausforderung

Wer den „grünen Kunden" ignoriert, wird sich blau ärgern

Sie kennen sicher die Redewendung „sich grün und blau ärgern". Genauso werden Sie sich verhalten, wenn Sie die Anliegen des „grünen Kunden" ignorieren. Die Kunden von heute und vor allem von morgen werden zunehmend darauf achten, dass die gesamte Wertschöpfungskette grün ist. Hier spannt sich das Anliegen des grünen Kunden von den sozialen Komponenten der Firma bis hin zu einem Ressourcen schonenden Umgang mit den Rohstoffen dieser Erde. Aktuell bekommen Weltkonzerne enorme Probleme, weil sie ihre Produkte zwar hochpreisig verkaufen, jedoch gleichzeitig ihre Zulieferanten und somit Menschen in Produktionsbetrieben für einen Hungerlohn arbeiten lassen. Bereits im zweiten Baustein mit dem Namen „MoralKonsum verdrängt HyperKonsum" habe ich eindeutig aufgezeigt, dass das der Kunde nicht mehr tolerieren wird, denn der HyperKonsum geht seinem Ende entgegen. Der Kunde will moralisch einwandfreie Firmen, ja er ist sogar bereit, dafür mehr zu bezahlen. Das heißt auch, er wird weniger konsumieren, aber auf den besonderen grünen MehrWert achten.

Wer bereit ist, sich von der grünen Mogelpackung zu distanzieren, verzaubert den Kunden und bringt die Firma zum Strahlen

Gerade die vorher angesprochenen Big Player, die beim Kunden eigentlich bisher mit ihren Produkten ein sehr gutes Image hatten, kommen nun in Misskredit. Das gibt es übrigens auch bei kleineren und mittleren Betrieben in Ihrem Einzugsgebiet. Das heißt: Achten Sie darauf, dass Sie nicht selbst zu einer grünen Mogelpackung werden! Es geht wirklich um eine moralisch einwandfreie Wertschöpfungskette. Die gute alte Weisheit „Leben und leben lassen" wird in der Zukunft in der Wirtschaft noch wichtiger sein, als sie es bereits heute ist. Bringen Sie Ihre Firma zum Strahlen! Verzaubern Sie Ihren Kunden, indem Sie eindeutig aufzeigen: Sie sind bereit, im Einklang mit den Menschen, mit der Natur Ihre Produkte und Dienstleistungspalette zusammenzustellen.

Grün führt zu mehr Ertrag! Viele Firmen scheuen den Richtungswechsel aus Angst vor der „Billigkonkurrenz"

Setzen Sie im wahrsten Sinne des Wortes keine grünen Scheuklappen auf, indem Sie sich von etwas verführen lassen, was nicht real ist. Ich spreche hier aus Erfahrung, denn ich habe bis heute in 138 Branchen Firmentrainings durchgeführt. Immer wieder kommt bei der Ausrichtung als grüne Firma der wichtige Hinweis: *„Bin ich dann noch konkurrenzfähig? Kann ich mit der Billigkonkurrenz mithalten?"* Ich sage insbesondere bei kleinen und mittleren Betrieben sowie EPUs (Ein-Personen-Unternehmen): JA! Denn das ist genau das, mit dem Sie sich von der Konkurrenz erstklassig differenzieren können. Natürlich gibt es immer Ausnahmen in einer Branche. Selbstverständlich sind Kunden immer noch bereit, auch Waren zu kaufen, die von den sogenannten Billiglohn-Ländern hergestellt werden. Doch auch hier merken Sie seit einigen Jahren einen eindeutigen Trend: Auch z.B. in China fordern immer mehr Arbeitnehmer mehr Lebensqualität, mehr Einkommen. Ich selbst habe einige Vorträge und Kongresse besucht, bei denen genau das immer das Thema war, dass sich Firmen – wohlgemerkt aus China – bereits darüber Gedanken machen: Wie können sie weiterhin erstklassige Exporterfolge erzielen, wenn eines ihrer wichtigsten Argumente – der billige Preis – wegfällt? So berichtete z.B. das erstklassige Wirtschaftsmagazin der anderen Art, „Brand eins", in der Ausgabe vom Oktober 2012 unter dem Titel *„Der tapfere Schneider"* Folgendes: *„Gerhard Flatz kämpft um die Zukunft einer Textilfabrik, deren Betrieb eigentlich viel zu teuer ist – weil sie in China steht. Seine Idee: ‚Made in China' soll zum Markenzeichen für Handwerkskunst und bedingungslose Qualität werden."* Allein nur dieses Beispiel zeigt eindeutig auf, dass alle Firmen schön langsam aus der grünen Mogelpackung raus müssen. Das bedeutet auch, endlich Farbe zu bekennen. Denn ich bin überzeugt, Sie hätten mir vor Jahren nicht geglaubt, dass Sie eines Tages einen solchen Artikel von einem renommierten Wirtschaftsmagazin, das sehr tiefgehend recherchiert, lesen werden oder Ihnen jemand aufzeigt, dass sich auch die Billigkonkurrenz schön langsam schwer tut. Was zeigt uns diese kurze Botschaft? Dass plötzlich auch in China der MehrWert nicht nur zum Thema wird, sondern alle wissen: Er wird darüber entscheiden, ob sie auch morgen noch bei den neuen grünen Wettbewerbsspielregeln erfolgreich mitspielen können.

Die nachhaltigen Imageverluste durch einen schlechten „ökologischen Fußabdruck“ werden sehr oft unterschätzt

Weltweite Big Player und regionale KMUs eint sehr häufig eines: Sie unterschätzen die Gefahren für das eigene Image, die von einem schlechten „ökologischen Fußabdruck“ ausgehen. Wie bereits erwähnt, werden Kunden in der Zukunft ganz genau hinsehen, ob Sie moralisch einwandfrei wirtschaften oder nicht. Sie werden sehr schnell eine negative Vorgehensweise Ihrer Firma enttarnen und diese auf allen möglichen digitalen Kommunikationskanälen verbreiten. Ich kann mir nicht vorstellen, dass Sie sich dies für Ihre Firma wünschen. Das bedeutet einen oft irreparablen Imageverlust! Bereits beim Startschuss von solchen kundengesteuerten Kampagnen weiß man, dass man eigentlich nichts mehr dagegen tun kann. Denn die öffentliche Meinung verselbstständigt sich weiter. Selbst Großkonzerne mit großer finanzieller Power müssen hier enorm viel aufwenden, um Schaden begrenzen zu können. Zu 100 % auslöschen können Sie so einen tiefgehenden Imageverlust nicht mehr. Sie müssen sich also wirklich entscheiden: Welches Bild wollen Sie heute und morgen beim Kunden hinterlassen?

Die Baustein-Aktivierung

Lebe grün und ehrlich

Es wird nicht so sein, dass Sie von heute auf morgen den Schalter umlegen können. Egal, ob Sie selbst Produzent sind, vom Lieferanten zukaufen oder Dienstleistungen anbieten – es gibt immer und überall genug Baustellen, an denen man beginnen kann zu arbeiten, um grüner zu werden. Es wird vielleicht in einigen Bereichen auch gar nicht gehen. So ist das nun einmal, das ist zu akzeptieren. Worum geht es mir? Ich will Sie dahingehend animieren, dass Sie in dem Bereich grüner werden, in dem es Ihnen möglich ist; in dem Ihnen das Grüne Wettbewerbsvorteile verschafft und Sie es als Pro-Argumente in der Kundengewinnung und Kundenbindung einsetzen können. Genau für diese Strategie sollten Sie sich entscheiden. Das heißt: Nicht alles, was vielleicht grün möglich ist, ist auch sinnvoll. Die Kunden werden auch nicht zu 100 % grün werden. Es geht genau darum, dass Ihre Firma in einem akzeptablen Rahmen ihrer Möglichkeiten grün wird. Diesen Weg sollten Sie einschlagen! Bedenken Sie bitte: Es geht im Leben nicht nur um den Profit einer Firma; Sie wollen auch in einer Welt leben, in der man sich wohl fühlt, die lebenswert ist. Viele von Ihnen werden schon Kinder haben. Manche von Ihnen werden auch schon Enkelkinder haben. Viele Menschen in Österreich und in Deutschland vertreten die Meinung: *„Naja, man sollte schon einmal eine Familie gründen. Das heißt, es soll in die nächste*

Generation weitergehen.“ Schauen Sie sich bei diesen Gedanken in den Spiegel und überprüfen Sie, ob das, was Sie sehen, der vernünftigen grünen Gesellschaft entspricht, die sich immer stärker zu festigen beginnt.

Wie grün wirkt die Firma im Umfeld?

Es ist ganz wichtig, dass Sie die grüne Karte in Ihrem Umfeld optimal präsentieren und ausspielen. Die Kunden sollen genau erkennen, warum Sie z.B. auch unter anderem bei gewissen Produkten ein wenig teurer sind als die Konkurrenz. Dabei ist besonders darauf zu achten, dass Sie keine Mogelpackung favorisieren. Es geht wirklich darum, dass Sie einwandfrei das kommunizieren, was Sache ist. Das bedeutet: Hände weg von einer grünen Mogelpackung! Auch wenn das Kleid, das Sie sich umhängen, sehr attraktiv, sehr grün wirkt – im Inneren darf nicht alles wie eh und je sein! Sie sollen ausschließlich echte grüne Werte kommunizieren, die der Kunde auch als solche überprüfen kann. Wenn Sie so vorgehen, stechen Sie tatsächlich die Konkurrenz aus, die es mit den grünen Gesellschaftsspielregeln noch nicht so genau nimmt. Sie werden zuallererst jene Kunden sehr schnell auf Ihre Seite ziehen, die schon innerlich bereit sind, sich für die grüne Welle zu engagieren; grüner zu leben.

Das grüne Schutzschild gegenüber der Billigkonkurrenz täglich aktivieren

Keine Angst vor der Billigkonkurrenz, denn wie vorher beschrieben gibt es selbst in China schon Unternehmer, die sagen: *„Wir müssten eigentlich zusperren. Ich könnte bereits in andere Drittländer wandern, die noch billiger produzieren, als wir es können.“* Natürlich wissen die Kunden durch Dokumentationen von Aufdecker-Journalisten längst, wie es hinter den Kulissen zugeht. Sie wissen auch, dass sich das Thema Umweltschutz nicht irgendwo auf der Welt abspielt, sondern sehr schnell vor der eigenen Haustür brutal zuschlagen kann. Der gewaltige Jahrhundertsturm namens „Sandy“ hat in New York der Weltmetropole eindrucksvoll gezeigt, wie schnell sie verletzbar ist, wenn die Natur es will. Wir haben in Österreich und in Deutschland schon sehr häufig gesehen, dass wir aus dem Nichts plötzlich Ortschaften unter Wasser stehen, begleitet von vielem privaten und beruflichen menschlichen Leid. Warum solche Katastrophen jetzt vermehrt auftreten, ist auch unter Wissenschaftlern noch nicht eindeutig geklärt. Es gibt nämlich auch Stimmen, die sagen: *„Wenn man sich die Entwicklung der Welt – soweit wir das können – ansieht, dann müssen wir doch feststellen, dass es vor vielen Millionen Jahren schon ähnliche Katastrophen wie Eiszeiten, das Sterben von Dinosauriern durch Asteroid-Einschläge, Vulkane, die explodiert sind, uvm. gegeben hat.“* Wie viel der Mensch verursacht hat, lässt sich wahrscheinlich nicht genau nachvollziehen, doch eines wissen wir: Dass das, was wir tagtäglich verschwenderisch tun, nicht spurlos an der Natur vorübergeht. Das ist den meisten schon klar. Genau das ist das wirkungsvollste grüne Schutzschild gegenüber jeglicher Konkurrenz und im Besonderen auch gegenüber der Billigkonkurrenz. Sie müssen durch Ihr Vorgehen dem Kunden Folgendes in seinem Gewissen verankern: *„Bist du bereit für Billiges mit allen negativen Auswirkungen, auch auf unsere Umwelt, auf deine Zukunft, auf die Zukunft deiner Kinder uvm., oder bist du bereit für ein faires, sinnvolles Wirtschaften?"* Sie werden sehen, der Kunde ist für die zweite Welle ansprechbar.

Chronische Imagefallen für immer meiden

Bei der Herausforderung habe ich bereits eindeutig aufgezeigt: Selbst Großkonzerne tun sich enorm schwer, ein durch Kunden beschädigtes Image so zu korrigieren, dass sie im neuen Glanz erstrahlen. Kunden können auch sehr hartnäckig sein, und das heißt: Selbst Großkonzerne machen heute die Erfahrungen, dass eine einmal losgetretene negative Welle von der Zielgruppe immer wieder aufs Neue entfacht wird. Meine Empfehlung: Bitte meiden Sie chronische Imagefallen für immer! Wenn Sie mit der Firma Aktivitäten setzen, die zu einem schlechten „ökologischen Fußabdruck" führen, ist das immer der Startschuss für den Ausbruch einer negativen Kampagne gegen Ihre Firma. Bei kleineren und mittleren Betrieben sowie auch Ein-Personen-Unternehmen könnte man sagen: *„Okay, die wird doch nicht so groß sein."* Richtig, weil auch ihr Einzugsgebiet nicht so groß ist. Doch ich bin überzeugt, dass Sie in Ihrer Umgebung schon einige Firmen kennengelernt haben, über die man genauso berichtet hat. Die schwarzen Schafe werden heute enttarnt. Vielleicht nicht in dem Moment, wo sie es tun, ja vielleicht erst zehn Jahre später. Doch wenn Sie sagen: *„Naja, ich möchte mit meiner Firma länger erfolgreich wirtschaften"*, dann sollten Sie sich bewusst sein, dass ein schlechter „ökologischer Fußabdruck" immer darauf wartet, vom Kunden entdeckt zu werden. Passiert dies dann, haben Sie meistens sehr schlechte Karten. Verzichten Sie also von vornherein auf solche chronische Imagefallen, denn auch das ist für mich gegenüber der Konkurrenz ein erstklassiger Wettbewerbsjoker. Während die Konkurrenz – wenn sie es tut – in die chronische Imagefalle tappt, dann viel zu tun hat, um das Image wieder halbwegs auf Kurs zu bringen, haben Sie alle positiven Imagevorteile auf Ihrer Seite.

Nachhaltige Aussichten: Die „Kunden-Lieblinge“ wirkungsvoll kommunizieren

Leitgedanke Führungskraft

In der öffentlichen Kundenmeinung wirkungsvoll wirken

Die mir am häufigsten gestellte Frage von den verantwortlichen Personen rund um das Thema Kundengewinnung und Kundenbindung ist: *„Wie gelingt es mir, Herr Panhölzl, den potentiellen Interessenten als Neukunden zu gewinnen und die bestehenden optimal an das Unternehmen zu binden?“* Ich bin überzeugt, Sie werden jetzt nicht verwundert sein, denn mit dieser Frage wird eine Herausforderung besonders angesprochen: Der tägliche Kampf um den Preis. Die Kunden wollen natürlich immer das Beste für sich herausholen. Leider – und das wissen Sie, wenn Sie die vorhergehenden *„erfolgsfitCode“*-Bausteine gelesen haben – heißt das in der Regel: Ein günstiger Preis. Viele Unternehmen und allen voran deren Entscheidungsträger haben diese Welle losgetreten. Der Kunde hat nie kalkuliert. Viele Entscheidungsträger haben es sich mit ihren Mitarbeitern viel zu einfach gemacht. Sie sind, ich möchte es nochmals betonen, den Weg des geringsten Widerstandes gegangen. Das bedeutet in diesem Fall: Die Differenzierung wurde über den Preis favorisiert. Verantwortliche Führungskräfte, wie Mitarbeiter im Verkauf, wollen das JA des Kunden über die Preisschiene erzielen. Ich spreche hier nicht über einen normalen Rabatt- und Skontorahmen, sondern von den irrwitzigen Preisschlachten. Diese führen dann unausweichlich dazu, dass der vorher erwähnte Zustand eintritt: Dass Führungskräfte und Entscheidungsträger nicht mehr wissen, wie sie sich von der Konkurrenz optimal abheben können und gleichzeitig Geld verdienen. Genau darum geht es im Kern.

Die unnötigen Preisschlachten, die auch vom Kunden nicht gefordert wurden, führen zu einer sich permanent verschlechternden Ertragslage. Diese Entwicklung kann über einen längeren Zeitraum für eine Firma katastrophale Folgen haben. Lange Zeit war man – insbesondere als Führungskraft von kleineren und mittleren Betrieben – der Meinung, dass hier nationale große Betriebe, Konzerne und dann die internationalen Big Player einen entscheidenden Vorteil haben: Sie verfügen über einen langen Atem. Sie halten heftige Preisschlachten länger aus und können somit die Konkurrenz aus dem Markt werfen. Nicht erst seit der Pleite von z.B. *„Schlecker“* weiß man, dass dies nicht mehr zutrifft. Selbst Großkonzerne können ins Wanken kommen, wenn sie sich zu stark auf Preisschlachten einlassen und nur über diese Schiene versuchen, ihre Wettbewerbsfähigkeit abzusichern.

Bei dieser Entwicklung rund um den Preis haben auch viele Führungskräfte eine Entwicklung auf der Seite des Kunden übersehen, teilweise verschlafen bzw. ignorieren diese nach wie vor beharrlich. Die Kunden bevorzugen immer häufiger Firmen, die ihnen **nachhaltige Aussichten bieten**. Wie beim *„erfolgsfitCode“*-Baustein *„Der grüne Kunde“* eindrucksvoll aufgezeigt und auch beim Thema *„MoralKonsum“* behandelt, fordert der Kunde immer häufiger einen **MehrWert,** und nicht nur der Preis ist für ihn entscheidend.

Sie werden jetzt vielleicht innerlich zu sich sagen: *„Naja, Herr Panhölzl, das stimmt nicht ganz. Eigentlich sieht es doch eher vielleicht so aus: Der Kunde will weiterhin sehr günstig einkaufen, und gleichzeitig fordert er einen immer höheren MehrWert.“* Darauf kann ich nur antworten: *„Richtig.“* Diese Erkenntnis jetzt aber als bequeme Ausrede zu missbrauchen, wäre Ihrer als Führungskraft nicht würdig. Denn wie Sie meinen bisherigen Ausführungen entnehmen konnten, waren es ja wir, die Entscheidungsträger in der Wirtschaft, die diese Preisschlachten erst ermöglicht haben. Seit Jahrzehnten pflanzen wir beim Kunden immer wieder unermüdlich eine Botschaft ein: *„Schau auf den Preis! Suche nach dem günstigsten Angebot! Jage das Schnäppchen!“* Eine derartige tiefgehende Einpflanzung von solchen Botschaften führt zu einer festen Verankerung beim Kunden. Man kann ohne Weiteres sagen: Er kann eigentlich gar nicht anders. Denn würde er sich jetzt automatisch für ein höheres Preisangebot entscheiden, würden ihm viele Anbieter am Markt ein schlechtes Gewissen machen. Weil sich viele Firmen nach wie vor über den Preis differenzieren wollen.

Die Medien, verzahnt mit unzähligen Experten, forcieren ebenfalls seit vielen Jahren eine Nachhaltigkeitswelle. Sie zeigen dem Leser, dem Zuschauer usw. immer häufiger auf, dass wir das Wichtigste schützen und schonen müssen: **Unsere Umwelt**. Sie erzeugen bei uns als Kunden auch ein schlechtes Gewissen. Weil sie uns immer wieder als verschwendungssüchtig ohne Moral hinstellen. Diese ebenfalls permanente Welle führt zu einer öffentlichen bzw. veröffentlichten Meinung. Die Medien prägen uns: Das heißt: sie verkünden so lange eine Botschaft, bis diese zur öffentlichen Meinung wird. Wenn sich also viele von ihnen geschickt verzahnen, können sie die Menschen in einem Land mehrheitlich optimal beeinflussen. Sie können in der Bevölkerung ganz bewusst Botschaften einpflanzen, die sich dann irgendwann verselbstständigen. Mittlerweile ist fast allen Kunden klar: So verschwenderisch, üppig und konsumsüchtig – um nur drei Schlagwörter zu nennen – wie heute kann es mit Sicherheit morgen nicht weitergehen.

Selbstverständlich wollen die Kunden auch nicht auf ihren Wohlstand verzichten. Gerade die technischen Neuheiten zeigen immer wieder, wie verspielt der Kunde ist. Wie schwer er sich von solchen Lieblingsspielzeugen wie z.B. einem Smartphone trennen könnte. Die Kunden wissen sehr wohl, dass auch im Hintergrund bei der Herstellung dieser oft wunderbar funkelnden und edel wirkenden Designerprodukte nicht alles moralisch einwandfrei abläuft. Die Medien drücken auch gerne in diese Wunde. Sie zeigen schonungslos auf, dass solche Konzerne, die im Glanz der Öffentlichkeit stehen, auch unter anderem moderne Sklaverei betreiben, in dem sie ihre Produkte bei Zulieferbetrieben produzieren lassen, in denen humane Arbeitsbedingungen ein Fremdwort sind. Der verstärkte Druck der Medien in diese Wunde führt unausweichlich auch dazu, dass die Kunden sehr wohl nachdenken; dass sie sich in Foren, in sozialen Netzwerken usw. unterhalten, ob es wirklich moralisch vertretbar ist, solche Produkte zu verwenden. Sehr schnell mussten dann die Big Player der Technologiebranche darauf reagieren, und sie versuchen mittlerweile Schritt für Schritt Aktivitäten zu setzen, die dem Moralbild des Kunden und der öffentlichen Meinung sowie der Medien entsprechen. Der Kunde sitzt somit häufig zwischen zwei Stühlen, weil er auf der einen Seite, wie viele Führungskräfte richtig aufzeigen, den günstigen Preis favorisiert, weil er seit Jahren darauf fixiert ist. Auf der anderen Seite möchte er schon sicherstellen, dass er einen positiven Beitrag für die nächste Generation bzw. seine Kinder leistet.

Wenn sich Führungskräfte und Mitarbeiter bei mir, man kann ruhig sagen: darüber beschweren, dass die Kunden so stark auf den Preis schielen, dann gebe ich immer die einzig richtige Antwort: Sie müssen bei der Gewinnung von Kunden ihre *„Kundenlieblinge"* gezielt einsetzen. Ihre Kunden, darunter wahrscheinlich auch viele Stammkunden, wissen ganz genau, warum sie Ihrer Firma und nicht der Konkurrenz den Zuschlag gegeben haben. Für diese Kunden waren Sie also nicht zu teuer. Bei diesen Kunden war die Konkurrenz nicht attraktiver als Sie. Sie haben doch bereits die Antwort, wie man auch gegen aus Ihrer Sicht, nicht mehr vertretbare Preisvorstellungen des Kunden auftritt. Man zeigt ihm die *„Kundenlieblinge"* der bestehenden Kunden, und diese werden ihre Wirkung bei der umworbenen Zielperson optimal entfalten. Wenn Sie für den Unternehmensbereich Kundengewinnung und Kundenbindung zuständig sind, dann wissen Sie garantiert auch, dass **Zielgruppen immer homogen reagieren**. Das bedeutet: Was einem Teil der Zielgruppe an Ihrer Firma gefällt, gefällt auch dem größten Teil der

Zielgruppe. Das Match um den Kunden wird in der Zukunft von den Firmen entschieden, die wirkungsvoll ihre *„Kundenlieblinge"* und die damit eng verbundenen nachhaltigen Aussichten kommunizieren.

Leitgedanke Mitarbeiter

Topf und Deckel müssen passen, sonst wackelt der Abschluss

Wenn Sie als Mitarbeiter im Verkauf tätig sind, dann besteht Ihre wichtigste Herausforderung darin, den Kunden von den Vorzügen Ihrer Firma zu überzeugen. Es spielt dabei keine Rolle, ob Sie in einer Branche tätig sind, wo Sie den Kunden akquirieren, wo Sie aktiv an den Kunden herangehen, ihm Angebote legen und somit der Akquisitionsprozess länger dauert, oder ob Sie in einem Geschäft stehen, wo der Kunde von sich aus hereinkommt und aus Ihrem Sortiment auswählt. In allen Fällen geht es immer um eines: Fühlt sich der Kunde in Ihrer Firma wohl und erkennt er die erstklassige Differenzierung zur Konkurrenz?

Selbstverständlich weiß ich – wie auch beim *„Leitgedanken Führungskraft"* festgehalten –, dass Sie sehr häufig mit nicht mehr erfüllbaren Preisvorstellungen des Kunden konfrontiert werden. Ihre Antwort darauf sind die *„Kundenlieblinge"*. Und das bedeutet: Topf und Deckel müssen zusammenpassen. Sie müssen dem nun interessierten Kunden eindeutig beweisen: Ihr Angebot entspricht seinen Vorstellungen, und es wird durch einen besonderen MehrWert noch aufgewertet. Wenn Sie das nicht schaffen, wackelt der Abschluss. Denn eines ist klar: Warum soll sich der Kunde für Sie entscheiden? Es gibt ja keine Anhaltspunkte. Es fehlen Ihre Entscheidungshilfen. Der Kunde will glasklar erkennen: Ja, es macht Sinn, Ihr Angebot und nicht das der Konkurrenz zu favorisieren.

Auch wenn Sie die folgende Botschaft vielleicht nicht so gerne hören: Immer wieder erlebe ich es, dass es sich viele Verkäuferinnen und Verkäufer zu einfach machen. Sie wollen den Weg des geringsten Widerstands gehen. Sie wissen ganz genau: Der Kunde wird irgendwann einmal seine Preisvorstellungen äußern. Können sie diese nicht mehr erfüllen, weil der Rahmen, den sie haben, ausgeschöpft ist, dann beklagen sie sich bei der Führungskraft, z.B. im Zuge eines Meetings. Sie sagen dann: *„Wir brauchen bessere Preise."* Das Gleiche gilt, wenn man gerade ein Angebot legt, der Kunde noch nicht so richtig anbeißt, und schon erhält man vom betreffenden Verkäufer die Reduktion des Preises. In einem gewissen Rahmen, der in der Branche üblich ist, wird man natürlich Preisnachlässe gewähren. Wenn man diesen Rahmen zu weit überschreitet, bekommt die Firma aber nachhaltig Probleme. Auch hier ist nämlich ein Wort wichtig: **Nachhaltigkeit**. Zu viele Preisreduktionen führen zur enormen Schwächung der Ertragslage. Wenn ein solcher Trend mutwilliger Weise permanent fortgesetzt wird, zerbricht die Firma an den Preisvorstellungen des Kunden. Das wäre dann so, als würden Sie der Kapitän auf einem Schiff sein. Sie wissen zwar schon längst, da vorne kommt ein Eisberg, doch Sie sind nicht bereit, den Kurs zu korrigieren, obwohl das noch möglich wäre, sondern Sie beschleunigen noch das Tempo. Denn Sie wollen von der Führungsseite her noch mehr an Preisreduktion herausholen. Sie wissen jedoch: Eines Tages ist der Zeitpunkt überschritten. Sie können nichts mehr korrigieren und werden wie das oben erwähnte Schiff 100 %ig auf den Eisberg auflaufen. Das weiß jeder Kapitän! Weil Schiffe nicht so wendig sind. Weil sie lange Zeit und eine gewaltige Strecke benötigen, bis eine Kurskorrektur greift, kann im wahrsten Sinne des Wortes der Kapitän zuschauen, wie sein Schiff untergeht. Das heißt, im Prinzip weiß er schon: In einer halben oder ganzen Stunde fahren wir gegen den Eisberg, und es gibt keine Möglichkeit mehr auszuweichen.

So weit dürfen Sie es auf gar keinen Fall kommen lassen. Natürlich müssen Sie dem Kunden Anreize bieten, dass er Ihrer Firma gegenüber der Konkurrenz den Vorzug gibt. Diese Anreize sollten mit den *„Kundenlieblingen"* erfolgen. Sie überzeugen immer wieder Monat für Monat Kunden, die Ihnen das JA-Wort geben. Sie machen bei vielen Kunden eine gute Figur, die vielleicht genau nur deswegen Ihr Geschäft betreten, weil Sie dort beraten und verkaufen. Ihre Angebotszusammenstellungen kommen bei vielen Kunden an, und diese geben dann die Bestellung auf. Verstecken Sie sich bitte nicht vor Ihren Erfolgen, sondern machen Sie sie auch für jene Kunden sichtbar, die einfach nur eine Entscheidungshilfe benötigen, die ihnen glasklar aufzeigt: Es macht Sinn, sich für Ihre Firma zu entscheiden.

Die Baustein-Herausforderung

Nachhaltige Aussichten werden oft mangelhaft kommuniziert

Passend zum vorhergehenden Baustein mit dem Namen „Der grüne Kunde und seine Auswirkungen auf unsere Angebote" sollten Sie sich auch noch mit diesem Baustein intensiv beschäftigen. Es geht um eine sehr wichtige Herausforderung, die lautet: *„Kommunizieren Sie die nachhaltigen Aussichten Ihrer Firma optimal!"* Wenn Sie sich für einen besonderen MehrWert entscheiden, ist es klar, dass Sie auch eine andere Preispolitik favorisieren müssen: Das heißt, dass Sie wahrscheinlich einen höheren Preis verlangen als die Konkurrenz. Das kann den Kunden sehr schnell abschrecken, wenn er nicht erkennt, wofür er mehr bezahlen soll. Daher ist es so wichtig, dass die nachhaltigen Aussichten bestens kommuniziert werden. Der Kunde muss verstehen, dass er bei Ihnen nicht nur einen echten MehrWert erhält, sondern dass er dadurch für sich für die Umwelt und auch für die Gesellschaft etwas Gutes tut.

Das Nachhaltige im „Preis" wird dem Kunden selten nachvollziehbar präsentiert

Dieses Nachhaltige im Preis muss wirklich optimal kommuniziert werden. Der MehrWert alleine reicht dem Kunden nicht; er will erkennen: *„Welche Bedeutung hat dieser MehrWert für mich und für mein Umfeld?"* Bei den meisten Angeboten stellt man leider das Gegenteil fest: Man kann diesen besonderen MehrWert nicht erkennen. Der Kunde tut sich somit sehr schwer, die Angebote zu vergleichen. Es wirkt auf ihn so, als würden alle das Gleiche anbieten, nur einige sind eben teurer. Sie wissen als Profi: Man kann Angebote auch so gestalten, dass der echte Preis noch nicht ganz sichtbar ist und somit verschleiert wird. Hinterher kommen auf den Kunden oft mehr Kosten zu, die er am Start nicht gesehen hat. Das heißt, ich muss meine Angebote, meine Produkte und meine Dienstleistungen vergleichbar machen. Konkret heißt das: Der Kunde muss exakt erkennen, dass das Nachhaltige wirklich da ist, dass es ihm Vorteile bringt und dass er gleichzeitig, die Moral betreffend, gut schlafen kann, weil er sich für das bessere und besondere Produkt entschieden hat.

Wer primär den Preis für die Differenzierung zur Konkurrenz wählt, wird schnell zur zweiten Wahl

Die Differenzierung über den Preis hat sich leider über Jahrzehnte hinweg bis zum heutigen Zustand entwickelt und ist in vielen Firmen tief verwurzelt. Längst wissen natürlich kluge Marketingköpfe, dass es so nicht mehr weitergehen kann. Sich nur über den billigen Preis zu differenzieren, reicht längst nicht mehr aus, um sich von der Konkurrenz nachhaltig differenzieren zu können. Die großen Big Player wie auch kleinere und mittlere Betriebe wissen ganz genau: Die Konkurrenz hat nachgezogen; sie hat sich ebenfalls für den Preisweg entschieden, und auf allen Seiten sieht man sich als Verlierer. Ich kann das deswegen so gut beurteilen, weil ich sehr viele Mitarbeiter und Führungskräfte aus insgesamt 138 Branchen vor mir sitzen hatte, die mir genau das immer eindeutig widerspiegeln. Die wirklich überwältigende Mehrheit jammert über die Kalkulation; dass der Kunde nicht mehr bezahlt, was sinnvoll ist; dass sie in Preisschlachten nicht mehr weiter wissen uvm. Es gibt natürlich einige Ausnahmen, doch das sind ohnehin die

Premium-Betriebe. Das Interessante ist, dass gerade solche Ausnahmen eine eindeutige Differenzierung forcieren und sie ständig angepasst weiterentwickeln. Das heißt, sie stehen für etwas Besonderes. Das kann auch mal – Stichwort Discounter – der billige Preis sein. Doch wie wir an einigen Discountern erkennen, haben auch die sich längst mit einem MehrWert versehen und erstrahlen somit immer wieder in einem neuen Imagekleid. Die meisten Klein- und Mittelstandsbetriebe zeichnen sich durch hervorragende, erlesene Qualität aus und können auch einen sehr guten Preis erzielen. Die Opfer sind meistens jene, die sich nicht optimal strategisch ausrichten, bei denen Entscheidungsträger und Mitarbeiter sich keine Gedanken darüber machen: *„Wie könnten wir denn z.B. durch nachhaltige Aussichten nach innen und außen punkten?"* Sie gehen dann eher plump über den Preis, und das kann sehr schnell zu einem vernichtenden Spiel mit der Konkurrenz werden. Interessant ist mit Sicherheit seit einigen Jahren auch jene Entwicklung, bei der die Kunden immer häufiger über den MehrWert gehen und jenen Firmen, die nur billig wirken, sehr schnell den Laufpass geben. In seltenen Fällen sind sie dann die zweite Wahl, denn meistens werden sie gar nicht mehr im Auswahlverfahren berücksichtigt.

Für welches zukünftige „Moral-Bild" entscheiden wir uns, damit wir zum Liebling der Kunden werden und bleiben?

Eines sollten Sie bei der Entwicklung Ihrer nachhaltigen Aussichten immer bedenken: Welches Bild Ihrer Firma wollen Sie heute und morgen am Markt präsentieren? Welche Spuren wollen Sie am Markt hinterlassen? Ich bin der Meinung, es ist längst das Zeitalter angebrochen, in dem es „IN" ist, sich für das „Moral-Bild" zu entscheiden. Alle anderen werden sehr schnell erkennen, dass das, was ich seit Jahren bei Vorträgen sage, tatsächlich eingetreten ist: das Auslaufmodell: Hier das Produkt und da das Preisschild! Heute brauchen wir zu unseren Angeboten nachhaltige Erfolgsstorys!

Die Baustein-Aktivierung

Das gesellschaftliche Engagement der Firma nachhaltig kommunizieren

Wichtig ist, dass Sie wirklich aufzeigen, wie sich Ihre Firma für die Nachhaltigkeit in der Gesellschaft einsetzt. Dieses Image brauchen Sie, damit der Kunde Ihren MehrWert und auch Ihre höherpreisige Politik versteht. Der Kunde wird beides akzeptieren, wenn er diese Nachhaltigkeit erkennt. Bitte verstehen Sie das nicht falsch! Ich habe nicht gesagt, dass Sie den Kunden um jeden Preis über den Tisch ziehen können; dass auf einmal Phantasie-

Angebote möglich sind, die weit über dem üblichen Marktniveau angesiedelt werden. Es geht ausnahmslos darum, dass Sie als Firma wirtschaftlich und gleichzeitig nachhaltig erfolgreich am Markt agieren können. Nehmen Sie den Kunden auf diese Reise mit. Er wird bereit sein, Ihnen diesen MehrWert zu vergüten.

Die wahren Werte im Preis sichtbar machen

Machen Sie das Besondere Ihrer Angebote sichtbar. Der Kunde muss verstehen, warum Sie einen höheren Preis ansetzen, als dies die Konkurrenz tut. Der Kunde will für sich entscheiden können: *„Ist es mir das wert oder nicht?"* Sie müssen das als strategisch kluger Anbieter bereits vorab sicherstellen. Das heißt: Nicht der Kunde soll sich abmühen, um dies herauszufiltern, sondern Sie zeigen es ihm eindeutig auf. Je leichter für den Kunden der wirkliche MehrWert sichtbar wird, wobei Sie gleichzeitig sicherstellen, dass Sie mit seinen Vorstellungen kompatibel sind, desto häufiger wird er zu Ihnen JA sagen.

Durch die echten „Kunden-Lieblinge" immer die erste Wahl sein

Oft fragen mich Firmenangehörige: *„Alles schön und gut, doch wie kann ich einen Neukunden vom Besonderen überzeugen? Die Stammkunden verstehen das; wir haben ja treue Kunden. Doch gerade bei der Eroberung der Zielgruppe tun wir uns schwer."* Es ist ganz einfach, denn letztendlich haben Sie bereits alle Zutaten zur Hand; auch rund um das Thema „Nachhaltige Aussichten". Ihr bestehender Kunde, der Ihnen ständig den Vorzug gegenüber der Konkurrenz gibt, weiß ganz genau, warum er sich für Sie entschieden hat. Er kennt auch Ihre Nachhaltigkeit, Ihre besonderen Werte. Er hatte auch die Chance, die billigere Konkurrenz zu bevorzugen. Er hat es aber nicht getan – er weiß es also. Sie müssen ihn nur danach fragen. Einer meiner Klassiker, der auch hier wunderbar zu den nachhaltigen Aussichten passt: Oft übersehen Entscheidungsträger und Verkäufer das Naheliegende. Sie schaffen es jeden Tag, bestehende Kunden weiter zu binden; Neukunden zu gewinnen. Oft vergisst man darauf, herauszufiltern: Warum hat der Kunde eigentlich JA gesagt? In vielen Besprechungen unterhält man sich eher darüber: Warum hat es nicht funktioniert? Besser wäre doch, einmal nachzusehen: Warum hat es funktioniert? Diese bereits bestehenden „Kunden-Lieblinge" können Sie vorzüglich einsetzen, wenn es darum geht, Neukunden zu gewinnen. Tun Sie dies bitte regelmäßig! Analysieren Sie: Was liebt der bestehende Kunde an Ihnen, und das zeigen Sie auch dem neuen im Zuge aller Kundengewinnungsprozesse auf.

Unser „Moral-Bild“ muss mit den „moralischen Kundenvorstellungen“ optimal verschmelzen

Eines muss Ihnen klar sein: Es bringt nichts, eine Zielgruppe mit besonderen Werten zu umwerben, wenn diese darauf nicht anspringt. Es gibt Zielgruppen – egal, aus welchen Gründen –, die nicht JA sagen, auch wenn der besondere MehrWert noch so verlockend klingt. Dazu gehört z.B. eine Zielgruppe, die über ein eher schwaches Einkommen verfügt. Ich kann meine Zielgruppe nicht überfordern. Ich kann meiner Zielgruppe die beste Qualität anbieten, die die Zielgruppe auch haben will. Doch leider wird sie feststellen: *„Ich kann es mir nicht leisten.“* Das wäre dann sogar kontraproduktiv! Auf der einen Seite erwecken Sie beim Gegenüber eine hohe Motivation, er freut sich richtig auf das tolle Angebot – doch dann kommt die große Enttäuschung, und die Zielgruppe stellt fest: *„Ich kann es mir nicht leisten.“* Das kann nicht funktionieren! Das heißt, wenn Sie Ihr „Moral-Bild“ definieren, müssen Sie selbstverständlich darauf achten: Wie ist dieses mit den „moralischen Kundenvorstellungen“ kompatibel? Passt dies zusammen, können Sie loslegen. Wenn Sie bemerken: Es wäre schön, nachhaltiger zu agieren, es ist aber bei meiner Zielgruppe nicht ganz möglich, dann müssen Sie auch das kommunizieren. Wichtig ist, dass die Zielgruppe und besonders die öffentliche Meinung eindeutig erkennen: Sie geben Ihr Bestes im Rahmen Ihrer Möglichkeiten. Dazu gehört auch: Was kann sich die Zielgruppe leisten? Wofür ist sie bereit, Geld auszugeben? Nur in diesem Einklang können Sie dauerhaft gewinnen.

Umsatzturbo der besonderen Klasse: die Heimatliebe der Kunden

Leitgedanke Führungskraft

Heimat im Herzen – Heimat im Angebot

Die Sensibilisierung für unsere Umwelt, das Einfordern eines besonderen MehrWerts uvm. führen mittlerweile beim Kunden zu einer **neuen Heimatliebe**. Diese Heimatliebe sollten Sie sich als Entscheidungsträger in Ihrer Firma bei den Angeboten zunutze machen. Streichen Sie also jene Vorzüge heraus, die Ihre Angebote optimal mit der Heimat verbinden. Dazu gehört z.B., dass sich Ihre Firma dafür engagiert, dass die Kaufkraft im Land bleibt. Natürlich sagen mir sofort Experten und Kenner des Prozesses, dass das teilweise auch eine Mogelpackung ist, denn gerade Österreich und Deutschland sind sehr stark exportorientierte Nationen. Sie haben mit ihrer Analyse Recht. Doch Sie als Entscheidungsträger müssen als Anbieter in Ihrer Branche darauf achten: Wie stark wirkt sich die neue favorisierte Heimatliebe des Kunden auf Ihre Angebotszusammenstellung aus?

Ich kann mir gut vorstellen, dass auch Ihnen als Entscheidungsträger in Ihrer Firma Folgendes nicht entgangen ist: Immer häufiger trifft man gerade in Österreich und Deutschland auf lokale Gemeinschaften, die nicht nur auf den Zug der Heimatliebe aufgesprungen sind, sondern ihn sogar beschleunigen. Ich spreche hier von den sogenannten zusammengeschlossenen Unternehmen, die unter anderem im Handel z.B. sogar mit einer eigenen Währung auftreten. Ganz bewusst wird hier die Heimatliebe beim Kunden zusätzlich verstärkt. Auf einmal sollte man sich irgendwelche Taler oder Ähnliches in Form von Gutscheinen, Münzen, teilweise auch schon in Form einer Plastikkarte kaufen. Mit diesen kann man dann z.B. zu besonderen Konditionen bei bestimmten Geschäften, die bei der Gemeinschaft dabei sind, einkaufen. Damit wird dem Kunden signalisiert: Kauft er bei einem teilnehmenden Betrieb ein, erhält er einen zusätzlich MehrWert. Dieser besteht nicht nur aus Preisvorteilen, sondern es gibt einen lokalen und somit regionalen Zusatznutzen.

Jetzt könnte man als Entscheidungsträger sagen: *„Naja, aber die Experten haben doch Recht: Es ist ja eher Augenauswischerei. Man kauft hier in der*

Region ein – auch viele Verbände, Kammern etc.. unterstützen solche Aktionen – ‚doch in Wirklichkeit werden die Arbeitsplätze gesamt gesehen aufgrund des Exportes auch vom Ausland mitgesichert.“ Dass dann auch andere Länder ihre Waren nach Österreich und Deutschland exportieren wollen, liegt auf der Hand. Manche gehen sogar so weit, dass sie sagen: *„Okay, sie kaufen nun mit dem Taler in der Region in den Geschäften ein, verwenden aber gleichzeitig ein Handy made in China, Vietnam, Japan usw.“*

Alle Meinungen sind richtig! Meine persönliche lautet: **Nutzen Sie den optimalen Mix!** Wenn der Kunde seine neue Heimatliebe entdeckt hat, können Sie dieses Kundenprofil, das stetig steigt und sich festigt, unmöglich ignorieren. Sie müssen Ihre Angebote mit einem **heimatorientierten MehrWert aufwerten**. Durch solche Gemeinschaften entstehen geschlossene Kreisläufe. Das ist ja auch unter anderem bei vielen Kaufleuten der Zweck dieser Aktionen: Man will ganz einfach die ländlichen Regionen stärken, damit auch der Kaufkraftabfluss nicht in Richtung Städte und große Einkaufszentren überhand nimmt. Dass diese Welle vor den Big Playern, wie z.B. den großen Einkaufszentren, nicht Halt macht, beweisen deren unzählige Gutscheine. Hier läuft es nach dem gleichen Prinzip. Es gibt viele Geschäfte in einem solchen Einkaufszentrum. Man weiß z.B. bei einem besonderen Anlass wie Geburtstag, Weihnachten usw. nicht, was man seinen Lieben schenken soll, und somit wählt man den Gutschein. Der Beschenkte hat nun den großen Vorteil, dass er aus einer Vielzahl von Geschäften wählen kann, das heißt, er ist nicht, wie es früher üblich war, auf ein Geschäft beschränkt. Er muss nicht mehr nur aus dem Sortiment eines Geschäftes auswählen, sondern er hat sehr viele zur Verfügung.

Das ist jedoch bitte nur einer dieser neuen, stärker werdenden Wege, die die Heimatliebe aus meiner Sicht immer mehr bestätigt. Natürlich gehört auch dazu, dass man wieder lokale Spezialitäten, Lieferanten forciert. Seit vielen Jahren werben insbesondere Starköche damit, dass sie auf regionale Spezialitäten setzen. Damit wird nicht nur unterstrichen, wie viele gute Produkte wir vor der Tür haben, sondern dass es nicht mehr IN ist, zu jeder Jahreszeit alle möglichen Nahrungsmittel auf dem Tisch zu haben. Man appelliert an die Moral des Kunden, nicht jene Produkte zu kaufen, die aktuell aufgrund des Naturkreislaufes nicht bei uns vorhanden sind. Dem Kunden wird eindeutig aufgezeigt: Verursache nicht zigtausende umweltbelastende Kilometer, nur weil du ein Produkt willst, das es ohnehin ein paar Monate später bei uns vor Ort zu kaufen gibt! Auch das ist Heimatliebe! Selbst die Medien springen bei Produktvergleichen geschickt auf diese Schiene auf. Beispiel: In Konsumentenschutzsendungen werden Nahrungsmittel mit Schwerpunkt Obst und Gemüse präsentiert. In diesen werden nicht nur Preis, Qualität und Ähnliches verglichen, sondern auch der sogenannte ***„grüne Fußabdruck“***. In diesem Fall wird dann unter anderem die CO_2-Belastung aufgezeigt, die das Lebensmittel verursacht. Bei dieser Gegenüberstellung erkennt der Kunde sofort, dass Produkte, die von weiter herkommen, durch ihren langen Transportweg die Umwelt enorm beeinflussen.

In jeder Branche wirkt sich die Heimatliebe des Kunden natürlich anders aus. Für Sie als Entscheidungsträger wird es immer wichtiger, dem Kunden genau über die Schulter zu schauen. Sie müssen herausfiltern: Was ist für ihn gerade rund um das Thema Heimatliebe IN? Wie können Sie diese Kundenimpulse bei der Zusammenstellung Ihrer Firmenstrategien optimal nutzen? Verzichten Sie nicht auf diesen **Umsatzturbo der besonderen Klasse!** Er hebt Sie nicht nur optimal von der Masse ab, sondern ist in den meisten Fällen leicht erfüllbar, weil sich alle Zutaten vor Ort befinden.

Leitgedanke Mitarbeiter

ICH im TEAM – Heimatliebe gefühlt und täglich gelebt

Als Mitarbeiter stehen Sie natürlich in der Auslage Ihrer Firma. Selbst wenn Sie im Hintergrund arbeiten, der Kunde Sie nicht direkt sieht, sieht er Ihre Leistung. Wenn Sie zusätzlich z.B. als Verkäuferin, als Verkäufer Kundenkontakt haben, sind Sie in diesem Moment auch gleichzeitig der **höchste Botschafter Ihrer Firma**. Wenn der Kunde nun immer stärker die Heimatliebe forciert, wenn die Heimat in seinem Herzen immer häufiger Entscheidungen beeinflusst, müssen Sie diesem Trend gerecht werden. Das bedeutet: Koordinieren Sie sich mit Ihren Führungskräften; welche Angebotsvorteile sollten Sie besonders hervorheben? Der Kunde will es so, und Sie müssen es ihm anbieten. Sie können die Kundenmeinung nicht ignorieren. Sie können als Mitarbeiter nicht so tun, als würde die neue Heimatliebe nicht existieren. Ich gehe in diesem Punkt so weit, dass es Ihnen auch nicht zusteht, darüber zu urteilen. Sie haben nicht das Recht, den Kunden zu bevormunden, über ihn ein Zeugnis auszustellen. Denn ich kann mir sehr gut vorstellen, dass Sie sich mit gewissen Heimatliebe-Vorstellungen des Kunden nicht identifizieren können. Dass Sie es nicht sehen so wie er. Hier dürfen Sie als Mitarbeiter bitte nicht in diese Falle tappen! Der Kunde entscheidet sich letztendlich mit seinem JA oder NEIN für oder gegen Ihre Firma. Das bedeutet: Der Kunde will auch bei Ihnen diese **Heimatliebe** finden und fühlen. Er will sehen, dass Sie in diesem Sinne täglich leben.

Unterschätzen Sie bitte nicht den modernen Kunden! Er wird Sie gerade in ländlichen Gegenden auch in der Freizeit beobachten. Beispiel: Wenn Sie mit Ihrer Firma als sehr abfallsparend auftreten, aber in der Freizeit werfen Sie den Müll achtlos weg, trennen nicht zwischen Altpapier, Bio, Plastikflasche und Hausmüll, dann haben Sie ein Problem. Sie sind beim Kunden wirklich unten durch. Er sieht auf einmal, dass Sie die Heimat verletzen. Dass Sie nicht wirklich so leben und fühlen, wie Sie es ihm in Ihrem Geschäft vorgaukeln.

Heimatliebe hat sehr viel mit **gelebter Kultur** zu tun. Es ist nicht nur ein Firmenkonzept, eine damit verbundene Strategie – es ist eine **Lebenseinstellung**! Der Kunde wird immer erkennen: Meinen Sie es ernst oder springen Sie nur auf einen Trend auf?

Sie müssen nicht mit allem einverstanden sein; Sie können dem Kunden sogar etwas kritisch aufzeigen. Doch Sie dürfen nie folgenden Kern verletzen: die ständig steigende Heimatliebe, die sich beim Kunden immer stärker tief verankert. Alle Impulse, auch Ihre, die sich Ihrer Meinung nach optimal eignen, als Firma rund um das Thema Heimatliebe eine gute Figur zu machen, sollten Sie auch den Führungskräften weiterleiten. Schauen Sie gemeinsam mit den Führungskräften über die Schulter Ihrer Zielgruppe. Denn nur so können Sie garantieren, dass Sie permanent am Puls der Heimatliebe und des Kunden sind.

Die Baustein-Herausforderung

Heimatliebe ohne Mogelpackung

Heute werben viele Großkonzerne auch mit der Heimat. Man hat längst erkannt, dass sich hier die Gesellschaft wieder ein wenig zurückentwickelt. Statt „fern-fern“ kommt immer wieder häufiger „nah-nah“. Man will seine Heimat stärken: Man will dort, wo man lebt, schauen, dass alles passt; dass auch die Wertschöpfungskette hier bleibt, sich Firmen prächtig entwickeln und dadurch Arbeitsplätze gesichert sind; dass man sich in der Gesellschaft wohl fühlt uvm. Eines verzeihen Kunden nicht: Wenn Sie dieses Heimatliebe-Gefühl für Mogelpackungen missbrauchen. Wenn Sie sich wirklich für die Heimat engagieren, Sie als Firma für die Heimat eintreten, dann soll das der Realität entsprechen.

Heimatliebe darf nicht ausgrenzen

Ich bewundere momentan die immer häufiger anzutreffenden wirtschaftlichen Gemeinschaften, die oft sogar schon einen eigenen Geldkreislauf installiert haben, den sie dann auch dem Kunden schmackhaft machen. Es sind oft regionale Zusammenschlüsse, die versuchen, die Wertschöpfungskette in der Region zu halten. Diese Entwicklung kann man bereits sehr stark in vielen Bundesländern Österreichs sowie Deutschlands feststellen. Die regionalen Firmen, die sich so zusammenschließen, werben in der Kernbotschaft mit der Stärkung ihrer Heimat, und das gelingt am besten, wenn man die heimische Wirtschaft bevorzugt. Dafür gibt es auch spezielle Zahlungsmittel, die die Bindung noch stärker vorantreiben. Manche entscheiden sich für einen „Taler", andere wiederum für Gutscheine. Sehr moderne Zusammenschlüsse haben sogar eigene Kundenkarten, auf die man elektronisch Geld speichern und somit gleichzeitig bei den Zahlungen einsetzen kann. Alles schön und gut; aber eines sollte Sie dabei nicht vergessen: Dass gerade Österreich und Deutschland exportorientierte Länder sind. Ein Großteil des Wohlstands beider Länder hängt vom Export ab. Wenn man aber den Bogen diesbezüglich überspannt, kann das für die heimischen Betriebe sehr wohl fatale Folgen haben. Das heißt, wenn man damit vielleicht vermittelt: *„Kauft nur mehr im Inland – bei uns! Denn alles, was außerhalb ist, ist pfui."* Das geht dann schon so weit, dass man sogar sagt: *„Bevorzuge lieber Waren aus unserem Bundesland und nicht vom Nachbar-Bundesland!"* Man verfolgt hier eine konsequente Abschottung – und das kann nicht gut gehen. Ich möchte auch betonen, dass ich mir in unzähligen Mystery-Shopping-Runden sehr wohl solche wirtschaftliche Partnerschaften genauer angesehen haben. Dabei habe ich festgestellt: Auch diese kaufen Waren aus dem Ausland – sogar aus den sogenannten verhassten Drittländern, die man auch gerne als Billigländer bezeichnet.

Heimatliebe ist eine Lebenseinstellung – man kann sie nicht kaufen

Sie können zwar Image-PR-Kampagnen uvm. machen – sie werden aber nicht nachhaltig wirken, wenn Sie nicht zu Ihrer Heimat stehen. Das heißt, man muss sich in der Firma entscheiden: Liebt man die Heimat? Will man sich in der Heimat verwurzelt bewegen oder ist es nur eine schöne Mogelpackung? Gerade der Heimat-Kunde ist sehr sensibel; er beobachtet Sie ständig! Bei meinen vielen Mystery-Shopping-Touren habe ich eine Menge verschiedener Schwindeleien kennengelernt, die mir unter anderem von Inhabern bzw. Mitarbeitern von Geschäften erzählt wurden. Hier zwei kurze Beispiele; dabei handelt es sich um das Thema „Mülltrennung": Ein Lebensmittelgeschäft hat damit geworben, dass es dem gesamten Team sehr wichtig ist, die Umwelt in der Heimat zu schonen. Man sollte also Ressourcen schonend agieren, und vor allem sollte auch der Abfall richtig getrennt werden, damit ein maximales Recycling und eine optimale Wiederverwertung sichergestellt sind. Was ist passiert? Kunden haben sich sprichwörtlich auf die Lauer gelegt und jenen Bereich der Firma beobachtet, wo die Abfalleimer gestanden sind. Dann wurde überprüft und dokumentiert: Wird alles in die richtigen Tonnen geworfen? Nach zehn Tagen intensiver Beobachtung durch die Kunden wurde die Firma an den Pranger gestellt, weil man feststellte, dass es viele Mitarbeiter und auch die Führungsseite oft nicht so ernst nehmen, wie sie es kommunizieren, wenn es darum geht, den Müll richtig zu trennen. Eine andere Firma hat für lokale Bevorzugung geworben um die Ressourcen der Heimat zu schonen. Das heißt, die haben z.B. beim Essen darauf geachtet, nur regionale Spezialitäten zu verwenden, beim Einkauf nur regionale Produkte mit möglichst wenig Verpackung zu bevorzugen. Der Familienbetrieb, um den es sich handelt. bestand aus Vater, Mutter und drei Kindern. Alle wurden ab dem Zeitpunkt, ab dem diese Imagekampagne gefahren wurde, strengstens beobachtet. Sehr schnell wurde aufgezeigt, dass sich z.B. die Kinder in der Schule nicht immer so verhielten, wie sie eigentlich vorgaben. Sie hatten Plastik auf den Boden geworfen; Leberkäsesemmerl gegessen, obwohl die Firma damit geworben hat, man sollte auf solche Fleischprodukte verzichten und eher naturbelassene Produkte favorisieren; die Richtung war schwerpunktmäßig ins Vegetarische gegangen. Sie sehen: Heimatliebe ist auch eine Lebenseinstellung. Lebe ich wirklich so, wie ich es in meiner Kommunikation verbreite oder eigentlich ganz anders?

Viele nehmen ihre Heimat-Vorbildfunktion nicht ernst

Eines können sich Firmen immer auf ihre Flagge hieven: Sie sind ein optimales Vorbild für die lokale Gesellschaft. Firmen prägen unser Leben, das Stadtbild uvm. Viele sind sich gar nicht bewusst, dass sie eine optimale Heimat-Vorbildfunktion haben und diese ausspielen können. Sie machen leider meist genau das Gegenteil: Sie bieten oft Angriffsflächen, weil sie für die Heimat eher negativ agieren bzw. unvorteilhafte Aussagen tätigen – und das hinterlässt natürlich bei der Zielgruppe einen sehr bitteren Beigeschmack.

Die Baustein-Aktivierung

Heimatliebe ehrlich kommunizieren

Auf den Punkt gebracht ist es wirklich so einfach: Kommunizieren Sie die Heimatliebe wirklich ehrlich! Nehmen Sie meine Aussagen bei der Baustein-Herausforderung bitte ernst und entscheiden Sie sich: Wollen Sie sich wirklich für die Heimat engagieren? Sind Sie bereit, den damit verbundenen Mehreinsatz täglich zu erbringen? Sind Sie bereit, auch Kunden zu verlieren, die dann nicht mehr optimal in das Heimatbild passen? Das alles und noch viel mehr gehört dazu. Sie haben es in der Hand: Mogelpackung oder tatsächlich gelebte Heimatliebe! Nur Letzteres wirkt beim Kunden vorzüglich, wenn Sie mit der Heimat werben.

Heimat ist nicht Standort!

Verwechseln Sie bitte Heimatliebe nicht mit dem Standort! Wir werden auch immer wieder Produkte aus dem Ausland anbieten. Es müssen ja nicht gleich solche Extreme sein wie z.B. im Winter Erdbeeren; das kann man schon ein wenig beeinflussen. Aber total die Schranken runterzuziehen, wäre absolut die falsche Entwicklung; gerade weil Österreich und Deutschland Exportnationen sind. Heimat ist auch: Wie gehen wir mit den Ressourcen der Heimat anderer um? Hier beweisen verantwortungsvolle Unternehmer z.B. unter dem großen Dach „Fair Trade" eindeutig, dass man darauf Einfluss nehmen und dafür sorgen kann, dass z.B. auch die Bauern in anderen Ländern von dem, was sie erwirtschaften, leben können. Auch das ist Heimatliebe! Sie ist also nicht an den Standort gebunden, sondern das, wie wir sie leben!

MehrWert in der Gesellschaft – das ist Heimatliebe gelebt im TEAM zum Wohle der Kunden

Heimatliebe ist tatsächlich eine Lebenseinstellung. Wenn Sie wirklich bereit sind, sich als lokale Firma für die Gesellschaft einzusetzen, dann zeigen Sie es auf. Gerade die sozialen Medien wie Facebook und Co. eignen sich vorzüglich dafür, um einen ständigen MehrWert in die Gesellschaft hineinzutragen und ihn dort zu verankern. Eines muss jedoch klar sein: Das bedeutet wieder einen Mehraufwand, der von allen in der Firma zu erfüllen ist. Dazu zählt natürlich auch, wenn sich Mitglieder in der Firma für die Heimat, für die lokale Gesellschaft engagieren: z.B. Mitglied bei der Freiwilligen Feuerwehr, Krankendienste, Pflegebereich uvm. Viele Firmen verzichten leider immer noch darauf, dies auf ihren Webseiten zu präsentieren. Es ist aber ein ganz wichtiger Teil, der den moralischen Anspruch der Firma festigt. Zeigen Sie bitte auf sämtlichen Kommunikationskanälen – wenn es passt, z.B. in Ihrem Internetauftritt – Folgen auf: Wir, die Firma, sind ein Team, welches sich für die Heimat, für die lokale Gesellschaft engagiert. Sie werden sehen: Das wirkt sich auch auf die Kundengewinnungs- und Kundenbindungs-Strategie wunderbar aus.

Vorbild in der Heimat – für die Heimat

Einen besonders wertvollen Status erreichen Sie, wenn Sie ein Vorbildunternehmen in der lokalen Gesellschaft sind. Wenn Menschen im Umkreis zu Ihrem Team aufschauen. Wenn man erkennt, dass Ihr Team bereit ist, sein Bestes für die Heimat zu geben. Firmen, die auf ein solches Image-Puzzleteil zugreifen können, verfügen über einen besonderen Stellenwert in der Gesellschaft. Dass sich dieser auf die Gewinnung und das Binden von Kunden bestens auswirkt, versteht sich wohl von selbst.

Leitbetrieb
Deutschland
Leitbetrieb
Österreich
„Kundenorientierung als wichtigster Wachstumstreiber in Europa"
SERVICE-INITIATIVE
SERVICE-
Wettbewerbs-Vorteil
SIEGER
Zum Service-Sieger direkt beim Kunden.
Es nützt nichts beim Kunden auf Platz 2
zu stehen - Sieger wird der auf dem ersten Platz.
Die Service Initiative hilft Ihnen dabei.
Vergrößern Sie mit der ServiceMarke „Leitbetrieb"
Ihre Distanz zum Mitbewerb!
SERVICE
SIEGER
Die besondere Art
KUNDENSERVICE
darzustellen!
leitbetrieb.com
... hilft Ihnen dabei!

Kundenservice & die Botschaften danach

Leitgedanke Führungskraft

Beim Kundenservice immer an „The day after“ denken

Viele Firmen versuchen sich gegenüber der Konkurrenz durch einen besonderen Service abzuheben. Sie wollen den potentiellen Interessenten in der Zielgruppe eindeutig signalisieren: *„Wähle mich, dann bekommst du zu den Produkten, zu den Dienstleistungen einen besonderen Service dazu.“* Viele Mitarbeiter sagen dann in Firmentrainings zu mir: *„Alles schön und gut; es gibt nur einen Haken: Wir haben oft intern nicht einmal die Chance, diesen besonderen Kundenservice zu erfüllen.“* Das heißt auf den Punkt gebracht: Sie erhalten seitens der Führung nicht die Zeit, in der Lage zu sein, den Service, der angeboten wird, auch wirklich erfüllen zu können. Ich möchte Sie als Führungskraft darauf hinweisen, dass das nicht die Ausnahme ist, sondern eher der Norm entspricht. In vielen Firmen muss ich leider dieses Klagelied feststellen. Immer wieder beschweren sich sogar manche Mitarbeiter massiv darüber, dass im Firmenkonzept Service-Leistungen und After-Sale-Service-Leistungen vorgesehen sind, die sie so oft nicht erfüllen können.

Häufig macht ihnen die tägliche Hektik des Alltags einen Strich durch die Erfüllung von Service-Leistungen. Natürlich kann man als Entscheidungsträger nicht immer alles optimal vorhersehen. Doch ich muss leider den Mitarbeitern in vielen Punkten immer wieder Recht geben. Schauen wir uns zwei Beispiele an, die dieses Fehlverhalten eindeutig aufzeigen:

Eine Tischlerei kann gegenüber dem Möbelhandel eigentlich sehr einfach punkten, indem sie viele Leistungen aufzeigt, die vom Möbelhandel selbst nicht erfüllt werden können. Dazu gehört unter anderem die Tatsache, dass eine Tischlerei stets auch Jahre später Einzelteile einer gelieferten Einrichtung nachliefern kann. Wenn also im Schlafzimmer, Wohnzimmer oder in der Küche bei einer Schublade etwas abbricht – z.B. der Griff –, eine Arbeitsplatte, ein Tisch enorm beschädigt wird, kann dies vom Tischler mit seinem Team locker repariert werden, oder es wird ein Ersatzteil geliefert. Damit werben Tischler ganz gezielt, denn sie wissen genau, dass hier der Möbelhandel nur sehr schwer bis gar nicht mithalten kann. Natürlich bietet der Möbelhandel heute auch schon z.B. Montageteams an. Das heißt, Sie können entscheiden: Kaufe ich den Schrank und stelle ihn mir selbst auf, oder lasse ich dies durch das Möbelhaus erledigen? Hier greifen viele Möbelhäuser auch auf Tischlereien oder Montageteams zurück, die dann für sie die Aufgabe erfüllen. Bei der Ersatzlieferung, bei Reparaturen von Möbeln tun sich die Möbelhäuser selbst sehr schwer. In den meisten Fällen können sie sie auch wirklich nicht erfüllen. Wenn der Kunde jetzt einen tollen Schrank im Wohnzimmer hat und z.B. eines seiner Kinder irgendwo einen Griff unbedacht heruntergerissen hat oder eine Schublade zu Bruch ging, dann wird er wohl kaum den ganzen Schrank ersetzen wollen. Er wird versuchen, die Schublade zu erneuern bzw. zu reparieren; dazu aber braucht er den Tischler. Dieser Vorteil führt dazu, dass Tischlereien sehr bewusst und auch nachvollziehbar mit diesem besonderen After-Sale-Service werben. Der geht z.B. auch so weit, dass, wenn ein Tischler Fenster liefert und einbaut, nach einigen Monaten eine Nachjustierung kostenfrei angeboten wird; denn die ist bei Fenstern, wenn man sie neu einbaut, sinnvoll und notwendig. Wo ist jetzt der **Knackpunkt**?

Ein Tischler lebt hauptsächlich davon, dass er neue Aufträge an Land zieht und in der Werkstatt das Wohnzimmer, das Schlafzimmer usw. produziert, welches später durch das Montageteam beim Kunden aufgestellt wird. Der Chef einer Tischlerei muss auch darauf achten, dass er immer eine gute Auslastung hat. Denn nur so ist das Team finanzierbar, die Firma kann ihren sonstigen Verbindlichkeiten nachkommen, und Erträge werden erwirtschaftet. Wenn die Tischlerei bereits länger am Markt ist, hat sie auch viele Stammkunden. Da kommt es leider Monat für Monat immer wieder vor, dass von diesen After-Sale-Service-Leistungen etwas abgerufen wird. Jetzt wird es eng: Auf der einen Seite kämpft das Team oft schon unter massivem Zeitdruck, dass ein neuer Auftrag fertig wird; gleichzeitig soll es nun After-Sale-Service-Leistungen erfüllen – noch dazu ohne Entgelt! In dieser Phase sieht das weder die Führungskraft noch der Mitarbeiter gerne. Man schiebt dann solche After-Sale-Service-Leistungen gerne vor sich her; aber dadurch verschlechtert sich auch die Beziehung zum Kunden. Es gibt hier Anbieter – nicht nur Tischler –, die oft den Kunden drei bis fünf Monate warten lassen. Der modern kommunizierende Kunde wird heute und noch stärker morgen diese Tatsache dann in die Tasten hauen. Er wird seine negativen Erfahrungen über sein soziales Netzwerk, über Beschwerde-Plattformen und ähnliche Angebote mitteilen. Der Kunde arbeitet somit massiv daran, dass das Image der betreffenden Firma negative Risse bekommt. Macht eine Firma häufig solche Fehler, werden diese Risse chronisch, und am Markt etabliert sich ein negatives Image. Das kann wohl kaum im Sinne der Chefs, der Führungskraft, der Mitarbeiter sein. Wenn ich dann als Wirtschaftstrainer diesen Missstand im Zuge meiner offenen Seminare, Vorträge usw.

anspreche, ist es allen klar: *„Nein, das kann man nicht machen! Um Gottes willen!“* Trotzdem wird genau diese Welle sehr häufig forciert.

Das Gleiche hätten Sie auch in einem Geschäft im Einzelhandel. Es kommt häufig vor, dass sich Kunden beraten lassen wollen; dass Produkte ausgehen; dass z.B. eine Kleidergröße nicht verfügbar ist; dass der Lebensmittelhändler verspricht, die Ware gerne auch nach Geschäftsschluss nach Hause zu liefern. Was passiert aber dann oft **in der Praxis**? Kunden werden schlecht beraten. Ich habe es oft erwähnt – übrigens auch bei Großkonzernen –, dass hier mit besonderen MehrWert-Botschaften geworben wird. Zum Beispiel wirbt der Lebensmittelhandel gern damit, zu erklären, wie man sich ausgewogen ernährt. Dabei geht es meist darum: Wie kombiniert man Nahrungsmittel, um seine Gesundheit zu fördern, sie abzusichern? Wenn dann plakativ groß geschrieben wird: *„Achten Sie auf Ihre Gesundheit! Achten Sie auf eine ausgewogene Ernährung! Wir beraten Sie gerne!“*, dann werden sich Kunden gerne beraten lassen. Ich mache über das ganze Jahr verteilt immer wieder Mystery Shoppings und schaue mir genau an: Wie setzen denn die Mitarbeiter vor Ort im Geschäft die zentralen Werbebotschaften um? Ich kann nur eines sagen: *„Ein trauriges Bild!“* Viele Mitarbeiter sind nicht in der Lage, diesem besonderen MehrWert-Service gerecht zu werden. Sie schaffen es nicht, die Beratung ordnungsgemäß durchzuführen. Viele Mitarbeiter entschuldigen sich dann live im Gespräch: *„Ich kann nichts dafür; das war der Einfall der Marketing-Abteilung. Da müssen Sie die OBEN fragen. Da gibt es eine Hotline. Ich kann Ihnen nicht weiterhelfen.“* Ich möchte betonen: Obwohl die Firma damit wirbt: *„Wir helfen Ihnen gerne!“*

Ein optimaler Kundenservice ist wichtig. Er wird vom Kunden gerne gesehen. Er schafft eine erstklassige Differenzierung zur Konkurrenz. Nur eines dürfen Sie als Entscheidungsträger in Ihrer Firma nicht übersehen: dass es auch den Tag danach gibt. Werden Service-Leistungen versprochen und anschließend nicht eingehalten, dann bricht über die Firma, die diese Vorgehensweise zulässt, die negative Image-Welle garantiert herein.

Leitgedanke Mitarbeiter

Sich nicht von der dunklen Seite der Macht verführen lassen

Eines wissen Sie als Mitarbeiter rund um das Thema Service ganz genau: Er wird beim Kunden nur dann optimal wirken, wenn Sie mit Ihren KollegInnen und Führungskräften bereit sind, ihn zu erfüllen. Service ist **etwas**

Persönliches; das habe ich bereits im Jahr 1990 gesagt. Produkte und Dienstleistungen sind austauschbar. Der Kunde kann Produkte, die Sie anbieten, sicher auch ident bei der Konkurrenz einkaufen. Das führt dann häufig zu den bereits mehrfach erwähnten, unschönen Preisschlachten. Ihre Führungskräfte, Ihr Chef, die Inhaber etc. müssen daher sicherstellen, dass Sie mit einem erstklassigen MehrWert-orientierten Differenzierungsangebot das JA-Wort des Kunden gegenüber der Konkurrenz erhalten. Das klassische, normorientierte Angebot kann nur durch Service und After-Sale-Service aufgewertet werden. Einzige Ausnahme: Sie würden in einer Firma arbeiten, die ein totales Nischenprodukt anbietet. Das würde aber bedeuten, dass wirklich nur Ihre Firma und maximal ein, zwei Konkurrenten in einem großen Land dieses Produkt liefern können. Die meisten Firmen können jedoch auf diesen besonderen Bonus nicht zugreifen, weil ihre Angebote tatsächlich vergleichbar sind.

Natürlich lassen sich dann Führungskräfte gerne dazu hinreißen, erstklassige Service- und After-Sale-Service-Joker zu entwickeln, um sie gezielt gegenüber der Konkurrenz einzusetzen. Papier – das wissen Sie – ist geduldig, da kann man sich austoben. Auch Mitarbeiter, das kann ich immer wieder bei Firmentrainings feststellen, sind stolz auf ihre Botschaften. Sie sagen oft zu mir: *„Schauen Sie, Herr Panhölzl, was wir alles anbieten. Haben Sie schon den besonderen Service gesehen? Was wir dem Kunden sogar nach der Auslieferung noch anbieten!“*

Einziger **Haken** bei dem an sich in meine Richtung wunderbar übermittelten Bild der Firma ist die Tatsache, dass vieles in der Praxis **nicht so umsetzbar** ist wie niedergeschrieben. Das heißt, die verführerischen, verlockenden Versprechen können oft seitens des Teams nicht eingehalten werden. Ich meine damit übrigens selten, dass es technisch nicht möglich wäre oder dass das Know-how fehlt – viel häufiger **fehlt die Zeit**! Man verspricht Service- und After-Sale-Service-Leistungen, man sagt als Mitarbeiter: *„Okay, ich mache es“*, und übersieht, dass das Tagesgeschäft bereits so üppig durchgeplant ist, dass eine Erfüllung nur sehr schwer möglich ist.

Man könnte also ohne weiteres sagen, dass sich viele Entscheidungsträger und leider auch die Mitarbeiter von der dunklen Seite der Macht verführen lassen. Man will mit einem besonderen Service und After-Sale-Service beim Kunden glänzen; innerlich weiß man aber schon: Die Erfüllung wird nicht so einfach sein – vielleicht sogar unmöglich.

Wer einen guten Service und After-Sale-Service anbieten kann, verfügt tatsächlich über ein gehöriges Machtpotential, denn der Kunde fühlt sich von solchen verführerischen, verlockenden Versprechen tatsächlich enorm angezogen. Das bedeutet: Die Entscheidungsträger und auch die Mitarbeiter, die im Verkauf tätig sind, wissen ganz genau: *„Je verlockender, verführerischer die Versprechen sind, desto schneller werde ich das JA des Kunden erhalten."* Das ist dann auch in der Praxis so. Dabei wird leider gerne übersehen: ***„The day after"*** ist genauso wichtig wie der Abschluss im Hier und Jetzt!

Sie wissen als Mitarbeiter ganz genau: Mit diesen besonderen Service- und After-Sale-Service-Leistungen entfachen Sie beim Kunden besondere Erwartungshaltungen. Werden diese nicht erfüllt, selbst wenn nur einige Bereiche nicht optimal funktionieren, reicht das schon aus, dass der Kunde mit einer negativen Kommunikationswelle gegen Ihre Firma startet.

Lassen Sie sich bitte nicht von der dunklen Seite der Macht verführen, nur weil es sich für Sie kurzfristig lohnt. Wechseln Sie auf die Seite der Guten. Und das bedeutet: Nur Service- und After-Sale-Service-Leistungen zulassen, die auch wirklich aus der Sicht des Kunden zumindest in einem akzeptablen Rahmen erfüllbar sind!

Die Baustein-Herausforderung

Kundenservice wirkt länger als manche glauben

Positive und vor allem negative Kundenservice-Erlebnisse markieren den Weg, den eine Firma geht. Das heißt: Welche Spuren hinterlassen Sie beim gelebten Kundenservice? Vielen Mitarbeitern in der Firma ist oft gar nicht bewusst, dass er aktuell länger wirkt als sie glauben. Deshalb spreche ich gerne vom Tag danach. Wichtig ist: Wie beurteilt der Kunde unseren Kundenservice? Wie wirkt er bei ihm und welche Vorteile erhält er dadurch? Ein **einwandfrei gelebter Kundenservice** ist der beste Garant für sprudelnde Umsätze mit integriertem Ertragsbonus. So etwas spricht sich sehr schnell herum, weil es Kunden gerne sehen, dass die verführerisch verlockenden Versprechen von Firmen tatsächlich eingehalten werden. Mitarbeiter und auch Führungskräfte müssen sich bewusst sein, dass ihr Kundenservice tatsächlich täglich Spuren am Markt hinterlässt. Denn auch das Gegenteil kann sehr schnell eintreten: dass Kunden negativ über eine Firma sprechen, weil versprochener, angepriesener Service nicht in dem Ausmaß eingehalten wurde, wie es in der Kundengewinnungsphase versprochen wurde. Der Kunde schaut heute ganz genau hin, was nach seinem „JA-Wort" eingehalten wird.

Gelebter Kundenservice wirkt beim Kunden nachhaltig – nicht die Botschaften davor!

Es geht wirklich darum, dass sich alle, die im Kundenservice tätig sind, ihrer Verantwortung bewusst sind. Das wirkt beim Kunden nachhaltig; die Botschaften davor zeigen nur auf, was den Kunden erwartet. Hier ist er bereits sehr kritisch. Er wird genau hinsehen, ob z.B. auch Referenzen existieren, die diese Botschaften bestätigen. Kunden fragen heute mehrfach nach, ob das, was ihnen angeboten wird, der Realität entspricht. Warum ist das so? Kunden sind heute oft sehr enttäuscht. Hochglanzprospekte, markante, verführerische Aussagen auf den Webseiten uvm. werden von Anbietern eingesetzt, um den Kunden zu ködern. Leider wissen bereits in dieser Phase viele im Team, dass das, was hier vollmundig versprochen wird, nicht eingehalten werden kann. Daher kommt es zu den ausgesprochenen Servicewüsten in Österreich und in Deutschland. Gerade Deutschland und Österreich sind Länder, die sich oft durch einen sehr schlechten Service auszeichnen. Ein Grund dafür ist, dass viele Menschen in diesen Ländern nicht zu dienen bereit sind. Genau das ist aber Service: **Dienst am Kunden**! Das Angenehme möglich zu machen! Das bedeutet natürlich Mehreinsatz, und das ist die persönliche Note einer Firma. Die gesamte Servicekette einer Firma lässt sich nicht automatisieren, denn immer greift irgendwo das Bindeglied Mensch ein. In den meisten Firmen ist sogar der menschliche Anteil der höhere. Das bedeutet: Achten Sie darauf, dass bei Ihnen markante Botschaften rund um das Thema Kundenservice nicht nur glänzen, sondern dass ihn die Personen auch erfüllen können und wollen.

Wenn Kunden am „Kundenservice-Haken" hängen bleiben, wird's düster

Sie kennen wahrscheinlich aus eigener Erfahrung die kritische Hinterfragung: Gibt es einen Haken? Gerade wenn Angebote sehr verlockend klingen, stellt man sich schnell die Frage: Wo ist der Haken? Leider schaffen es viele Firmen, diesen Haken wunderbar zu überdecken – und trotzdem existiert er, sobald es an die Erfüllung geht. Sobald der Kunde an diesem Haken hängen bleibt, wird's für diese Firmen wirklich düster. Kunden verzeihen das nicht – das muss uns klar sein. In vielen Firmen läuft dann noch ein sehr erschreckendes Programm ab, wenn sich der Kunde beschwert bzw. wenn er reklamiert, denn er bleibt in dieser Schleife oft lange hängen. Er schafft es nicht, seine Beschwerde anzubringen, und noch länger dauert es, bis sie dann behandelt wird. Manche Firmen haben durch die Sekretärin, vorgeschaltete Callcenter uvm. ein richtiges Kundenabwehrprogramm. Oder der Kunde wird beim Anruf gequält: Er muss unzählige Tasten drücken, bis er endlich beim richtigen Ansprechpartner ist. Das ist kein gelebter Kundenservice! Bleibt der Kunde dann an solchen Kundenservice-Haken hängen, dann wird dies für eine Firma tatsächlich problematisch, denn der Kunde wird seinen Unmut dementsprechend kundtun und ihn z.B. im Internet verbreiten.

Der einfache Kundenservice-Weg ist kurzfristig bequem und wirkt lange unbequem

Viele Mitarbeiter neigen bei der Erfüllung des versprochenen Kundenservice gerne dazu, es sich leichter zu machen. Während z.B. der Verkäufer jubelt, wenn er einen Auftrag an Land gezogen hat, sind oft die erfüllenden Handwerker nicht mehr mit voller Begeisterung dabei. Sie wissen ganz genau: Der Auftrag bedeutet für sie Mehrarbeit; teilweise auch unbequeme Arbeit. Viele machen es sich dann wirklich einfach und übersehen dabei, dass das kurzfristig Bequeme lange unbequem sein kann, wenn der Kunde nicht einverstanden und zufrieden ist. Ein nörgelnder Kunde, der sich beschwert, der keine Ruhe gibt, verursacht in der Firma letztendlich auch einen gewissen Imageverlust; auch Mehrarbeit. Es ist erwiesen, dass die ständige Bearbeitung von Reklamationen mehr Einsatz bedeutet, als hätte man es gleich richtig gemacht.

Die Baustein-Aktivierung

Man muss sich seiner Kundenservice-Handlungen bewusst sein

Wenn Sie im Kundenservice tätig sind, dann müssen Sie sich Ihrer Handlungen bewusst sein. Bitte checken Sie intern, ob Ihre Erwartungshaltungen denen der Verkäufer und der Geschäftsleitung entsprechen. Immer wieder mache ich die Erfahrungen, dass hier die Erwartungshaltungen oft stark auseinandergehen: Wie es sich die Geschäftsleitung vorstellt und wie der Verkäufer es dem Kunden sichtbar macht, so wird es von den erfüllenden Personen rund um den Kundenservice nicht gesehen. Hier muss eine eindeutige Einheit entstehen. Ist diese festgelegt, müssen sich alle erfüllenden Mitarbeiter exakt an die Kundenservice-Richtlinien halten, denn davon geht auch der Kunde aus.

Es geht nicht um verführerische Botschaften, sondern um Kundenerlebnisse

Folgendes muss Ihnen in einer Firma klar sein: In erster Linie geht es um Kundenerlebnisse. Wie schaffen Sie es, den Kunden mit gelebtem Service zu verblüffen, zu verzaubern und ihm Gutes zu tun? Genau darum geht es:

Er soll sich bei Ihnen wohl fühlen. Erreicht man diesen Zustand, dann wird man herumgereicht. Mit verführerischen Botschaften, die nicht vom Team gelebt werden, erreichen Sie genau das Gegenteil: Kunden werden sich von Ihrer Firma abwenden und erzählen ihre negativen Erfahrungen in der Zielgruppe weiter. Verführerische Botschaften wirken nur dann erfolgreich, wenn sie wirklich der Realität entsprechen.

Unser Kundenservice – die hakenfreie Zone

Beim Kundenservice darf es keinen versteckten Haken geben. Versprechen Sie nichts, was Sie nicht halten können! Das gilt für die gesamte Firma: den Chef, die Führungskräfte und die Mitarbeiter im Kundenservice. Jeder muss sich im Klaren sein: Die hakenfreie Zone rund um den Kundenservice ist nicht nur Pflicht, sondern eine Kür; sie veredelt die Firma am besten. Wer sich daran hält, bekommt immer den Kundenapplaus.

Top-Kundenservice = voller Einsatz

Natürlich klingt es aus der Sicht des Kunden immer super, wenn eine Firma einen erstklassigen Kundenservice offeriert. Auch für den Verkäufer ist es so leichter, einen Kunden zu gewinnen. Er muss dem Kunden letztendlich beweisen, dass seine Angebote besser sind als die der Konkurrenz. Dazu gehört ein besonderer MehrWert, und der definiert sich häufig über den Kundenservice. Dabei sollten Sie eines nie übersehen: Ein Top-Kundenservice einer Firma ist immer mit einem vollen Einsatz verbunden; ohne den geht es nicht. Das heißt: Die Führungskräfte und die Verkäufer müssen sicherstellen, dass die Mitarbeiter in der Firma bereit sind, den versprochenen Kundenservice zu erfüllen! Sind Sie bereit, dafür vollen Einsatz zu geben? Oder sind Schwachstellen vorhanden? Wenn ja, sind diese zu eliminieren, oder Sie können diesen Kundenservice nicht versprechen.

Werte im Wandel – Sind wir aktuell in der Zielgruppe „IN“?

Leitgedanke Führungskraft

Wer den Wertewandel beharrlich ignoriert, verliert

Ich mache leider oft die Erfahrung, dass Entscheidungsträger, die für das Firmenkonzept, die Kundengewinnung und -bindung uvm. verantwortlich sind, den **Wertewandel** beim Kunden **ignorieren**. Viele von ihnen sind schon länger in der Firma tätig. Die Firmen selbst sind ebenfalls schon länger erfolgreich auf dem Markt unterwegs, und daher ist alles aus ihrer Sicht optimal eingespielt. Großer Irrtum!

Sehr häufig erlebe ich es im Zuge meiner Firmentrainings, dass in den dafür geeigneten Besprechungen über die Werte im Wandel zu wenig gesprochen wird. Selten bis gar nicht schauen die Entscheidungsträger mit ihren Mitarbeitern nach, ob sie mit ihren Angeboten eigentlich noch für ihren Kunden *„IN“* sind. Das ist nämlich nicht immer der Fall. Trotzdem wird noch immer die alte Angebotsschiene weiter forciert.

Es muss Ihnen als Entscheidungsträger klar sein: Wer den Wertewandel ignoriert, verliert. Wer nicht weiß, was der Kunde will, kann auch nicht das anbieten, was dessen Vorstellungen entspricht. Sie müssen als Entscheidungsträger den Wertewandel im Griff haben. Sie müssen Ihr gesamtes Team permanent auf die Basis der Wünsche, Bedürfnisse und Sehnsüchte des Kunden ausrichten. Gelingt Ihnen dies nicht, verabsäumen Sie dies durch ignorierendes Verhalten, dann laufen Sie Gefahr, sich sehr schnell aus Ihrer vorhandenen Wettbewerbsfähigkeit zu katapultieren. Glauben Sie mir, das geht schneller als man glaubt. Selbst Großkonzerne müssen heute diese schmerzliche Erfahrung machen. Gerade die Onlinehändler, die wir in diesem Buch intensiv behandelt haben, machen es den etablierten klassischen Firmen wirklich schwer. Denn plötzlich ändert sich auch das Bestellverhalten des Kunden. Kunden sehen es als IN an, Produkte über das www von zu Hause aus optimal vergleichen zu können. Sie lieben es, die Beschaffenheit der Produkte genauer zu studieren, kleine Videos anzuschauen, wie das Produkt in der Anwendung wirkt. Ja, auch das gehört zum Thema Werte. Heute vernetzen viele intelligente Onlineanbieter ihre Produktaussagen mit verfügbaren, tiefergehenden Wertebotschaften. Es ist heute einfach, ein

Produkt mit Videos z.B. auf YouTube zu verzahnen, wo das Produkt in der Anwendung optimal präsentiert wird. Ich bin überzeugt, Sie kennen dies auch aus eigenen Erfahrungen. Viele Produkte, die erklärungsbedürftig sind, werden von Kunden in kurzen und aussagekräftigen Videoclips erklärt. Diese werden auch von diesen Kunden produziert und dann von ihnen ins Netz gestellt. Sie können auf dieses Video jederzeit von Ihrer Webseite aus verlinken. Sie könnten auch ein eigenes Video drehen uvm. Was heißt das? Werte im Wandel bedeutet auch: Wie mache ich mich sichtbar? Wie kann ich meinen Kunden eindeutig aufzeigen, dass ich wirklich „IN" bin?

Selbstverständlich müssen Sie zuallererst Ihre Hausaufgaben machen: Passt die aktuelle Zusammenstellung Ihrer Angebotspalette? Welche Werte sind nun für den Kunden wirklich wichtig? Sobald dies bekannt ist, muss der Handlungsprozess gestartet werden.

Wenn Sie, liebe Führungskraft, sich jetzt fragen: *„Ja, aber was haben denn Werte z.B. mit einem Videoclip, mit Botschaften zu tun? Passt das schon zusammen? Ich glaube, das bedeutet doch eher die Wertigkeit des Produktes, was es kann usw. Was hat das mit Kommunikation, mit Präsentation zu tun?"*, dann möchte ich es nochmals erklären.

Es geht heute nicht mehr nur darum, ein Produkt zu kaufen, sondern es geht auch um die **Anwendung**, um die **Wirkung des Produktes**. Das bezieht sich nicht nur auf technische Produkte, sondern auf alles. Beispiel Lebensmittel: Ein Kunde möchte sich heute ausgewogen ernähren, optimal mit Vitaminen versorgt sein, und zwar in der richtigen Kombination, sodass es zu keinen Mangelerscheinungen kommt. Das bedeutet: Es reicht nicht nur, das Produkt zu kaufen – er muss es auch richtig kombinieren! Das heißt: Er steht vor einer üppig gefüllten Obstabteilung, die wirklich alle Vitamine liefert; doch die Zusammenstellung entscheidet letztendlich darüber, ob er nun ausreichend mit den richtigen Vitaminen versorgt wird oder ob es zu Mangelerscheinungen kommt. Welche Wertigkeit ist für den Kunden wichtig? Dass Sie über ein ausreichendes, üppiges Obst- und Gemüseangebot im Geschäft verfügen oder ob Sie ihm zusätzlich erklären können, wie er einzelne Obst- und Gemüse-Sorten kombiniert? Ich bin überzeugt, Sie werden sich für das zuletzt Angeführte entscheiden. Sie wollen auch sicherstellen, dass ein optimaler Mix gewährleistet ist. Der MehrWert der Obst- und Gemüsesorten ist schon da; aber erst die Kombination aus den einzelnen Sorten führt zur optimalen Wirkung.

In einem früheren *„erfolgsfitCode"*-Baustein in diesem Buch haben wir auch die „Heimatliebe" behandelt. Auch sie ist ein Wert, der sich stark im

Wandel befindet. Der wichtigste Job bei der Kundengewinnung und -bindung für Sie als Entscheidungsträger ist daher, herauszufiltern: **Welche Werte** sind tatsächlich bei der **Zielgruppe** aktuell **IN**? Sobald das klar ist, müssen Sie permanent darauf achten, in der Lage zu sein, diese Werte zu erfüllen. Ich weiß, es ist nicht immer einfach, sich von liebgewonnenen Erfolgsrezepten im Verkauf zu verabschieden. Machen wir uns nichts vor: Der Verkauf ist letztendlich die Lebensquelle Ihrer Firma, Ihre Nahtstelle zum Kunden! Der Kunde ist 100 %ig der Mächtigste in Ihrer Firma, denn er entscheidet, ob Ihre Firma weiter existieren kann, ob sie sich prächtig entwickelt und vor allem, ob Erträge erwirtschaftet werden können. Wenn er Ihnen die rote Karte zeigt und Sie nicht schnell genug darauf reagieren können, ist das AUS bereits vorprogrammiert. Ich weiß, das sind harte Worte. Aber ich möchte Sie wachrütteln, indem ich Ihnen eindeutig aufzeigen will: Achten Sie auf die Werte im Wandel! Ignorieren Sie sie nicht und verschanzen Sie sich nicht in den Erfolgsrezepten aus der Vergangenheit. Diese werden in der Zukunft nicht mehr so wirken, wie es Ihren Vorstellungen entspricht. Sie müssen heute den Vorstellungen der Zielgruppe gerecht werden, damit Sie auch weiterhin „IN“ sind und bleiben.

Leitgedanke Mitarbeiter

„IN“ ist, wer konsequent ist

Werte im Wandel, liebe Mitarbeiter bedeutet: Sie müssen sich tagtäglich dafür engagieren, dass Sie in der Zielgruppe *„IN“* sind! Ich könnte mir vorstellen, das klingt unschön. Sie werden sagen: *„Das ist ja mit viel Arbeit verbunden. Muss ich da wirklich mit?“* Ja – denn dazu gibt es keine Alternative! Wenn Sie in einer Firma tätig ist, die bei der Zielgruppe NICHT IN ist, wird diese Firma über kurz oder lang verschwinden. Ihr Job ist somit gefährdet. Sie könnten zwar jetzt als Mitarbeiter sagen: *„Macht nichts, dann gehe ich zu einer anderen Firma.“* Doch dort treffen Sie auf die gleiche Ausgangsposition: Leistung trifft Gegenleistung! IN trifft auf OUT.

Ich weiß natürlich, damit Sie „IN“ sind, müssen Sie sich enorm engagieren. Der Kunde will eindeutig erkennen, dass Sie seine Werte erfüllen. Dass Sie bereit sind, sich für diese Erfüllung zu engagieren. Dass Sie in Ihren Angeboten einen MehrWert anbieten, von dem er gegenüber der Konkurrenz zusätzlich profitiert. Es dreht sich also alles um den *„Nutzen“*, den sich der Kunde erwartet und den Sie anbieten können.

Ihr ganzes Leben, liebe Mitarbeiter, ist von diesem IN-und-OUT-Spiel geprägt. Wenn dann noch Werte im Wandel stehen, müssen Sie sich zusätzlich engagieren, dass Sie nicht auf der Strecke bleiben. Falls Sie jetzt noch Zweifel haben, möchte ich Ihnen ein Beispiel präsentieren: Sie alle kennen es, und es bestätigt Ihnen eindeutig, wie wichtig es ist, dass Sie sich mit den Werten im Wandel auseinandersetzen und bereit sind, sich mitzuverändern und sich für deren Erfüllung zu engagieren. Sie wollen eine Partnerin / einen Partner erobern. Sie wollen das Herz einer Frau / eines Mannes für sich gewinnen. Was machen Sie dann? Sie werden sich dem anderen Geschlecht sehr attraktiv präsentieren. Sie wissen, dass sich die Modeerscheinungen, das Verhalten usw. ständig im Wandel befinden. So wie man in den 50er, 60er und 70er Jahren das andere Geschlecht erobert hat, wird man es heute kaum mehr machen. Ihr Aussehen, Ihr Verhalten usw. hat sich total verändert. Das beginnt schon damit, dass Sie heute mit einem Partner, den Sie gerade erobern oder schon erobert haben, ganz anders kommunizieren. Mobile Endgeräte wie das Smartphone, die dazugehörigen sozialen Netzwerke usw. ermöglichen einen ganz anderen Aufbau einer Beziehung, als das vor 20, 30 Jahren der Fall war.

Sind wir uns ehrlich, liebe Mitarbeiter: Hier erkennen wir doch alle, dass sich die Werte wirklich in einem ständigen Wandel befinden. Wollen Sie auf das andere Geschlecht attraktiv wirken, müssen Sie diese Werte beachten – ob Sie wollen oder nicht! Natürlich können Sie sie ignorieren, doch dann verlieren Sie. Nicht nur Sie sind unterwegs und buhlen darum, dass eine neue Partnerschaft entstehen kann – andere versuchen genauso ihr Glück. Letztendlich wird der gewinnen, der mit seinen Werten attraktiv auf das Gegenüber trifft und dementsprechend wirkt. Wollen Sie derjenige sein, müssen Sie exakt wissen: Was ist beim Gegenüber *„IN“*?

Ich bin mir fast zu 100 % sicher, dass Sie jetzt sagen werden: *„Naja, da hat der Herr Panhölzl Recht.“* Sie werden mich also verstehen, wenn ich sage: *„Es ist für mich sehr schwer nachvollziehbar, warum so viele gerade dann in der Wirtschaft diese Wichtigkeit ignorieren, wenn es darum geht, ihre Firma werteorientiert Richtung Zielgruppe auszurichten.“* Es handelt sich dabei exakt um den gleichen Ablauf, wie wenn Sie privat versuchen, für sich einen Partner zu gewinnen.

Wer also *„IN“* sein will, muss innerlich bereit sein, tagtäglich konsequent das zu tun, was getan werden muss, damit dieser Zustand erreicht wird und abgesichert bestehen bleibt.

Die Baustein-Herausforderung

Viele Firmen ignorieren den stetigen Wertewandel beim Kunden

Gerade Firmen, die bereits seit längerer Zeit am Markt tätig sind, übersehen in der Ausübung des Alltagsgeschäftes sehr häufig den Wertewandel beim Kunden. Er ist stets vorhanden und setzt sich immer fort. Sie als Anbieter haben immer die Verpflichtung, die Werte des Kunden ernst zu nehmen und Ihre Angebotspalette nach ihm auszurichten. Wer dies ignoriert, verliert Kunden an die Konkurrenz.

Wertewandel bedeutet immer auch Verluste

Wenn sich Werte beim Kunden ändern, kann das zu einem Ertragsverlust seitens des Kunden führen. Die Auslastung nimmt ab. Der Kunde ist nicht mehr bereit, sich für die Firma zu engagieren, weil die Konkurrenz ein besseres Angebot hat, uvm. Diese Entwicklung wird von vielen Firmen als total negativ eingestuft – sie ist es aber nicht! Natürlich ist das nicht gerade ein positives Erlebnis, wenn man bemerkt, dass die Veränderung auf meinen Umsatz, meinen Ertrag usw. negative Auswirkungen hat. Jedoch müssen wir akzeptieren: Es ist der Lauf der Zeit! Ich bin der Meinung, man sollte nichts negativ einstufen. So ist es einmal: Es gibt ständig diese Wertewandel. Daran herumzudoktern, sie als negativ zu empfinden oder sogar als Bedrohung einzustufen, ist eigentlich Quatsch. Warum sage ich das so direkt? Weil bestimmte Verkäufer diesbezüglich wirkliche Jammerlappen sind. Immer erzählen sie: *„Ja, der Kunde hat sich geändert, er ist mit dem Preis so brutal unterwegs“*, usw. Ja, das ist richtig! Doch das weiß man: Kunden verändern sich! Ihre Werteeinstellungen verändern sich. Wenn der Markt anderes anbietet und der Kunde das bevorzugt, haben Sie das Nachsehen. Wichtig ist vielmehr, dass Sie das ernst nehmen. Das ist auch schon der Haken, den man in vielen Firmen vorfindet. Ihn zu ignorieren – das muss Ihnen klar sein – kann bei vielen Firmen zum sicheren Tod führen. Wenn der Kunde nicht mehr die Werte Ihrer Firma annimmt, die Konkurrenz bevorzugt, sind Sie eines Tages auf verlorenem Posten. Quelle, Schlecker, Cosmos und viele Klein- und Mittelbetriebe, die ähnlich strukturiert waren, haben ihre Uneinsichtigkeit rund um das Thema Wertewandel tatsächlich mit dem bitteren Ende bezahlt.

Erkennt der Kunde die wirklichen Werte Ihrer Angebote?

Wenn sich der Kunde in seiner Wertehaltung verändert, ist es wichtig, dass er Ihre Werte, die er eigentlich will, auch als solche erkennt. Viele Firmen machen sogar bestens beim Wertewandel mit, vergessen aber oft darauf, dass sie diese neuen und auch die bestehenden besonderen Werte dem Kunden eindeutig und somit für ihn nachvollziehbar präsentieren. Das passiert auch sehr stark beim bestehenden Kunden. Hier existiert die Gefahr, dass man den bestehenden Kunden fast schon als Umsatzautomatik sieht. Er bestellt ja regelmäßig; das macht er seit vielen Jahren. Was soll da schiefgehen? Selbstverständlich, zu gewissen Anlässen – z.B. Klassiker Weihnachten – schickt man ein kleines Geschenk oder bedankt sich in irgendeiner Form. Ab und zu meldet man sich auch während des Jahres. Doch das ist zu wenig. Sie müssen auch aufpassen: Was macht die Konkurrenz? Wie umwirbt die Konkurrenz Ihre Kunden mit den Werten, die sie anbieten kann? Wenn dann die Werte der Konkurrenz besser auf Ihren Kunden wirkt, dass Sie den Wertewandel vielleicht doch irgendwo ein wenig ignoriert haben, kann sehr schnell ein Wechsel erfolgen bzw. ist es fast unmöglich, einen neuen Kunden zu gewinnen.

Wertespielereien können für eine Firma sehr teuer werden

Eines erlebe ich in der letzten Zeit sehr häufig: Firmen versuchen permanent ihre Werte zu verändern. Das komplette Werteprofil wird dadurch ständig beeinflusst. Irgendwann einmal weiß der Kunde gar nicht mehr, wofür die Firma steht. Bitte Hände weg! Sie können doch die Grundwerte Ihrer Firma nicht permanent verändern! Sie können sie maximal optimieren und eine Veränderung aufbauend auf das Bestehende zulassen. Wenn Sie für Qualität, einwandfreie Ware, einen tollen Kundenservice gestanden sind, und dann gehen Sie in Richtung Kosteneinsparung, alles an Kundenservice wird heruntergefahren, um preislich mit der Billigkonkurrenz mithalten zu können, kann das sehr schnell ein Schuss nach hinten sein. Verwechseln Sie also nicht Werte im Wandel mit Kaputtsparen. Der ständige Werte-Totalumbau der Firma führt immer zur Orientierungslosigkeit beim Kunden. Der Kunde muss schon wissen, wofür Sie eindeutig stehen. Wenn Sie diesbezüglich zu viele Spielereien zulassen, verlieren Sie nicht nur treue Kunden, die Ihre Werte akzeptiert haben, sondern Sie werden bei Neukunden eine schwammige Präsentationsspur hinterlassen, die verhindert, dass er zu Ihnen JA sagen kann.

Die Baustein-Aktivierung

Werte sind immer in Bewegung

Akzeptieren Sie: Werte bewegen und verändern sich ständig und werden sich in diesem Ausmaß auch auf Ihre Firma auswirken. Wer ständig am Puls des Kunden, des Internets, des Marktes agiert; schaut, was die Konkurrenz macht und darauf achtet, dass man selbst im Wertebereich wettbewerbsfit ist, macht beim Kunden immer eine gute Figur. Wer sich dafür keine Zeit nimmt, serviert der Konkurrenz die eigenen und potentiellen Kunden auf einem Silbertablett.

Heute Schmerzen – morgen Erfolg

Ab und zu muss man sich auch von liebgewonnenen Abläufen, Werten, Angebotsstrukturen uvm. verabschieden. Der Zyklus ist Teil unseres Lebens. Diesen gibt es beim Produkt genauso wie bei den Dienstleistungen. Ihn zu ignorieren ist immer tödlich, weil der Kunde sich sofort für die Konkurrenz entscheidet. Der Kunde kann heute extrem schnell wechseln, weil er auch die Konkurrenz besser erkennt. Früher waren Kunden von Natur aus loyaler, und manchmal hatten sie auch gar keine Chance, zu einem anderen Anbieter zu wechseln. Man hatte auch keine Impulse erhalten, die einen als Kunden aufgeweckt und ihm eindeutig vermittelt haben: *„Komm, tu es!“* Heute ist das ganz anders. Kunden werden ständig umworben zu wechseln, und es werden ihnen dabei tolle Werte angeboten. Natürlich kann es in der Wertewelle passieren, dass Erträge nachlassen, dass die Auslastung nicht gleich passt, dass man das Team auf das Neue einstellen muss. Das kann auch aktuell zu Schmerzen führen. Verkäufer können davon ein Lied singen, weil sie sich plötzlich ganz anders präsentieren sollen, als das früher der Fall war. Es ist auf einmal nicht mehr so einfach, Kunden zu überzeugen. Zögern Sie trotzdem nicht! Nehmen Sie die kurzfristigen Veränderungen und auch Schmerzen, die damit verbunden sind, in Kauf – hinten erwartet Sie der Erfolg. Das tatenlose Zusehen kann vielleicht kurzfristig bequemer sein, langfristig aber entstehen chronische Schmerzen, da die Werteverluste irreparabel geworden sind.

Die wahren Werte mit Erfüllungsgarantie kommunizieren

Zeigen Sie dem Kunden **bitte immer** eindeutig auf, welche Warenwerte Sie haben. Der Wahrheitsgehalt ist besonders wichtig. Dazu gehört auch die Erfüllungsgarantie. Kunden möchten wissen, für welche Werte Sie stehen. Passen Sie zu ihren aktuellen Wertevorstellungen und können diese auch optimal erfüllt werden? Ist dies stimmig, bekommen immer Sie den Vorzug gegenüber jener Konkurrenz, die das nicht bieten kann.

Nicht ständig und brutal das Wertefundament Ihrer Firma verändern!

Jede Firma steht ab der Gründung für etwas. Diese besonderen Werte können nicht so einfach über Bord geworfen werden. Man kann sie anpassen und verändern; doch man hat sich für eine bestimmte Philosophie, für ein gewisses Leitbild entschieden. Wenn Sie für besondere Qualität, einen besonderen Service uvm. stehen, so müssen Sie auch die Werte in der Zukunft in diese Richtung anpassen. Ich habe bei den Herausforderungen eindeutig unterstrichen: Der Wertewandel heißt nicht, sich ständig komplett neu zu erfinden, sondern er setzt auf Bestehendes auf. Wertewandel heißt auch: der Wertewandel in Ihrer Zielgruppe. Ich darf keinesfalls anfangen, die Zielgruppen zu mischen. Denn jede Zielgruppe zeichnet sich durch ein bestimmtes Wertemuster aus. Wichtig ist, dass der Kunde klar erkennt: Für welche Werte stehen Sie? Selbstverständlich liebt er die Optimierung und die Anpassungsfähigkeit an seine neuen Wertevorstellungen; diesen müssen Sie gerecht werden. Das erwartet sich der Kunde von Ihrem Werteprofil. Was er sich nicht erwartet, ist, dass Sie Ihre Firma so umbauen, dass er sich gar nicht mehr auskennt und die einstigen positiven Werte plötzlich nicht mehr existieren. Werteveränderung JA – aber mit Bedacht und nie gegen die eigenen Wertegrundprinzipien!

Der Kunde – der Preis = Leiden oder Lust?!

Leitgedanke Führungskraft

Den Leidensweg lustvoll zu gestalten, ist Aufgabe der Unternehmensführung

Sie haben richtig gelesen; ich meine es wirklich ernst! Sorgen Sie als Entscheidungsträger in Ihrer Firma dafür, dass sich niemand mehr bei den oft dummen Preisspielen mit der Konkurrenz verletzt. Ich habe bereits in einigen *„erfolgsfitCode"*-Bausteinen immer passend zum Thema über den Preis gesprochen und Ihnen dabei aufgezeigt, dass nicht der Kunde der Verursacher von negativen Wellen ist, sondern wir, die Anbieter, sind es.

Die Unternehmensführung ist verantwortlich, dass Sie aus einer vorhandenen negativen Spirale ausbrechen können. Sagen Sie bitte nicht: *„Das geht nicht!"* Ganz im Gegenteil! Ich präsentiere im Zuge meiner Seminare und Vorträge in unterschiedlichen Branchen Vorzeigeunternehmen, die genau das geschafft haben. Einige Beispiele gefällig? Gerne:

Zotter hat es als Schokoladeproduzent geschafft, gegen die übermächtige Konkurrenz erstklassige Qualität zu einem hohen Preisniveau am Markt zu etablieren.

Apple wurde vom Nischenanbieter zur wertvollsten Firma der Welt; die Produkte verkauft, an die niemand glauben wollte. Für die es laut den damaligen Experten keinen Markt gab. Dieses Unternehmen hat aktuell 120 Milliarden Dollar Cash in der Kriegskassa (Stand: September 2012). Sämtliche Produkte von Apple entsprechen hoher Qualität, einem extrem edlen Design und sind ebenfalls hochpreisig.

Modedesigner wie mein gern zitiertes Beispiel Lagerfeld beweisen uns permanent, dass sie hochpreisige Mode in der Zielgruppe in unglaublichen Mengen verkaufen können. Selbst Aktionen wie Lagerfeld bei H&M haben diesen Trend bestätigt. Denn natürlich war die angebotene Mode bei H&M günstiger als die Haute-Couture-Mode, die er sonst verkauft. Aus der Sicht eines typischen H&M-Kunden war die Mode gegenüber der normalen H&M-Kollektion aber sehr teuer.

Ich könnte, liebe Führungskraft, die Liste noch um einiges verlängern. Ich bin jedoch davon überzeugt, dass Sie längst wissen, wovon ich spreche: Sie müssen darauf achten, dass der **Preis nicht** der **Leidensweg** in Ihrer Firma ist; dass sich nicht ständig alles nur um den Preis dreht. Genau das ist aber oft der Fall. Bei vielen Firmentrainings muss ich leider eine solche Entwicklung feststellen: Alles dreht sich um den Preis. Viele in der Firma sind der Meinung: *„Die Produkte sind gut; unser Angebot ist gut usw., es spießt nur beim Preis. Dazu gehört auch der bekannte Beratungsdiebstahl: Das heißt, die Kunden sind heute bereits sehr dreist. Sie holen sich bei uns das Know-how, lassen sich optimal beraten, nehmen noch Pläne mit, und dann gehen sie zum Billiganbieter und kaufen dort."*

Alles richtig. Ich möchte es klipp und klar auf den Punkt bringen: Ich will nicht, dass Sie eine rosarote Brille aufsetzen. Ich will Sie nicht in diese Richtung animieren. Ich habe hier nur mit den vorher genannten Beispielen eindeutig bewiesen: Es geht, wenn Sie wollen. Ich weiß, das ist eine **gewaltige Herausforderung**. Doch Sie können diesen Job an niemanden delegieren. Stellen Sie sich bitte einmal vor: Wie muss sich z.B. ein Zotter fühlen, wenn er sich die übermächtige Konkurrenz rund um die Schokolade im Handel ansieht. Jeder vernünftig denkende Unternehmer, jede Führungskraft wird wahrscheinlich sofort sagen: *„Das ist unmöglich. Noch dazu mit diesen aberwitzigen Geschmacksrichtungen."* Heute kann man es aber nicht mehr sagen, weil Zotter es erfolgreich geschafft hat.

Werten Sie Ihre Preispolitik auf, indem Sie sie lustvoll gestalten! Was heißt das? Ganz einfach: Sie müssen für den Kunden mit Ihren Preisvorstellungen attraktiv werden. Genau das ist für mich der Haken. Nicht der Preis darf den Takt vorgeben, sondern er ist ein Teil Ihres Angebotes. Bei vielen Firmen geht das sogar so weit, dass der Kunde sogar besonders schätzt, dass die Firma mehr verlangt. Nehmen wir das Beispiel Swarovski. Wir wissen, viele dieser wunderbaren Kristallfiguren sind sehr teuer; sie werden aber weltweit hoch geschätzt. Sie verstehen längst, was ich meine. Es geht darum, wie Sie sich anbieten; wie lustvoll Sie auf den Kunden wirken. Natürlich ist damit auch eng verbunden, dass nicht jeder Kunde zu Ihnen passt. Das muss man akzeptieren. Genau da machen viele Unternehmer mit ihren Führungskräften einen gewaltigen Fehler: Sie wollen immer den ganzen Markt erobern. Das geht nicht! Es kann auch in der Nische bequem sein. Es reicht vielleicht auch das Marktkuchen-Stück von 10, oder 20 %, und 80 % der Zielgruppe sind für Sie uninteressant.

Das Wichtigste ist und bleibt: Die Unternehmensführung muss darauf achten, dass sich das Team nicht permanent am Preis verletzt. Wenn Sie jetzt sagen: *„Ja, schön gesagt, Herr Panhölzl; aber das ist eine Mammutauf-*

gabe!“ Dann sage ich: *„Ja, Sie haben Recht.“* Nur: Sie haben sich entschieden und Sie sind Unternehmer geworden. Sie sind die Führungskraft in einer Firma. Wem wollen Sie diese Aufgabe umhängen? Wer soll für Sie diese Herausforderung bewältigen? Machen Sie sich doch nichts vor und belügen Sie sich bitte nicht! Sie müssen es tun – es ist Ihr Job! Denn natürlich gibt es wie vorher beschrieben Preisprobleme. Doch es ist Ihr Job, dass diese nicht zu einem dauerhaften, chronischen Problem werden.

Viele Unternehmer, viele Führungskräfte verteidigen sich in meinen offenen Seminaren permanent mit den Argumenten: *„Was soll ich tun? Ich bekomme den Preis nicht mehr durch.“* Ganz einfach: Entweder Sie finden eine Lösung oder Sie müssen zusperren! Ich meine es wirklich ernst. Nicht, weil ich gegen Sie bin, sondern weil das ganz normal der Ablauf des Weges ist, den Sie dann einschlagen. Wenn Sie bei der Zusammenstellung und der Entwicklung Ihres Firmenkonzepts mit allen damit verbundenen Produkten und Dienstleistungen keine Antwort auf die negative Preiswelle finden, dann ist das AUS vorprogrammiert. Viele schrecken nur deswegen zurück, weil sie nicht bereit sind, der Konsequenz ins Auge zu sehen. Sie müssen es aber tun! Denn es ist so, wie ich es gesagt habe: Wenn Sie keine wirkungsvolle Antwort finden, heißt das, dass die Firma zusperren muss. Machen wir uns doch bitte nichts vor: Wenn Ihre Verkaufsmitarbeiter unter den aktuellen Preisvorstellungen, die Sie aber benötigen, nicht mehr verkaufen können, ist das drohende AUS unabwendbar.

Ich weiß, es ist keine einfache Aufgabe. Es ist aber eine, die Sie in der Unternehmensführung lösen müssen!

Die angeführten Beispiele haben gezeigt – vom kleinen Unternehmen bis zum weltweit umspannenden Konzern –: Ws ist möglich! Ich möchte noch mal betonen: Auch Apple, die – während ich dieses Buch schreibe – wertvollste Firma der Welt, war ein Nischenanbieter. Sie hatte inkompatible Geräte und stand ein paar Millimeter vor dem Konkurs. Das damals amtierende Management hatte keine Antwort mehr auf das drohende AUS. Sie holten den einstigen Firmengründer wieder zurück an Bord, nachdem sie sich Jahre zuvor getrennt hatten. Er brachte nicht nur frisches Geld mit, sondern auch den notwendigen frischen Wind. Extreme Innovationsbereitschaft und damit verbunden den Mut, am Markt das neue Firmenkonzept auch durchzuziehen. In dieser Phase war der Leidensweg vielleicht für viele sehr hoch. In dieser Phase haben wenige auf Steve Jobs und Apple gesetzt. Heute kann man in der Rückblende leicht darüber sprechen und staunt über diesen gewaltigen Erfolg. Aber er ist erreichbar, wenn Sie in der Unternehmensführung die Weichen so stellen, dass er erreichbar wird.

Leitgedanke Mitarbeiter

Nicht der Preis entscheidet, sondern die kundenorientierte TEAM-Erfüllung

Ich darf Sie wieder einmal bitten, kurz den *„Leitgedanken Führungskraft“* durchzulesen. Ich habe dort eindeutig aufgezeigt, wie wichtig es ist, dass der Preis lustvoll gestaltet wird, das Team ihn auch so fühlt und dass dabei gleichzeitig sämtliche Leidenswege eliminiert werden. Wenn Sie als Mitarbeiter im Verkauf tätig sind, dann weiß ich natürlich ganz genau, dass Sie tagtäglich auch mit den Preisvorstellungen des Kunden zu kämpfen haben. Der Preis ist wirklich oft ein Leidensweg in einer Firma. Sie sollten daran mitwirken, dass alle aus diesem Leidensweg ausbrechen können. Natürlich ist das in erster Linie – und das werden Sie beim *„Leitgedanken Führungskraft“* gelesen haben – ein Job, der von der Unternehmensführung zu erfüllen ist. So weit, so gut. Sie können es sich jetzt jedoch nicht bequem machen und sagen: *„Na wunderbar. Die Unternehmensführung muss das Problem lösen, und ich schaue dabei zu.“* **Sie** sind **Teil der Lösung**. Sie sollten daran mitwirken, dass das Angebotsniveau derart gehoben wird, dass es den Preisvorstellungen Ihrer Firma entspricht.

Was meine ich damit? Nicht der Preis entscheidet, sondern die kundenorientierte Team-Erfüllung. Sie als Mitarbeiter tragen hier eine wichtige Verantwortung. Es geht darum, dass der Kunde durch Ihr tägliches Tun eindeutig erkennt: Ihr Preisniveau ist gerechtfertigt, weil er dafür etwas erhält, das nicht nur seinen Vorstellungen entspricht, sondern diese werden bei Weitem positiv übertroffen.

Kein Mensch auf dieser Welt – das habe ich schon vor vielen Jahren bei Vorträgen und Seminaren präsentiert – hat ein Preisgefühl. Wir alle haben nur eins. Der Preis ist also nur ein Puzzleteil, mit dem man die Wertigkeit beeinflussen kann. Eines ist klar: Wenn Sie mit der Konkurrenz total vergleichbar sind, spielt natürlich der Preis eine sehr dominante Rolle; im schlimmsten Fall sogar die alles entscheidende. Wenn Sie andere Werte mit ins Rennen schicken, kann sich Ihre Firma durch diese optimal von der Konkurrenz abheben. Der Kunde wird dann nicht mehr nur auf der Preisschiene dahinfahren, sondern er wird auch die anderen Wertigkeiten bei seiner Entscheidung berücksichtigen.

Kommt es zum JA des Kunden, ist jedoch eines klar: Er wird besonders darauf achten, dass nun die Wertigkeit erfüllt wird. Machen Sie es sich und Ihren Verkaufskollegen leichter, indem Sie wirklich bereit sind, alles zu geben, damit eine kundenorientierte Team-Erfüllung gewährleistet ist. Nur so ist es auch der Unternehmensführung möglich, dass aus einem Leidensweg ein lustvoller Weg wird. Ihre Bereitschaft, sich für den Kunden tagtäglich zu engagieren, entscheidet, ob Leiden oder Lust den Alltag in Ihrer Firma prägt.

Die Baustein-Herausforderung

Den Preis lustvoll schmackhaft machen ist eine oft vernachlässigte Kunst

Natürlich sagen gerade Verkäufer und zuständige Führungskräfte: *„Beim Angebot dreht sich alles um den Preis."* Das ist richtig. Ich zitiere seit Jahren unter anderem Prof. Dr. Schnedlitz, der im Zuge einer Enquete vor 1500 Wiener Unternehmern sinngemäß Folgendes sagte: *„Hier ist die Wirtschaft Täter und Opfer zugleich. Wir haben den Kunden zum Schnäppchenjäger erzogen. Wir brauchen uns nicht wundern, dass der Kunde nun den Preis so stark favorisiert."* Genau das müssen wir auch akzeptieren, wenn wir unser Angebot schnüren. Der Kunde in der Wirtschaft wurde von uns in diese Richtung trainiert. Selbstverständlich können Sie für Ihre Firma in Anspruch nehmen: Sie können nichts dafür. Sie haben immer die Werte präsentiert. Für Sie war es wichtig, Ihr geliebtes optimales Preis-Leistungs-Verhältnis in Stellung zu bringen. Das ist für Sie ohnehin vorteilhaft. Nur eines dürfen Sie dabei nicht übersehen: Die Wirtschaft hat den Kunden so geprägt! Ihre Kunst besteht darin, den Kunden tatsächlich vom optimalen Preis-Leistungs-Verhältnis zu überzeugen. Das ist bei vielen Verkäufern und Entscheidungsträgern eine oft sehr vernachlässigte Aktivität. Denn eines wissen wir doch alle im Verkauf: Es geht um die Kauflust des Kunden. Wir als Anbieter müssen dafür sorgen, dass unser Preis-Leistungs-Angebot wirklich optimal ist, dass wir dem Kunden den Preis lustvoll und schmackhaft machen. Das heißt, er akzeptiert den Preis für die Werte, die er erhält. Doch leider ist das in vielen Verkaufsgesprächen und schriftlichen Angeboten Mangelware.

Der Preisleidensweg ist immer hausgemacht

Wenn sich manche Verkäufer und Führungskräfte beschweren, dass sie vom Kunden oft die rote Karte bekommen; dass Sie bemerken müssen, dass die Konkurrenz besser ist – z.B. Stichwort: öffentliche Ausschreibungen –, dann sage ich immer: *„Wo liegt das Problem?"* Dann folgen jede Menge Punkte und damit verbunden auch schwer überwindbare Hürden, die ihnen das Leben z.B. im Zuge eines Verkaufsgesprächs schwer machen. Ich frage noch einmal: *„Wo liegt das Problem?“* Oft schauen mich dann die Teilnehmer verwundert an, weil sie ja gerade ausführlich aufgelistet haben, wie sie der Kunde quält. Ich sage: *„Damit Sie mich richtig verstehen: Wo liegt das Problem?“*, und das heißt für mich: Das wussten Sie doch schon, bevor Sie mit dem Kunden Kontakt hatten bzw. bevor Sie ihm ein Angebot geboten haben. Wir dürfen uns hier nicht selbst täuschen. Wir wissen doch, wie der Markt funktioniert. Wir kennen unsere Konkurrenten. Wir wissen, dass bei öffentlichen Ausschreibungen ein gewisses Profil vorhanden ist, dem wir folgen müssen. Wir wissen, dass der Bestbieter zum Zug kommt, was leider oft heißt, der Billigstanbieter. Das bedeutet also, der Preisleidensweg, den wir täglich fühlen, ist hausgemacht, denn man spricht oft über Probleme, die bereits bekannt sind. Man sollte sich doch vielmehr darüber unterhalten: Welche Rezepte schicken wir ins Rennen, damit wir aus dieser negativen Welle herauskommen? Es kann also auch durchaus Sinn machen, wenn sich z.B. eine Baufirma nicht mehr um öffentliche Aufträge bemüht, weil man ohnehin erkennt, dass man keine gute Chance hat. Dann konzentriert man sich auf andere Bereiche, z.B. auf den privaten Hausbau. Ich kenne Firmen, die haben diesbezüglich alles umgestellt. Früher hatten sie 80 % öffentliche Ausschreibung und 20 % Privatanteil. Heute ist es umgekehrt oder die öffentlichen Angebote gehen sogar gegen Null. Weil man in der Firma einfach erkannt hat: Man hat dabei keine Chance! Das heißt bitte: Achtung! Wir dürfen uns nicht selbst verblenden! Viele wissen bereits vorher, was beim Kunden live passiert.

Die Preispolitik in der Firma spielt eine oft untergeordnete Rolle

Ich erlebe es leider immer wieder, dass sich die verantwortlichen Personen rund um die Kundengewinnung und Kundenbindung zu wenig Zeit für die exakte Festlegung einer vernünftigen Preispolitik nehmen können, die sie dem Kunden anbieten. Sie können es drehen und wenden, wie Sie wollen: Im Liveakt ist das dann zu spät. Sie müssen gut überlegt vorher in der Firma festlegen, für welche Preispolitik Sie sich entscheiden und wie Sie diese beim Kunden umsetzen. Sie wissen, am Markt gibt es in jeder Branche meistens alles: vom Luxuslevel bis zum Tiefstpreisanbieter. Die Frage ist immer: Wie positionieren Sie sich und können Sie Ihre Position dem Angebot suchenden Kunden schmackhaft machen?

Ohne Werteerlebnisse kein optimales Preis-Leistungs-Verhältnis

Egal ob Discounter oder Luxuslevel – der Kunde will immer Werte erleben! Man muss als Firma immer gewährleisten, dass man stets ein optimales Wertepaket schnürt, welches in ein optimales Preis-Leistungs-Verhältnis mündet. Das heißt: immer an der Zielgruppe orientiert und unter Berücksichtigung der Möglichkeiten, die Ihnen als Firma bei der Paketzusammenstellung zur Verfügung stehen. Wenn am Ende das Werteerlebnis herauskommt, wird der Kunde immer JA sagen, weil er sich durch ein optimales Preis-Leistungs-Verhältnis immer angesprochen fühlt. Ich darf nur in der Vorarbeit – das ist das Wichtigste – keine Fehler machen. Dann hat man es in der Livesituation um einiges einfacher.

Die Baustein-Aktivierung

Kunden lieben Ihren Preis, wenn sie die inneren Werte erkennen

Sie können Ihren Preis nur dann lustvoll und schmackhaft machen, wenn die Zielgruppen die inneren Werte Ihres Angebotes erkennen. Diese müssen 1:1 den Vorstellungen des Kunden entsprechen. Noch besser können Sie punkten, wenn Sie nicht nur diese Welle erfüllen, sondern noch etwas draufsetzen; wenn Sie bewusst einen AHA-Effekt einbauen. Das heißt, dem Kunden noch etwas anbieten, mit dem er nicht gerechnet hat, das für ihn aber etwas ganz Besonderes darstellt. Schaffen Sie diese Welle, dann sind Sie gegenüber der Konkurrenz erstklassig wettbewerbsfähig. Vernachlässigen Sie diese wunderbare Kunst der Preisgestaltung und des Paketschnürens, dann überlassen Sie den Kunden der Konkurrenz, die es besser macht.

Kunden kalkulieren nicht

Machen Sie bitte den Kunden nie wieder für Ihren Preisleidensweg verantwortlich – das hat er sich nicht verdient! Ein Kunde kalkuliert nicht. Sie bieten an, Sie buhlen um die Gunst des Kunden. Wenn es der Mitbewerber besser kann als Sie, dann waren Sie nicht gut genug. Schauen Sie der Realität ins Auge und belügen Sie sich nicht! Wenn Sie beim Schnüren Ihrer Angebote mit dieser Einstellung vorgehen, werden Sie am Ende eine bessere Figur machen als die Konkurrenz.

Ihre Preispolitik entscheidet das Kundenverhalten

Ihre Preispolitik entscheidet tatsächlich, wie sich der Kunde verhält. Nehmen Sie sich für eine wettbewerbsfähige Preispolitik ausreichend Zeit. Hier greift wunderbar die Dachmarke meiner Firma. Immer wieder erwähne ich es: Der Name SimulationsManagement ist vom Flugsimulator abgeleitet. Dazu gibt es folgende Kernbotschaft von mir: *„Liveabstürze können tödlich sein – simulierte nicht!"* Diese wichtigste Grundphilosophie unserer Marke, die wir täglich leben und Firmen bitten, sie zu akzeptieren, wirkt ganz besonders rund um das Thema Preispolitik. Live stürzen Sie immer ab,

wenn Sie kein konkurrenzfähiges Angebot haben. Als Profi in Ihrer Branche wissen Sie, wie der Markt ungefähr aussieht. Dass Sie total danebenliegen, ist eigentlich unmöglich. Meine Empfehlung: Nehmen Sie sich genügend Zeit im Trockendock und checken Sie in Simulationen, ob Ihre Preispolitik dem Konkurrenzkampf standhält. Wenn JA, dann werden Sie auch in der Livesituation beim Kunden gegenüber der Konkurrenz punkten.

Das Werteerlebnis im Kundendialog beeinflusst am stärksten das Einkaufsverhalten des Kunden

Nicht der Preis beeinflusst Kunden! Das ist ein großer Irrtum vieler Verkäufer und Entscheidungsträger, die z.B. für das Marketing der Firma verantwortlich sind. Es geht um das Werteerlebnis! Entsprechen Ihre Firmenwerte den Vorstellungen des Kunden, gibt er Ihnen den Vorzug. Akzeptieren Sie dieses Einkaufsverhalten des Kunden und berücksichtigen Sie es, wenn Sie das Werteerlebnis Ihrer Firma zusammenstellen und anschließend täglich leben.

Wo ist meine Zielgruppe?

Leitgedanke Führungskraft

Immer am Ball bleiben

Als Führungskraft wissen Sie, dass Produkte und auch Dienstleistungen einem Lebenszyklus unterliegen. Es ist sehr häufig so, dass Produkte, auch wenn sie einmal der Star in Ihrem Angebot waren, ein Ablaufdatum haben. Es gibt natürlich immer wieder die großen Ausnahmen: Klassiker, die hundert Jahre und mehr existieren. Die meisten Produkte haben jedoch einen Zyklus, der irgendwann einmal zu Ende geht. Er beginnt mit der Entwicklung und dann der Produkteinführung; wenn alles gut läuft, kommt es zu einem richtigen Hype; das Produkt kommt in Ihrer Zielgruppe sehr gut an, und dann flacht das Ganze wieder ab, bis das endgültige AUS droht.

Ähnlich verläuft es, wenn auch mit anderen Geschwindigkeiten, bei Ihrer Zielgruppe. Leider ignorieren viele Führungskräfte in den letzten Jahren diese Entwicklung mit steigender Tendenz. Sie verlieren plötzlich ihre Zielgruppe, weil die Angebotsstruktur nicht mehr zu ihnen passt. Sie müssen akzeptieren, dass sich Zielgruppen permanent verändern. Wie kann das in der Praxis aussehen? Schauen wir uns das einmal an einigen Beispielen an:

Sie haben ein Geschäft mit einem fixen Standort; dann werden Sie in erster Linie jene Zielgruppe bewerben, die sich um Ihren Standort aufhält. Dazu gehört auch die Zielgruppe, die ständig vor Ihrem Geschäft unterwegs ist. Ihre Angebote müssten somit zu den Vorstellungen Ihrer Zielgruppe passen. Wenn also ältere Menschen zu der Mehrheit gehören, muss dies in der Angebotszusammenstellung berücksichtigt werden. Sind junge Menschen, Singles, die Hauptzielgruppe, muss das Angebot auf deren Vorstellungen ausgerichtet werden.

Das Gleiche gilt, wenn Sie z.B. als Handwerksbetrieb, als Bauunternehmen usw. Angebote legen. Hier entscheidet auch, welche Zielgruppe Sie umwerben. Worauf haben Sie sich spezialisiert? Sie werden dann Einzugsgebiete haben, wo sich Ihre Zielgruppe befindet. Mit den Jahren wird sich auch in Ihrem Einzugsgebiet einiges ändern. Das kann dann so weit gehen, dass Sie ein anderes Einzugsgebiet auswählen müssen, weil dort nun Ihre Zielgruppe vorhanden ist. Oder Sie ändern wieder Ihre Angebotsstruktur auf die bestehende Zielgruppe.

Es kann ohne Weiteres sein, dass Sie Ihre Zielgruppe zunehmend nur mehr über das Internet z.B. mittels eines Online-Shops erreichen. Dies wird vor allem dann zutreffen, wenn Sie Verbrauchsmaterialien und Ähnliches anbieten. Kunden, die früher in Ihr Geschäft gekommen sind, werden vielleicht vieles lieber bequem online bestellen. Ein gutes Beispiel dafür sind die Büroartikel. Ich kenne viele Geschäfte, die genau deswegen zugesperrt haben: Sie wollten nicht erkennen, dass viele Kunden ganz einfach nicht mehr ins Geschäft kommen wollen, um das Verbrauchsmaterial vor Ort einzukaufen. Plötzlich will die Zielgruppe diese Einkäufe bequem über das Internet mittels Online-Shop erledigen. Firmen, die in diesem Fall der Zielgruppe nicht folgten, hatten das Nachsehen.

Diese Beispiele, glaube ich, reichen aus, um Ihnen eindeutig aufzuzeigen: Achten Sie darauf, dass Sie mit Ihren Angeboten dort sind, wo sich Ihre Zielgruppe befindet. Dazu gehört auch, dass Sie permanent checken, ob die Zielgruppen-Kaufkraft Ihren Angebotsvorstellungen entspricht. Das beste Angebot, das tatsächlich ein solches ist, wirkt trotzdem nicht, wenn es nicht der Kaufkraft Ihrer Zielgruppe entspricht. Auch hier haben sich schon viele Firmen in den Finger geschnitten. Sie wollten ihr Angebot unbedingt bei einer Zielgruppe platzieren, die dafür einfach nicht geeignet war.

Die größte Herausforderung, liebe Führungskräfte, besteht in der Erkenntnis, dass man ständig bereit sein muss, auch die Zielgruppe zu überprüfen, die man umwirbt. Sie müssen immer wieder herausfiltern: Passt Ihr Angebot noch zur Zielgruppe? Vor allem: Über welche Schienen will die Zielgruppe das Angebot in Anspruch nehmen? Dazu gehört immer häufiger auch das Internet. Es gibt Branchen, in denen Millionen von Kunden, die früher offline gekauft haben, dies heute online tun. Diese Zielgruppenabwanderung führt beim klassischen Anbieter natürlich unausweichlich zu einem enormen Kaufkraftabfluss in Richtung Online-Shop-Anbieter.

Sie brauchen also als Führungskraft gar nichts falsch machen; Ihr Firmenkonzept passt. Es würde wunderbar funktionieren, doch lediglich bei der Zielgruppenauswahl haben Sie Veränderungen übersehen oder haben Sie generell ein Angebot geschnürt, welches zu der bestehenden nicht passt. Schauen Sie sich um, wo Ihre Zielgruppe ist, und platzieren Sie dort Ihre optimalen Angebote.

Leitgedanke Mitarbeiter

Wechsel, Abwechslung und Austausch – so spannend und temporeich sind heute Zielgruppen

Als Mitarbeiter müssen Sie heute akzeptieren: Kunden sind nicht mehr so treu wie früher. Kunden kann man nicht mehr so leicht wie früher in eine Schablone hineinpressen. Sie sind sprunghaft, wechseln gerne, tauschen Anbieter aus uvm. Was viele als Drohung, als negative Entwicklung empfinden, empfinde ich als spannend und temporeich. Es ist mühselig, wenn Sie darüber nachdenken: *„Warum ist das so? Kann ich das ändern? Wieso läuft denn das in die falsche Richtung?"* Denn Sie können dieses Verhalten nicht stoppen. Ganz im Gegenteil: Ich bin überzeugt, in den nächsten Jahren werden der Wechsel, die Abwechslung, der Austausch usw. noch zunehmen. Kunden werden immer schneller bereit sein, auch Anbieter zu wechseln, wenn sie sich beim bestehenden nicht mehr gut aufgehoben fühlen. Natürlich spielt hier unter anderem das Internet eine entscheidende Rolle. Bereits im Jahr 2009 habe ich darauf hingewiesen, dass das Internet aus der Sicht der Zielgruppe bei der Kaufentscheidung die Nummer eins ist. Das trifft hauptsächlich auf die Vorauswahl zu. Mittlerweile merkt man, dass der direkte Kauf über das Internet für viele Kunden in einer Zielgruppe ein ganz normaler alltäglicher Vorgang ist. Wir sprechen hier übrigens von einer sehr jungen Entwicklung in der langen Geschichte unseres bestehenden Wirtschaftssystems; denn erst in den 1990er Jahren ging es zaghaft mit dem Internet los. Heute beeinflusst es tiefgehend viele Handlungen in Ihrer Zielgruppe.

Sie müssen mit Ihren Führungskräften immer am Ball bleiben. Dort, wo Ihre – ich betone: Ihre! – Zielgruppe ist, müssen auch Sie sein. Wenn Sie als Mitarbeiter bemerken, die Zielgruppe wandert ab, sie kauft Ihre Produkte und Dienstleistungen auf einmal über andere Vertriebswege ein, sie hat eine andere Vorstellung, dann müssen Sie handeln! Informieren Sie die Führungskräfte über Ihre Beobachtung. Sprechen Sie ganz offen in den dafür geeigneten Meetings darüber: *„Wie können wir der Zielgruppe optimal folgen?"* Bringen Sie es immer wieder in diesen Meetings auf den Punkt, indem Sie fragen: *„Wo ist denn eigentlich unsere Zielgruppe heute? Wo wird sie morgen sein?"*

Es ist spannend und temporeich, und Sie können enorm davon profitieren, wenn Sie akzeptieren: Ihre Angebote und Ihre Firma müssen sich immer dort befinden, wo Ihre Zielgruppe ist. Das heißt auch: Ihre Firma und die damit verbundenen Angebote müssen dort sichtbar werden, wo die Zielgruppe nachsieht. Wenn Sie hier ein Manko entdecken, eine Fehlentwicklung in Ihrer Firma feststellen, dann müssen Sie diese aufzeigen. Dann müssen Sie Ihre Kollegen und auch die Führungsseite zum Handeln bewegen. Ich habe es leider sehr oft erlebt, dass nicht die Firma unattraktiv war, sondern dass man ständig die falsche Zielgruppe umworben hat. Viele Entscheidungsträger und leider auch Mitarbeiter wollen oft nicht die Entwicklung wahrhaben, dass sich ihre Zielgruppe verändert und nicht mehr die ist, die sie noch vor zehn oder zwanzig Jahren war.

Eine Klassikeraussage in diesem Zusammenhang kennen Sie garantiert: *„Nichts ist so beständig wie der Wandel.“* Wir müssen akzeptieren, dass wir heute und morgen im Wettbewerb nur dann eine gute Figur machen, wenn wir uns der ständigen Änderung stellen und das Beste für uns dabei herausholen.

Die Baustein-Herausforderung

Wer bei der Zielgruppe nicht am Ball bleibt, verliert sie an die Konkurrenz

Ein neues Phänomen greift in der Wirtschaft immer mehr um sich: Ganze Zielgruppen wandern zur Konkurrenz ab. Moderne Technologien, moderne Möglichkeiten, Kunden zu gewinnen und zu binden, und die daraus resultierenden Geschäftsmodelle bringen traditionsreiche Firmen und lokale sowie globale Anbieter in fast allen Branchen zum Schwitzen. Das Besondere dabei ist, dass dadurch eine ganz neue Konkurrenz entsteht, mit der eine Firma im klassischen Wettbewerbsumfeld bisher nicht konfrontiert wurde. Im Baustein „Kunde 3.0 – teilen statt kaufen“ habe ich Ihnen eindrucksvoll aufgezeigt, dass es mittlerweile Branchen gibt, deren Konkurrenz der Kunde selbst ist. Immer wieder gibt es hier fündige Anbieter, die plötzlich neue Modelle entwickeln, deren Angebote früher ausnahmslos von klassischen Firmen angeboten wurden. Als besonderes Beispiel habe ich die Hotellerie erwähnt, die sich heute mit der Herausforderung konfrontiert sieht, dass sich viele Menschen auf Internetplattformen registrieren, und zwar mit dem Geschäftsmodell, sich gegenseitig Übernachtungsmöglichkeiten anzubieten. Eine weitere große Herausforderung für Firmen besteht darin, sich dem Wertewandel anzugleichen. Das bedeutet: Das MehrWert-Nutzen-Profil der bestehenden Zielgruppe, die Sie bis heute umworben haben, kann sich sehr schnell verändern. Leider ignorieren viele Firmen diese gewaltigen Bewegungen in ihren Zielgruppen. Viele sind total überrascht, wenn in den Medien sehr plakativ aufgezeigt wird, dass sich ganze

Zielgruppen in einer Branche total verändert haben oder andere Branchen auf einmal in fremden Teichen fischen. Die meisten Firmen sehen wirklich tatenlos zu, wie sie ihre eigene Wettbewerbsposition permanent schwächen und immer häufiger Kunden an altbekannte oder neue Anbieter verlieren.

Zielgruppen wechseln oft schnell den Anbieter – Firmen selten die Zielgruppenstrategie

Kunden sind heute so flexibel wie noch nie. Sie wissen längst um ihre Macht Bescheid, dass sie nicht mehr nur passive Empfänger von Firmenbotschaften sind. Sie können heute Firmenstrategien aktiv beeinflussen. Insbesondere die Geburtsstunde der sozialen Netzwerke mit all ihren bekannten Auswirkungen hat dem Kunden eine öffentliche Bühne gegeben, die ihm diese Aktivitäten ermöglichen. Ist also ein Kunde mit einem Anbieter unzufrieden oder präsentiert sich eine Firma einem potentiellen Interessenten unattraktiv, so zögert dieser keine Sekunde und sieht sich nach anderen Anbietern um. Hier spielt gerade das Internet eine sehr entscheidende Rolle, denn damit kann man wirklich bequem, ungeachtet, wo man sich gerade befindet, mannigfache Möglichkeiten von Anbietern nicht nur ansehen, sondern sie auch wunderbar vergleichen. Zusätzlich wird diese Entwicklung von vielen Vergleichsportalen angeheizt. Hier spannt sich der Bogen vom Preis bis zum wirklich erfüllbaren Nutzen. Der Kunde hat es somit noch einfacher, denn er muss sich selbst gar nicht mehr die Mühe machen, unzählige Anbieter zu besuchen, sondern kann sich bereits eine Vorwahl ansehen, die er von diesen Portalen angeboten bekommt. Viele Firmen ignorieren leider diese Entwicklung und überdenken selten ihre eigene Zielgruppenstrategie. Es kommt daher immer häufiger vor, dass sie total orientierungslos sind, wenn es darum geht, eine Zielgruppenstrategie festzulegen, die sich am Ende auf die Wettbewerbsfähigkeit der Firma erfolgfördernd auswirkt.

Zielgruppensignale werden oft zu lange ignoriert

Viele Entscheidungsträger und auch Verkäufer erzählen mir Folgendes: *„Herr Panhölzl, wir waren da wirklich überrascht. Wir konnten mit einer solchen Entwicklung ganz einfach nicht rechnen: Unsere Zielgruppe reagiert einfach nicht mehr so, wie es früher der Fall war.“* Ich sage dann immer: *„Stimmt das wirklich?“* In den anschließenden Workshops finden wir sehr schnell heraus: Nein, es ist eigentlich eine falsche Aussage. Man lässt sich hier auch gerne selbst täuschen. Denn tatsächlich ist es so, dass Zielgruppen sehr wohl Impulse setzen, durch die man im Alltagsgeschäft gerade bei bestehenden Kunden sehr wohl bemerken müsste, dass hier eine Veränderung stattfindet. Viele Verkäufer und leider auch deren verantwortliche Führungskräfte ignorieren ganz einfach solche Signale. Man ist einen gewissen Ablauf gewohnt; es soll alles ganz einfach so wie bisher weiterlaufen – mitdenken ist eigentlich verboten. Genau das ist für mich das größte Manko, das ich in diesen Situationen diagnostiziere. Viele Menschen sind einfach nicht bereit, gerade im heißen Bereich der Kundengewinnung und Kundenbindung einer Firma aktiv mitzudenken und gegebenenfalls wichtige Signale, die sie aufschnappen auch intern dementsprechend aufbereitet zu präsentieren.

Wer sich Neuem verschließt, verabschiedet sich bewusst von der Zielgruppe

Auch hier, im Bereich Zielgruppenstrategie, taucht ein schon bekanntes Phänomen auf: Viele Menschen wissen, dass eine Veränderung notwendig ist – aber sie sind dazu nicht bereit. Das heißt, man verschließt ganz bewusst die Augen vor einer Veränderung. Man will die Zielgruppensignale – obwohl bekannt – nicht wahrnehmen und nimmt sie auch nicht ernst. Das daraus resultierende Blockadedenken führt unausweichlich zu einer schwachen Positionierung in der Zielgruppe. Man macht hier der Konkurrenz, die sich um die Zielgruppe engagiert bemüht, gemütlich Platz. Wenn man sich also als Verantwortlicher für die Kundengewinnung und Kundenbindung über eine solche Entwicklung beklagt, sollte man zunächst mit Eigenkritik beginnen.

Die Baustein-Aktivierung

Zielgruppen ändern sich – erfolgreiche Firmen sind immer auf der Suche

Akzeptieren Sie ab heute jede Veränderung in Ihrer Zielgruppe! Sind Sie wie ein feinfühliger Seismograph; insbesondere, wenn Sie im Verkauf tätig bzw. für die strategische Ausrichtung rund um das Thema Kundengewinnung und Kundenbindung verantwortlich sind. Ich konnte mich im Zuge meiner unzähligen Firmentrainings immer wieder davon überzeugen, wenn Firmen bei der Zielgruppe sehr erfolgreich waren: Sie haben darauf geachtet, sich ständig am Puls der Zielgruppe weiterzuentwickeln. Sie haben die Impulse und Signale ernst genommen und dementsprechend ihre Angebotspalette ausgerichtet.

Unsere Zielgruppenstrategie spiegelt sich in den Kundenerfolgen wider

Man muss als Firma darauf achten, dass die Zielgruppenstrategie dem aktuellen Verhalten der Zielgruppe angepasst ist. Hier kommt für mich folgender alte Spruch zum Tragen: *„Topf und Deckel müssen 100%ig zusammenpassen."* Der Kunde möchte unbedingt die richtige Entscheidung treffen. Da er heute viele Auswahlmöglichkeiten hat, müssen Sie für ihn die beste Wahl sein. Er muss erkennen, dass Sie wirklich zu seinen Sehnsüchten und Bedürfnissen der richtige Anbieter sind. Akzeptieren Sie, dass sich Ihre Zielgruppenstrategie 1:1 in den Kundenerfolgen widerspiegelt. Sind Sie mit Ihren aktuellen Ergebnissen unzufrieden, dann ist es an der Zeit, sich auch Ihre Zielgruppenstrategie genauer anzusehen.

Hineinhören und Zielgruppensignale ernst nehmen

Gerade Verkäufer sind hier eine Schwachstelle. Obwohl es eigentlich nicht nachvollziehbar ist, denn wenn man sie darauf anspricht, wissen sie darüber Bescheid. Das Wichtigste ist: aktives Zuhören. Hören Sie genau hin, was der Kunden möchte! Der Stammkunde ist hier eine wunderbare Ausgangsposition, denn er hat zu Ihnen Vertrauen und signalisiert somit ungefiltert, was er sich gerade als Kunde von Ihrer Firma erwartet. Er steht sozusagen in Vertretung vieler anderer Firmen in der Zielgruppe. Das heißt: Zielgruppen reagieren hier immer homogen. Sie müssen davon ausgehen: Was Ihren Stammkunden an Ihrer Firma gefällt, das gefällt auch 80 bis 85 % der potentiellen Interessenten in der Zielgruppe. Damit Sie diese erobern können, ist es absolut notwendig, dass Sie immer in die Zielgruppen hineinhören, um wichtige Signale zu erkennen, die wiederum entsprechend umgesetzt werden müssen. Nehmen Sie die Kundenimpulse ernst und setzen Sie diese mittels erfolgversprechender Erfolgsstrategien in der Firma um. Nur so gewährleisten Sie eine immerwährende Attraktivität in Ihrer Zielgruppe und wissen gleichzeitig, wo sich Ihre Zielgruppe befindet, damit Sie sie dort abholen können.

Zielgruppen bevorzugen oft das Neue – bieten Sie es an!

Man kann einer Zielgruppe nicht den Wunsch nach Neuem verweigern! Hier kann sich der Bogen vom neuen Bestellverhalten über neues Einkaufserlebnis bis hin zur Automatisierung spannen. Wenn Sie sich als Firma dem Neuen verschließen – das sind z.B. Internetangebote, Onlineversand, Online-Bezahlsysteme uvm. –, dann können Sie auch vom treuen Kunden die rote Karte erhalten. Er sagt zu Ihrer Firma unverblümt: *„Nein, danke!"* Warum sollte der Kunde auf neue Möglichkeiten des Marktes verzichten, nur weil Sie sie als Firma nicht wollen? Man braucht sich darüber gar nicht den Kopf zerbrechen – so etwas kann nicht funktionieren! Daher ist es wichtig, dass Sie die Ausrichtung der Firma im Wettbewerb immer an Ihrer Zielgruppe orientieren. Sie müssen wissen: Wohin tendiert meine Zielgruppe und wo befindet sie sich gerade; was sind ihre Vorlieben, Sehnsüchte und

Wünsche? Denn eines ist klar: Bietet die Konkurrenz die Erfüllung an – Sie aber diese nur halbherzig oder gar nicht, dann verlieren Sie die Zielgruppe blitzartig an die Konkurrenz. Stoppen Sie das oft in Firmen anzutreffende Vergangenheitsbewahrer-Spiel, denn die Vergangenheit zeigt uns wieder das Heute noch das Morgen! Sie ist maximal eine gute Ausgangsposition.

Kunden in Bewegung – so heikel ist die Lage

Leitgedanke Führungskraft

Schneller als der Kunde – schneller als die Konkurrenz

Kunden sind heute in Bewegung; sie lassen sich von einem Trend schnell faszinieren. Genauso schnell kann er aber auf sie bereits unattraktiv wirken. Kunden sind heute derartig rasant in ihrer Bewegung, dass selbst Großkonzerne Mühe haben, ihnen zu folgen. Großkonzerne verfügen natürlich gegenüber kleineren und mittleren Betrieben über eigene Strategieabteilungen, die sich permanent mit solchen Kundenbewegungen beschäftigen. Warum tun sich Entscheidungsträger eigentlich so schwer, mit den Bewegungen Schritt zu halten? Ganz einfach: Weil sie sie nicht wahrhaben wollen. Ein gutes Beispiel dafür ist das Internet. Viele Entscheidungsträger, auch in Großkonzernen, waren einfach nicht davon überzeugt, dass das Internet den Kunden derartig in Bewegung bringt und ihn verändert. Dass der Kunde so schnell bereit sein wird, auf neue Kommunikationsformen, neue Bestellformen, neue Impulse seitens der Onlinehändler zu reagieren. Kunden haben genau das Gegenteil bestätigt. Ihre Treue ist nicht mehr so groß, wie sie früher einmal war. Sie folgen immer dem Anbieter, der aus ihrer Sicht aktuell der Beste ist. Sie müssen im gleichen Schritt mit dem Kunden mithalten können. D.h. der Job für Sie als Führungskraft ist für mich genau definiert. Sie müssen dafür sorgen, dass Ihre Firma **schneller als der Kunde** und **schneller** als die **Konkurrenz agiert** und nicht reagiert! Sie müssen auch Trends vorgeben, den Kunden faszinieren. Sie müssen schneller als der Kunde neue Entwicklungen einschätzen, abschätzen und umsetzen.

Ich weiß, das ist keine einfache Aufgabe; doch sie ist von Ihnen als Führungskraft wahrzunehmen. Denn nur wenn Sie wissen, was die Zukunft bringt, können Sie sie dem Kunden schmackhaft machen. Nur wenn Sie wissen, was in der Zukunft IN sein wird, können Sie sich und Ihr Team darauf einstellen. Jede Verzögerung führt dazu, dass sich der Kunde schneller bewegt und Sie ihm hinterherlaufen. Wie oft sagen mir Führungskräfte und auch die Mitarbeiter: *„Herr Panhölzl, in unserer Firma läuft etwas falsch. Wir reagieren nur mehr, statt dass wir agieren. Wir laufen der Konkurrenz immer hinterher, die ist immer einen Schritt voraus. Was wir gerade ge-*

schafft haben, ist für die oft schon wieder ein alter Hut. Die Konkurrenz ist wirklich am Puls des Kunden. Sie ist sogar schneller als der Kunde und bewegt somit vieles am Markt. Wir haben immer das Nachsehen."

Lassen Sie es bitte nicht so weit kommen, sondern sorgen **Sie für Bewegung**. Was meine ich damit? Brechen Sie ein starres Verhalten auf. Verabschieden Sie sich von dem Lieblingsspiel: dem Verschanzen hinter der Vergangenheit. Sie können nicht in Deckung gehen, weil das dem Kunden egal ist. Er wird an Ihnen vorbeiziehen. Sie sind zwar bequem in Ihrer Deckung, doch damit riskieren Sie auch, dass Sie eines Tages den Anschluss an den Kunden nicht mehr schaffen.

Es ist mit Sicherheit eine gewaltige Führungsaufgabe, die Sie Jahr für Jahr zu bewältigen haben, denn nichts ist schwieriger, als Menschen in Bewegung zu halten. Wir lieben nun einmal das Bequeme. Wir lieben das Vertraute. Wir lieben das, was uns leicht fällt. Das sind jene Abläufe und Tätigkeiten, bei denen wir uns auskennen, die wir sprichwörtlich im kleinen Finger beherrschen. Menschen lieben nur dann eine Veränderung, wenn es für sie Vorteile bringt. Viele wirtschaftliche Veränderungen sind von einer ganz anderen Welle geprägt. Sie bedeuten: Mehreinsatz, Mehrarbeit und die Bereitschaft, sich ständig mit Neuem auseinanderzusetzen. In diese Richtung wollen sich selbst erfahrene Führungskräfte nicht gerne bewegen, weil sie, sobald sie es tun, auch immer wieder auf Neuland treffen. Auf diesem Parkett ist es sehr glatt, und sehr schnell rutscht man mal aus. Das führt dann dazu, dass selbst in Großkonzernen manche Topmanager in bewährten Rollen verharren, weil sie Angst haben, sich eine Blöße zu geben. Wenn man in Bewegung ist, setzt man auch vieles in Bewegung – auch Unbekanntes –, und da fehlen oft die Erfahrungswerte. Das führt unausweichlich dazu, dass z.B. Fehler eintreten, dass auch Entscheidungsträger kurzfristig nicht wissen, wie sie auf Situationen reagieren sollen. Und es führt zu der angesprochenen Blöße. Plötzlich ist man nicht mehr der strahlende Machertyp, sondern steht vielleicht kurzfristig hilflos da und weiß nicht, wie es weitergeht. Ein solches Bild wollen Topmanager, Unternehmer sowie Führungskräfte dem Umfeld nicht wirklich vermitteln. Deshalb bleiben sie lieber unbeweglich und schauen sogar tatenlos zu, wenn das Team in der gleichen Position verharrt. Man könnte ohne weiteres ohne Übertreibung sagen: Sie forcieren sogar diesen Zustand. Denn eines ist klar: Eine Führungskraft hat auch hier eine Vorbildfunktion wahrzunehmen. Erkennt man die Kundensignale nicht, ist man selbst nicht bereit, sich im Gleichschritt mitzubewegen und ab und zu ein Stück vorneweg zu laufen, dann wird sich das Team dieser Vorgehensweise oft sehr gerne anschließen.

Am Ende stehen dann alle in der Verlustzone: dort, wo Sie sicher nie hinwollen! Die Lage ist tatsächlich heikel, weil heute noch niemand so richtig abschätzen kann, wie stark der Kunde morgen in Bewegung kommt, wie sich Trendwellen z.B. weg vom HyperKonsum hin zum MoralKonsum endgültig auswirken werden. Aber eines ist für mich aus heutiger Sicht bereits 100 %ig sicher: Nur jene Firmen werden in der Zukunft erfolgreich am Markt mitspielen können, die in Bewegung sind und es bleiben.

Leitgedanke Mitarbeiter

Wie viel „rote Kundenkarten" wollen und können Sie sich leisten?

Der Kunde ist heute enorm in Bewegung. Viele Mitarbeiter sind es nicht. Das ist das eindeutige Bild, das ich aus Analysen im Zuge meiner Firmentrainings immer wieder herausfiltere. Vielen Mitarbeitern ist das sehr wohl bewusst. Das heißt, sie wissen ganz genau, dass ihre Firma mehr agieren müsste, als immer nur im sogenannten Rückzugsgefecht zu verharren. Immer wieder sagen dann Mitarbeiter zu mir: *„Herr Panhölzl, wir müssen endlich erkennen: Die Konkurrenz hat schneller als wir auf die Bewegung des Kunden reagiert."* Damit sind dann z.B. Bereiche wie die Angebotszusammenstellung, Attraktivität der Service- und After-Sale-Service-Leistungen uvm. gemeint. Die Kunden, das ist den Mitarbeitern auch klar, werden von den Medien geprägt. Wenn sich ein Kunde auf einmal über eine Firma lieber per App informiert, dann muss eine App auch von der Firma angeboten werden. Das ist nur ein Beispiel von unzähligen, die hier auch seitens der Mitarbeiter kommen. Denn es bringt nichts, wenn meine Konkurrenz bereits Apps hat, die es dem Kunden sehr einfach machen, sich über seine Angebote zu informieren und ich habe das Nachsehen. Experten sagen z.B. aktuell, dass man den Kunden mit einer App sehr gut an sich binden kann. Er wird dann, wenn er Angebote aus Ihrer Branche benötigt, nicht mehr im offenen Internet danach suchen, sondern verwendet gleich Ihre App. Es liegt also an Ihnen. Natürlich muss das Angebot attraktiv sein – das setze ich voraus. Mir ist jetzt wichtig, dass Sie als Mitarbeiter eindeutig erkennen und akzeptieren: Sie müssen in Bewegung bleiben, damit Sie dem Kunden folgen können. Sie sollten sogar noch einen Schritt weiter gehen: Sie sollten den Kunden verblüffen, indem Sie vorgehen. Das bedeutet natürlich, dass Sie mit Ihren Führungskräften Neuland betreten. Es werden Experimente, Probeläufe notwendig sein.

Wenn Sie dazu nicht bereit sind, dann erhalten Sie von Kunden sehr schnell die rote Karte. Wie viele rote Karten *wollen* Sie sich leisten? Wie viele rote Karten *können* Sie sich leisten?

Stellen Sie sich einmal vor, der Kunde ist schon dort und Sie laufen hinterher. Was machen Sie dann? Wie schaut Ihre Antwort aus, wenn der Kunde plötzlich sein Einkaufsverhalten total verändert, weil dies z.B. auch technisch möglich ist? Viele Großkonzerne existieren heute nicht mehr, weil sie nicht im Gleichklang mit dem Kunden unterwegs waren. Ein gutes Beispiel dafür ist der Niedergang des Quelle-Konzerns, der gegen Amazon und Co. verloren hat. Nicht der Versandhandel wurde schwächer – er wurde stärker! Heute boomt er richtig. Sie müssen sich vorstellen, ein etablierter Konzern zerbricht an der Konkurrenz in einer boomenden Phase der Branche. Ist Ihnen das als Mitarbeiter bewusst? Erkennen Sie jetzt, warum es so wichtig ist, tatsächlich schneller als der Kunde und schneller als die Konkurrenz zu sein? Damit morgen die Anziehungskraft Ihrer Firma nach wie vor eine optimale Wirkung entfalten kann, müssen Sie auf alle Fälle mit der Bewegung des Kunden Schritt halten. Die optimale Version ist, dass Sie einige Schritte vor ihm unterwegs sind. Denn nur so können Sie eine neue Bühne zimmern, auf der Ihre Angebote modern, attraktiv und ansprechend präsentiert werden.

Die Baustein-Herausforderung

Kunden sind oft schneller als die Firma – das kann nicht gut gehen

Kunden sind heute sehr stark in Bewegung. Sie zeichnen sich durch ein unglaubliches Tempo aus. Einige sind teilweise sofort offen – andere wollen wieder das Traditionelle bewahren. Wichtig ist, dass Sie immer im Einklang mit dem Kunden sind. Doch das ist oft Mangelware. Viele Firmen ziehen ihre Kundenstrategie ganz einfach stur durch. Sie beachten dabei nicht, ob sie noch immer auf den Kunden optimal zugeschnitten ist oder ob sie sich längst von ihm entfernt hat. Ein solches Ignorieren kann auf Dauer nicht gut gehen. Das für mich Interessante dabei ist, dass viele Entscheidungsträger und ihre Verkaufsmitarbeiter plötzlich total überrascht und vielfach auch entsetzt sind, dass auf einmal ihre Vorstellungen mit denen ihrer Kunden nicht mehr kompatibel sind.

Nicht Kunden sollen Firmen überraschen, sondern Firmen ihre Kunden

Immer häufiger passiert es gerade Verkäufern, dass sie vom Kunden über die mannigfachen Möglichkeiten der Angebote des Marktes überrascht werden. Das bedeutet dann für die Verkäufer, dass sie sich eine Blöße geben; dass sie als absolut OUT eingestuft werden. Denn einem Verkäufer kann nichts Schlimmeres passieren, als dass der Kunde über seinen Markt und die

Angebote besser informiert ist als er selbst. Diesbezüglich rechtfertigen sich Verkäufer gerne sinngemäß so: *„Herr Panhölzl, da haben Sie Recht. Nur ganz ehrlich: Bei der Vielfalt der Angebote in unserer Branche ist es unmöglich, auf dem neuesten Stand zu sein.“* Ich kann dazu nur sagen: Ja, die Verkäufer haben Recht! Doch es ändert sich nichts an der Tatsache, dass viele Firmen zu behäbig sind. Natürlich kann ich nicht überall gleich am Puls des Neuen sein. Doch die meisten Firmen sind darauf sehr schlecht vorbereitet. Sie schauen tatenlos zu, wie der Kunde in Bewegung ist. Viele Verkäufer sind wirklich selbst schuld, weil sie nicht bereit sind, zum normalen Tagesgeschäft über den Tellerrand hinauszusehen und sich zu informieren: Wie entwickelt sich der Markt? Was gibt es Neues? Wo sind die Angebote? Selbstverständlich braucht man sich nicht in allen Details auskennen. Doch man sollte einen guten Grundüberblick haben. Man sollte zumindest ansatzweise wissen: Was passiert in den einzelnen Bereichen? Sie brauchen z.B. nicht alle Konkurrenzangebote zu kennen. Wichtig ist aber, dass Sie einige kennen und wissen, wie die Konkurrenz in diesem Bereich agiert. Das Gleiche gilt auch bei der klassischen Konkurrenz. Ich brauche nicht jede Firma am Markt kennen, doch ich sollte wissen: In welche Richtung bewegen sich die Mitbewerber? Genau diese Schwäche meine ich, und die verzeiht der Kunde eben nicht. Denn es sollte wirklich so sein, dass eigentlich die Anbieter – Sie, die Verkäufer, die Geschäftsleitung, die Firma als Ganzes – den Kunden von den mannigfachen Möglichkeiten positiv überraschen. Es sollte keinesfalls umgekehrt sein, dass er Sie zum Staunen bringt.

Nicht auf die Konkurrenz „böse sein“, sondern von ihr lernen

Viele Führungskräfte und auch Mitarbeiter – gerade die im Verkauf tätig sind – sind oft auf die Konkurrenz richtig böse. Sie schimpfen wie ein Rohrspatz und knallen alles hinaus, was an Negativem vorhanden ist. Am Ende stellt sich eindeutig heraus: Schuld an einer aktuellen verfahrenen Situation ist ausnahmslos die Konkurrenz. Bitte wachen Sie auf! Das ist nicht richtig! Es gibt keine böse Konkurrenz! Jede Firma hat das Recht, den Kunden Angebote so lukrativ zu unterbreiten, wie es ihr möglich ist und gefällt, solange sie sich im gesetzlichen und wettbewerbsrechtlichen Rahmen befindet. Dann stellt sich jede Firma der Wahrheit, und der Kunde trifft letztendlich die Entscheidung. Genau genommen macht also nicht die Konkurrenz Ihnen das Leben schwer, sondern Sie selbst sorgen dafür. Denn wenn ich heute für meinen Kunden nicht attraktiv bin, wenn ich nicht erkenne, dass er temporeich in Bewegung ist und von mir als Anbieter das Gleiche erwartet, wird er sich gegen mich und für die Konkurrenz entscheiden. Wenn Sie schon böse sind, dann sollten Sie auf sich selbst böse sein, denn Sie haben es scheinbar nicht geschafft, den Kunden davon zu überzeugen, dass er Ihnen das JA-Wort gibt.

Viele rote Kundenkarten werden ignoriert, bis es zur endgültigen Sperre kommt

Wie im Sport läuft es auch in der Wirtschaft: Viele Verkäufer und deren Entscheidungsträger akzeptieren oft scheinbar nicht, dass sie bereits viele rote Karten erhalten haben. Insbesondere die Stammkunden zeigen sehr eindeutig auf, wenn sie nicht mehr mit den Angeboten zufrieden sind. Ihre Unzufriedenheit kann man in unzähligen Gesprächsprotokollen der Verkäufer nachlesen. Wenn ich mir diese in Firmen ansehe, dann staune ich wirklich. Denn sehr viele Firmen füllen sie wirklich super aus. Da steht einiges über den Kunden drinnen, was wertvoll ist. Da kann man sehr viel über eine Beziehungsentwicklung erfahren. Leider werden diese vorhandenen, wertvollen Erkenntnisse selten ausgewertet. Man spricht vielleicht einmal über einen Kunden; doch eigentlich müsste man alle miteinander vergleichen und herausfiltern, wo es welche Gemeinsamkeiten gibt. Wenn man in Folge feststellt, dass in einem Bereich die Kundenunzufriedenheit steigt, dann sollten eigentlich schon die Alarmglocken läuten. Wie im Sport kommt es dann, wie es kommen muss: Irgendwann erhält man die letzte rote Karte und wird vom Kunden gesperrt: Er geht zur Konkurrenz. Im schlimmsten Fall kann das tatsächlich das AUS einer Firma bedeuten.

Die Baustein-Aktivierung

Firmen müssen sich im Einklang mit ihren Kunden bewegen

Es bleibt Ihnen nichts übrig: Sie müssen sich im Einklang mit den Kunden weiterentwickeln. Ob Sie wollen oder nicht, spielt hier keine Rolle. Das Einzige, was Sie für den Kunden auch in der Zukunft attraktiv macht, ist, ihm das zu geben, was er will, und nicht weniger zu bieten, als es die Konkurrenz tut.

Die Kunden lieben den Überraschungseffekt

Es gibt immer eine Grundstruktur von Angeboten. Diese trifft man in ähnlicher Weise in allen Firmen an. Dann gibt es den sogenannten MehrWert. Das heißt: Firmen versuchen sich durch besondere Leistungen von der Konkurrenz abzuheben. Bauen Sie in der Zukunft noch Folgendes gezielt ein: einen Überraschungseffekt. Er soll beim Erstkontakt des Kunden und bei regelmäßigen Kontakten eingebaut werden. Dieser Joker soll immer dann gezogen werden, wenn es darum geht, das Besondere der Firma zu präsentieren. Der Kunde braucht diesen AHA-Effekt. Er will aus den normalen, monotonen Dialogen herausbrechen. Er möchte erkennen: Sie sind nicht die Norm, sondern Sie sind positiv anders. Dann haben Sie sehr gute Karten, dass sich der Kunde für Sie entscheidet. Wenn Sie sagen: *„Es ist sehr schwer, solche Überraschungseffekte herauszufiltern, haben wir so was in der Firma?"*, dann kann ich Sie beruhigen: Schauen Sie genau hin! Machen Sie diesbezüglich Kreativrunden. Sie werden staunen, welches Potential im Team schlummert, das man wunderbar für solche Überraschungseffekte einsetzen kann.

Die Konkurrenz ist nicht „böse", sondern wir zu langsam

Schieben Sie den Schwarzen Peter nicht der Konkurrenz zu. Sind Sie zu sich selbst ehrlich. Wenn sich der Kunde von Ihnen abwendet – das kann oft eine wirklich heikle Angelegenheit sein –, dann haben Sie etwas falsch gemacht. Kunden können nur aus dem auswählen, was ihnen angeboten wird. Es kommt selten vor, dass sich ein Kunde von einer Firma abwendet, mit der er zufrieden ist. Es könnte natürlich sein, dass er plötzlich aus irgendwelchen Gründen mit dem Verkäufer, mit dem Kundenberater emotional nicht mehr kann. Dass irgendwelche zwischenmenschlichen Beziehungen im Wege stehen. Das kann schon sein. Aber selbst das kann man korrigieren, wenn man die Möglichkeit hat, dem Kunden einen anderen Kundenberater/Verkäufer zuzuteilen. Bei kleineren Firmen bzw. wenn der Kunde mit dem Chef hängt – gerade im Business-to-Business-Bereich –, ist es schwieriger. Dann kann es auch einmal sein, dass man den Kunden verliert. In den meisten Fällen ist es aber so, dass es die Konkurrenz einfach geschafft hat, den Kunden davon zu überzeugen, dass er bei ihr besser aufgehoben ist als bei Ihrer Firma. Wenn Sie Kunden mehrfach verlieren, dann sollten Sie sich sehr schnell die Ursachen ansehen. Sie sollten nicht nach Schuldigen suchen – weder intern noch extern –, Sie sollten schon gar nicht die Schuld bei der Konkurrenz abladen. Sie sollten klipp und klar die folgende Frage beantworten: *„Warum waren wir zu langsam? Was hat die Konkurrenz schneller und besser gemacht?"* Sobald Sie das wissen, korrigieren Sie Ihren Weg, und alles ist wieder in Ordnung. Die Kunden werden Sie wieder bevorzugen, Ihnen die Treue halten, und Sie werden neue Kunden gewinnen.

Beenden Sie „Kundenfouls" in Ihrem eigenen Interesse

Ja, auch das versetzt Kunden in Bewegung: In vielen Firmen begehen Mitarbeiter echte „Kundenfouls". Es ist tatsächlich so, dass sich die Kunden von Firmen oft viel gefallen lassen müssen. Dass es wirklich viele Aktivitäten gibt, die zusammengefasst ohne Übertreibung ein **„Kundenabwehr-**

verhalten" darstellen. Es wird oft ganz bewusst gegen den Kunden gearbeitet. Ihm wird oft das Gefühl vermittelt, dass er eigentlich gar nicht willkommen ist. Das bemerken Sie z.B. beim Betreten eines Geschäfts an der Gestik und Mimik der Mitarbeiter. Oder wenn Sie in einem Restaurant sitzen und schlecht bedient werden. Wenn Sie auf die Baustelle kommen, die Handwerker Sie argwöhnisch ansehen und Sie schon bemerken, am liebsten würden sie sagen: *„Was tut denn der schon wieder da? Schaut er nach, ob wir gut arbeiten? Was will er denn?"* In diesem Fall vergessen die Handwerker und Arbeiter am Bau oft, dass der Kunde oft Hunderttausende Euro hinlegt, damit sie ihm sein Haus bauen können. Ich könnte die Liste noch um einiges verlängern, doch ich bin überzeugt, Sie wissen, was ich meine. Oft sind wir selbst schuld, dass die Kunden in Bewegung geraten und es für die Firma wirklich heikel wird. Beenden Sie in Ihrem eigenen Interesse bitte wirklich die selbst verursachten „Kundenfouls" für immer!

Der Kundenwandel lässt sich nicht aufhalten – falsche Entscheidungen schon!

Leitgedanke Führungskraft

Im Warteraum der Vergangenheit kann man die Zukunft nicht gestalten

In den vorangegangenen *„erfolgsfitCode“*-Bausteinen haben wir uns bereits intensiv damit beschäftigt, wie sich Werte wandeln, der Kundenservice auszurichten ist, der webgeprägte Kunde der Zukunft aussieht, was es mit dem MoralKonsum auf sich hat uvm. Jetzt ist es mir wichtig, Ihnen einen weiteren *„erfolgsfitCode“*-Baustein aufzuzeigen, der alles in Ihrer Firma entscheidet. Diese Veränderungen münden alle in ein und dieselbe Richtung. Wir stehen vor einem der größten Kundenwandel aller Zeiten, und diese Zeitenwende ist nicht mehr aufzuhalten. Der Kunde von morgen wird ganz anders einkaufen, agieren, auf Botschaften reagieren usw., als dies heute der Fall ist. Diesen Kundenwandel können wir nicht mehr stoppen!

Leider ignorieren viele Führungskräfte diese Entwicklung nach wie vor beharrlich. Sie befinden sich somit im **Warteraum der Vergangenheit**. Sie klammern sich mit allen ihnen zur Verfügung stehenden Mitteln fest an den Erfolg, an die erstklassig funktionierenden Abläufe uvm. aus der Vergangenheit. Nur eines wollen sie nicht hören: dass es sich dabei um die Vergangenheit handelt! Sie können mit den Erfolgswerkzeugen der Vergangenheit 1:1 die Zukunft nicht mehr erobern. Sie erkennen bereits in meinen Ausführungen, dass ich hier nicht von Schwarz oder Weiß spreche. Es wird natürlich gewisse Erfolgsrezepte geben, die auch morgen und in hundert Jahren noch prächtig funktionieren; es wird aber auch sehr viele geben, die man abändern muss, von denen man sich sogar für immer verabschieden muss. Genau darum geht es: dass Sie als Entscheidungsträger in Ihrer Firma eindeutig den Weg vorgeben. Das bedeutet in erster Linie: Wie schaut er aus? Was ist zu tun? Kennt das Team den Weg? Viele stehen hier auf verlorenem Posten. Man sieht rundherum, dass der Kundenwandel schon tobt, dass er sich in vielen Branchen schon in einer sehr entscheidenden Phase befindet. Manche Firmen haben oft noch nicht einmal im Ansatz darauf reagiert! Selbst bei sogenannten Branchentreffs, Unternehmerstammtischen uvm. wird eher das Loblied auf die Vergangenheit angestimmt, als gemeinsam daran zu arbeiten, wie man optimal auf den Kundenwandel reagiert und welche persönliche Note man in diesen Phasen am Markt etabliert.

Ich kann das deswegen so exakt bestätigen, weil ich bei vielen solcher Treffen – auch in unterschiedlichen Branchen – dabei bin. Da wird wirklich Jahr für Jahr das Gleiche forciert. Wenn dann eines der Ausschussmitglieder aufzeigt und sagt: *„Moment einmal: Wir müssen neue Wege einschlagen! Wir brauchen ein frisches Marketing. Wir müssen auf neue Konkurrenten reagieren, die es früher noch gar nicht gab"*, dann werden diese blitzartig zum Schweigen gebracht, ja die Leute werden dann häufig als unerwünschte Person eingestuft. Ja, wer den Mund aufmacht, kann ihn sich sehr schnell verbrennen. Diejenigen, die es nicht tun, brennen allerdings ohnehin schon. Das sollte Ihnen als Führungskraft klar sein.

Ich möchte in diesem Zusammenhang aber betonen: Der Kunde ist auch vom gesamten Wandel nicht immer begeistert; er stuft auch nicht alle Veränderungen gleich als positiv ein. Doch man kann sich auch als Individuum nicht der Masse entziehen, welche Spielregeln macht. Hier haben Großkonzerne, die Medien und dann die Mehrheit der Kunden das Sagen. Nehmen Sie als einfaches Beispiel das E-Mail. Ich kenne viele Menschen, die sagen: *„Eigentlich schade. Früher hat man Briefe geschrieben – privat wie beruflich. Bei Entscheidungen gab es kein so brutales Tempo, weil die Post einige Zeit benötigte, bis der Brief vom Kunden bei der Firma war. Heute geht alles blitzschnell. Der Kunde stellt eine Frage per E-Mail oder über diverse Kontaktformulare auf unserer Webseite, und schon erwartet er sich eine Antwort."* Dabei ist für mich besonders folgende Entwicklung interessant: Viele Unternehmer und Führungskräfte beschweren sich dann im Einklang mit den Mitarbeitern darüber, dass die Kunden fast schon unverschämt sind. Sie erwarten sich wirklich blitzartig eine Antwort. Ich schaue mir dann die Webseiten an, und ich muss sagen: Ich kann mir oft das Lachen nicht verkneifen, denn dort wird genau das forciert. Da wird dann dem Kunden folgende Botschaft übermittelt: *„Wir antworten prompt. Wir sind permanent für Sie bereit. Ihre Anfragen werden schnellstmöglich behandelt"* uvm.

Was bedeutet das? Den Kundenwandel können wir nicht aufhalten – aber falsche Entscheidungen schon. Sie geben ja den Takt mit vor; Sie bestimmen als Anbieter ebenfalls das Tempo. Wenn Sie sagen: *„Wir beantworten gerne Ihre Fragen innerhalb 24 Stunden"*, dann sind Sie immer noch in der Zeit, wenn Sie es in 23 Stunden tun. Wenn Sie 48 Stunden vorgeben, dann sind es 48 Stunden. D.h. ich kann sehr wohl den Wandel steuern. Ich kann dem Kunden auch einen optimalen Weg aufzeigen. Wie vorher gesagt: Auch

Kunden sind vom enormen Tempo nicht immer positiv begeistert. Auch sie ärgern sich über viele neue Entwicklungen. Nur der Einzelne kann sich dem nicht entziehen, sondern im Kundenwandel entstehen gewisse Strömungen. Von diesen Strömungen können auch Sie als Anbieter profitieren. Sie müssen sich nur entscheiden: Wie machen Sie im Kundenwandel mit? Welche Rolle wird Ihre Firma einnehmen?

Ein gutes Beispiel dafür ist das folgende, in dem ich Ihnen einen Klassiker und eine eher neue Strömung aufzeige und diese miteinander verzahne: Am 15. Mai 1940 wurde das erste McDonalds-Restaurant in Kalifornien eröffnet. Die internationale Expansion wurde ab dem Jahr 1967 mit enormem Tempo vorangetrieben, und dies hat sich bis heute nicht verändert. Ein Grund, warum McDonalds so erfolgreich wurde, war das Konzept der Systemgastronomie. Es war damals revolutionär, und vor allem viele Franchise-Nehmer waren davon überzeugt. Diese unglaubliche Überzeugung führte dazu, dass der damit verbundene, begeisternde Funkensprung sofort auf den Kunden übertragen wurde. Erst dadurch wurde die unglaubliche Erfolgsstory von McDonalds möglich und konnte sich bis heute behaupten. Wenn Sie sich die Entwicklung bei McDonalds genau ansehen, erkennen Sie noch ein weiteres wichtiges Puzzleteil dieser Erfolgsgeschichte: McDonalds hat immer auf den Kundenwandel reagiert und diesen mit beeinflusst. Trotz der Größe von McDonalds konnte der Konzern nicht alles vorgeben und musste sich, wenn notwendig, auch anderen Trends anpassen. Er hat dies nicht nur weltweit geschickt getan, sondern auch auf regionale Unterschiede Rücksicht genommen. In Österreich und in Deutschland wissen Sie, dass heute das Angebot von McDonalds um ein Vielfaches breiter geworden ist, als es bei den ersten Restaurants der Fall war. Das Angebot bei McDonalds hat sich somit immer dem Kundenwandel angepasst. Einer der letzten Schachzüge in Österreich und in Deutschland ist das McCafé. Hier erblassen tatsächlich oft auch die Gesichter der Besitzer von klassischen Café, weil sie neidlos zugeben müssen, dass die Qualität, die Präsentation usw. eines McCafè wirklich höchstem Standard entsprechen. Im Jahr 2013 wird sich McDonalds wieder optimal auf einen Kundenwandel einstellen, der sich seit vielen Jahren bereits abzeichnet: Es wird das erste rein vegetarische Restaurant in Indien eröffnet. In Indien gibt es seit vielen Jahrzehnten enorm viele Vegetarier. Doch in den letzten Jahren hat sich eines eindeutig abgezeichnet: Die Inder sind seitens ihrer Kaufkraft und ihres Konsumverhaltens immer mehr bereit, ein vegetarisches Angebot auch von McDonalds zu akzeptieren. Sie wollen es konsumieren. McDonalds bietet natürlich bereits aktuell in Indien vegetarische Angebote in seinen Filialen an. Mit einer rein vegetarischen Filiale wollen sie aber erneut ein Zeichen setzen, und viele Hunderte sollen anschließend folgen. McDonalds hat sich also mit der

Systemgastronomie, dem schnellen Essen, dem sogenannten Fastfood, als Top-Konzern etabliert und sich ständig auch am Kundenwandel orientiert, um immerwährend attraktiv wirken zu können.

Das absolute Gegenteil davon ist die sogenannte Slowfood-Bewegung. Die Organisation wurde im Juli 1986 in Italien gegründet. Um diese Zeit herum erhitzten Proteste gegen die Eröffnung einer Filiale von McDonalds direkt an der Spanischen Treppe in Rom die Gemüter. Seither ist Slowfood eine internationale Vereinigung mit heute rund hunderttausend Mitgliedern in über 150 Ländern auf allen Kontinenten. Das Logo von Slowfood ist die Weinbergschnecke; also das Symbol der Langsamkeit.

Worum geht es? Der Genuss des Menschen soll im Mittelpunkt stehen. Es geht um sinnliche, genussvolle Aufnahme der Speisen. Man will das Essen zelebrieren. Die Slowfood-Anhänger haben eine eindeutige Botschaft: Es geht nicht um reine schnelle Nahrungsaufnahme, sondern um ein Stück Lebensqualität, auf die man nicht verzichten soll.

Diese beiden Beispiele zeigen eindrucksvoll auf, dass es nur darum geht, sich am Kundenwandel zu orientieren und dabei festzulegen: Wo fühlen Sie sich wohl? Wo passt Ihre Angebotsstruktur dazu? Wie wollen Sie in der Zukunft am Markt agieren? Sie sehen, der Kundenwandel ist durch nichts zu stoppen, und sogar die Erfolgsstory von McDonalds, die an sich vom Kunden weltweit sehr gut angenommen wird, war der Auslöser für diese Gegenbewegung.

Alles ist möglich. Nur eines sollten Sie als Entscheidungsträger nie forcieren: das Verharren in der Zuschauerrolle. Im Wartezimmer der Vergangenheit wird es schnell einsam, und Sie werden sich in der Verliererrolle wiederfinden.

Leitgedanke Mitarbeiter

Ist Ihre Kompetenz / Ihr Verhalten mit den Kunden kompatibel?

Beim *„Leitgedanken Führungskraft“* habe ich eindeutig aufgezeigt, dass das Verharren im Warteraum der Vergangenheit für die Personen, die sich dort aufhalten, sehr schnell bittere negative Folgen nach sich ziehen kann. Das bedeutet auch für Sie, liebe Mitarbeiter: Sie müssen den Kundenwandel akzeptieren, so wie er ist, und gemeinsam mit den Führungskräften nach dem richtigen Weg und somit nach der richtigen Antwort suchen. Es geht immer darum, dass Sie sich wohl fühlen und dass sich der Kunde wohl fühlt. Man kann sich nicht mit voller Begeisterung für den Kunden engagieren, seinen Wandel akzeptieren, wenn man sich damit nicht identifizieren kann. Die Beispiele von McDonalds und von der Slowfood-Bewegung beim *„Leitgedanken Führungskraft"* zeigen eines wunderbar auf: Beide existieren wirklich gleichzeitig. Ich kann mich für die eine sowie für die andere Seite entscheiden. Das Schlimmste ist, wenn Sie nicht innerlich bereit sind, sich zu entscheiden. Das wäre absolut die falsche Entscheidung. Machen Sie sich bitte nichts vor, liebe Mitarbeiter: den Kundenwandel können Sie nicht mehr stoppen. Ich weiß, im Wandel passiert es immer wieder, dass für Sie plötzlich Mehrarbeit entsteht. Es wird ein Mehraufwand auf Sie zukommen. Sie werden mehr leisten müssen. Genau deswegen sind ja so viele, auch Mitarbeiter, bereit, lieber in den Warteraum der Vergangenheit zu gehen. Sie wollen beharrlich dort bleiben. Warum? Weil es schön ist! Doch es bringt nichts, denn der Kunde gibt den Takt vor. Ich kann den Kunden mit beeinflussen. Ich kann mich z.B. wie die Slowfood-Bewegung mit anderen zusammenschließen und dadurch auch eine sehr große Marktmacht einnehmen. Man kann auch als kleinerer Betrieb sehr wohl, mit anderen verzahnt, vieles am Markt bewegen. Sie können auch eine Nische besetzen. Denn auch die kann aus dem Kundenwandel heraus entstehen und wird daher von Kunden gesucht.

Das bedeutet aber auch: Ihre Kompetenz und Ihr Verhalten sind ständig auf dem Prüfstand. Der Kunde möchte glasklar erkennen; dass Ihre Kompetenz, Ihr Verhalten mit seinen Vorstellungen kompatibel sind. Dass Sie wirklich zu seinen neuen Vorstellungen, zu dem, was er aktuell liebt, was er aktuell als IN einstuft, der richtige Anbieter sind.

Machen Sie nicht den Fehler, sich dem Kundenwandel zu verweigern! Bitte akzeptieren Sie, liebe Mitarbeiter: **Der Kunde** ist die **Lebensquelle Ihrer Firma**! Der Kunde bezahlt Ihr Gehalt. Wenn er ausbleibt, ist alles aus! Der Kunde wird verändert: aus eigenem Antrieb, durch die Medien, die großen Konzerne, neue Technologien und vieles mehr. Dadurch verändert er auch sein Verhalten. Kunden können heute Angebote ganz anders in Anspruch nehmen, sich darüber schlau machen, als Kunden vor 1990. Allein die mannigfachen Möglichkeiten des Internets, verzahnt mit den vielen verschiedenen Endgeräten, sind unter anderem dafür verantwortlich, dass sich der Kundenwandel mit enormem Tempo fortsetzen wird.

Sehen Sie nicht die Risiken; sehen Sie nicht die Mehrbelastung! Sehen Sie, liebe Mitarbeiter, die Chancen, die durch den Kundenwandel auch für Ihre Firma und somit für Ihren sicheren Arbeitsplatz entstehen!

Die Baustein-Herausforderung

Vergangenheits-Bewahrer vernichten immer ihre Zukunft

Wie bereits beim Baustein „Kunden in Bewegung – so heikel ist die Lage" kurz angerissen, sind es immer die Vergangenheits-Bewahrer, die häufig dafür sorgen, dass die Wettbewerbssituation der Firma geschwächt wird. Leider muss man immer wieder auch feststellen, dass ein solches Verhalten auch zum Sargnagel der Firma werden kann. Viele verschließen sich mit all ihnen zur Verfügung stehenden Mitteln der Zukunft; sie wollen um jeden Preis an dem festhalten, was sie gewohnt sind, was sie lieben, was sie kennen. Wenn man mit ihnen darüber spricht, wissen sie sehr wohl, dass die Zeichen der Zeit etwas anderes aufzeigen; dass man den Wandel nicht aufhalten kann. Sie sind sogar oft selbst Teilnehmer des Wandels – meistens jedoch im privaten Lebensabschnitt. Mein Klassiker-Beispiel ist die moderne Kommunikation über Smartphones bzw. klassische Handys. Hier sind sogar die Vergangenheits-Bewahrer oft bereit, diese neuen Kommunikationsmittel zu akzeptieren und zu nutzen – aber alles, was die Firma betrifft, wird diesbezüglich vehement bekämpft.

Wie sich der Kundenwandel auf Ihre Firma auswirkt, entscheiden Sie!

Nicht der Kundenwandel ist das Problem, sondern die Personen, die in einer Firma tätig sind, können zum Problem werden. Ein Kundenwandel, der sich abzeichnet, kann einmal eher sanfter ausfallen – nur mit leichten Korrekturen –, ein anderes Mal kann es zu gewaltigen Veränderungen kommen. In dieser Phase sind die Entscheidungsträger und deren Mitarbeiter besonders gefordert. Natürlich ergeben sich durch den Kundenwandel auch Herausforderungen: Es werden Probleme entstehen. Es wird bei einigen Kunden nicht mehr so optimal weiterlaufen, wie man es eigentlich gewohnt ist. Auf der anderen Seite ergeben sich durch diesen Kundenwandel auch jede Menge neuer Chancen. Diese werden oft stiefmütterlich behandelt und finden in der täglichen Kommunikation kaum Niederschlag. Auch bei Meetings spielen sie nur eine Randerscheinung. Sie können das selbst einmal testen, wenn Sie in einem Meeting sitzen oder sich im Dialog mit anderen Kollegen rund um das Thema Kundengewinnung und Kundenbindung befinden. Sehr häufig wird das Negative kommuniziert; was nicht optimal läuft; wie es nicht gehen kann. Selten spricht man darüber, wie es gehen könnte. Genau das ist für mich eine ganz große Schwachstelle. Man unterhält sich viel zu oft über die Missstände und viel zu wenig über die Chancen, die auch ein Kundenwandel bietet.

Nicht der Kundenwandel macht Firmen das Leben schwer, sondern „langatmige Entscheidungswege"

Selbstverständlich kann man von einem Kundenwandel überrascht sein. Man hat vielleicht im Alltag zu wenig darauf geachtet und plötzlich zeichnet er sich medial ab. Viele berichten darüber. Auch die Konkurrenz scheint schon gut darauf vorbereitet zu sein. Dann sind viele Teams in heller Aufregung, denn nun müssen sie wirklich schnell reagieren. Viele Entscheidungsträger und deren Mitarbeiter sagen mir in Firmentrainings sinngemäß: *„Herr Panhölzl, wir müssen in der Firma endlich einmal lernen, dass wir nicht nur ständig reagieren, sondern dass wir endlich auch einmal agieren!"* Sie signalisieren damit eindeutig: Sie müssen der Dirigent im Kundenwandel sein; sie müssen den Ton angeben. Sie dürfen nicht immer die Gejagten der Konkurrenz und teilweise auch des Kunden sein. Auf den Punkt gebracht heißt das nichts anderes, als dass oft „langatmige Entscheidungswege" vom Chef zur Basis und zurück ein schnelles Reagieren auf den Kundenwandel verhindern. Hier haben naturgemäß kleinere und mittlere Unternehmen sowie auch Ein-Personen-Unternehmen eine bessere Stellung, weil bei Konzernen die Umsetzung oft noch viel schwieriger und komplexer ist und auch länger dauert. Leider nehmen sich gerade diese kleinstrukturierten und mittleren Betriebe diesen Joker, weil sie durch langes Zusehen genauso langatmig reagieren und damit fast auf die gleiche Zeitachse wie die Großkonzerne kommen.

Sind Sie fit für den Job, den Sie ausüben? – Wenn „JA", sieht das der Kunde auch so?

Wandel bedeutet für jeden Einzelnen in der Firma: *„Bin ich fit für die neuen Herausforderungen?"* Gerade Mitarbeiter, aber leider auch immer wieder Entscheidungsträger haben hier große Defizite. Sie glauben allen Ernstes: Wenn man einmal eine Lehre, eine tolle Ausbildung, die Meisterprüfung gemacht, einen akademischen Grad erreicht hat, ist man schon zeit seines Lebens für die Herausforderungen gerüstet. Sie werden sagen: *„Ja, das klingt schon ein wenig überspitzt!"* Sie haben Recht! Ich wollte Sie bewusst wachrütteln. Denn viele übersehen, dass uns nur die stetige Aus- und Weiterbildung, optimal orientiert am Puls des Kunden und des Marktes, immerwährend fit für die anstehenden Herausforderungen macht. Wer glaubt, er muss sich neben seinem Job nicht permanent weiterbilden, wird von der jungen, dynamischen Konkurrenz überrollt, die gerade über diese moderne, exzellente und oft notwendige Ausbildung verfügt.

Die Baustein-Aktivierung

Was zählt, ist das Morgen

Orientieren Sie sich bitte nicht ausnahmslos an der Vergangenheit! Die Erkenntnisse, Ergebnisse und Erlebnisse aus der Vergangenheit zeigen uns natürlich einen aktuellen Zustand auf, auf den man auch in vielen Firmen sehr gut bauen kann. Eines – und das müssen Sie bitte ohne Wenn und Aber akzeptieren! – zeigt uns die Vergangenheit nicht: Das Heute und das Morgen. Sie müssen für den Kundenwandel innerlich bereit sein. Er gibt immer den Takt vor; er ist die Lebensquelle Ihrer Firma; er bestimmt, wo es lang geht. Der Kunde hat die Auswahlmöglichkeit! Sie als Anbieter haben nur die Chance, sich optimal beim Kunden zu präsentieren – alles andere entscheidet er. Verzichten Sie also auf das Blockadedenken und darauf, die Vergangenheit mit allen Mitteln zu verteidigen. Bitte verstehen Sie mich nicht falsch! Ich sage nicht: Alles Neue ist gut, alles Alte ist schlecht! Es geht immer um den richtigen Mix. Bestimmte Angebote werden noch Jahrzehnte beim Kunden wirken, von ihm positiv angenommen werden. Es geht wirklich nur darum, sich genau anzusehen: Wohin entwickelt sich der Kundenwandel und sind Sie dafür fit? Wenn Sie dann in dieser Phase sind, werden Sie auch feststellen, dass einige auch liebgewonnene Abläufe, Angebotsstrukturen, Geschäftsmodelle uvm. morgen nicht mehr wirken werden. Sie sind Auslaufmodelle und gehören erneuert.

Zeit für Entscheidungen im Zeitbudget reservieren

Im hektischen Alltagsgeschäft, in dem viele – auch Entscheidungsträger – integriert sind, ist es sehr schwer, den Kundenwandel aus der Vogelperspektive zu verfolgen. Man ist selbst Teil des Geschehens! Das reicht aber nicht aus, um fit für die Zukunft zu sein. Reservieren Sie sich gerade als Entscheidungsträger ein Zeitbudget, in dem Sie sich auch intensiv mit den stetigen Kundenwandel auseinandersetzen. Gestehen Sie als Entscheidungsträger bitte auch Ihren Verkäuferinnen und Verkäufern und allen Personen, die mit den Kunden Kontakt haben, für diese Aufgabe ein Zeitbudget zu. Sie werden sehen: Das rechnet sich. Durch diese Maßnahme entstehen erfolgfördernde Rezepte und Zutaten, die dafür sorgen, dass Ihre Firma im stetigen Kundenwandel immer wettbewerbsfit ist.

Entscheidungen anschieben, nicht aufschieben!

Sie werden sagen: *„Herr Panhölzl, das klingt leichter als gesagt!“* Ich gebe Ihnen Recht – doch es führt kein Weg vorbei. Sie wissen ganz genau: Wenn man sich für wichtige, wenn auch unangenehme Entscheidungen zu lange

Zeit lässt, dann werden sie noch unangenehmer. Genau das sollten Sie beim heiklen Thema „Kundenwandel" nicht riskieren. Hier sollten anstehende, wichtige Entscheidungen auf gar keinen Fall aufgeschoben werden. Packen Sie den Kundenwandel bei den Hörnern. Nehmen Sie die Erkenntnisse ernst und treffen Sie Entscheidungen. Nicht jede Entscheidung wird sich gleich als die absolut richtige erweisen; doch akzeptieren Sie auch Fehlentscheidungen! Eine Entscheidung ist immer richtig und wichtig, wenn Sie sie treffen. Diese Botschaft kennen viele Manager. Leben Sie danach! Es ist besser, eine Entscheidung zu treffen, als ewig lang zuzuwarten, bis man glaubt, dass man endlich in der Lage ist, die bestmögliche zu treffen. Das könnte sich nämlich als fataler Irrtum herausstellen. Die Konkurrenz könnte Sie längst überholt haben, und dann haben Sie im Kundenwandel erst recht das Nachsehen. Schieben Sie also Entscheidungen an – aber nie wieder auf!

Einmal fit reicht nicht – Ihr Job-Fitness-Programm definieren und ernst nehmen

Machen Sie sich ständig fit für den Job. In meinem Blog www.panhoelzl.com nehme ich immer wieder zu Bildungsdiskussionen und zur Bereitschaft der Aus- und Weiterbildung von Firmen und deren Teams Stellung. Leider muss ich oft genug diagnostizieren, dass sich hier viele Experten und Politiker irren, wenn sie die Meinung vertreten: Die Menschen möchten gerne besser ausgebildet werden. Hier werden ja seit Jahren in Österreich und in Deutschland von der Regierung immer viele Defizite aufgezeigt. Doch das trifft leider nicht auf die Mehrheit zu. Ich selbst mache immer wieder die Erfahrung, dass Chefs, die mich engagieren, enorme Überzeugungsarbeit leisten müssen, damit die Mitarbeiter nur bereit sind, am Seminar teilzunehmen. Wenn ich dann da bin, läuft es mit Sicherheit für über 90 % der Teilnehmer optimal. Ich werde beklatscht; sie bedanken sich bei mir. Viele sagen: *„Ich hätte mir nie erwartet, dass das so gut verläuft."* Doch davor ist es oft beinharte Überzeugungsarbeit. Diese Erkenntnis sollte Sie zum Nachdenken anregen. Nehmen Sie gebotene Aus- und Weiterbildung an! Akzeptieren Sie – auch wenn es nicht immer einfach ist –, dass das einmal Erlernte nicht für die Ewigkeit halten wird. Natürlich verhält es sich genauso wie vorher beschrieben. Ich muss nicht alles erneuern. Einiges, was Sie erlernt haben, wird sich bis zur Ihrer Pension nicht mehr verändern. Sie können aber auf ein sehr gutes Ausbildungsfundament einiges draufsetzen. Genau darum geht es: Dass Sie wirklich innerlich bereit sind, sich ständig zu optimieren, wo es notwendig ist, und Neues dazuzulernen, wenn es das Gebot der Stunde ist. Nur so sichern Sie sich Ihre persönliche Wettbewerbsfähigkeit ab und sind für den Kundenwandel fit.

Warum Kunden treu bleiben

Leitgedanke Führungskraft

Immer anders – immer besser als die Konkurrenz

Immer wieder höre ich auch bei meinen Firmentrainings von den Führungskräften, dass die Kunden früher treuer waren. Das hat einen ganz einfachen Grund: Es gab keine große Auswahl! Auch haben verschiedene Branchen nicht im Teich der anderen gefischt. Der Markt war übersichtlich; die Nachfrage, vor allem ab den 70er Jahren, sehr hoch. Das sind auch die Zeitabschnitte, die von vielen Führungskräften und Mitarbeitern als die *„Goldenen Zeiten"* beschrieben werden. Die damalige Entwicklung des Kundenverhaltens ist auch sehr leicht nachvollziehbar: Nach den harten Phasen der Nachkriegsjahre gab es immer mehr Arbeit. Die Einkommen stiegen, somit stieg der Wohlstand. Die Menschen wollten sich endlich wieder mehr leisten – sie konnten sich auch wieder mehr leisten! Das führte in vielen Branchen dazu, dass plötzlich die Nachfrage wesentlich höher war als das Angebot. Wenn dieser Zustand eintritt, dann empfinden dies viele Verkäufer als wunderbar. Dann können sie ihre Angebote im wahrsten Sinne des Wortes verteilen, sie müssen nicht um den Preis feilschen. Sie erhalten also wirklich die Chance, ertragreiche Abschlüsse zu erzielen. Der Kunde hat ja keine Auswahlmöglichkeit. Er will sein Bedürfnis befriedigen, und somit kommt der Verkäufer schnell zum Zug.

Heute haben wir ganz andere Rahmenbedingungen. Das beste Beispiel, an dem man diese Entwicklung optimal ablesen kann, findet man aus meiner Sicht in der Medienbranche. Genauer gesagt bei den TV-Sendern. Hier gibt es auch die idente Entwicklung mit den gleichen schönen und späteren unschönen Rahmenbedingungen.

Es gab einmal eine Zeit, da war die Fernsehlandschaft in Österreich und Deutschland sehr überschaubar. ARD und ZDF in Deutschland sowie der ORF in Österreich waren die einzigen TV-Stationen, die ein Fernsehprogramm anbieten konnten. Der Zuschauer hatte keine große Wahlmöglichkeit. In Deutschland konnte er sich zwischen den beiden großen Sendeanstalten ARD und ZDF entscheiden. In Österreich bot der ORF dann auch ORF1 und ORF2 an. Am Anfang gab es nur stundenweise Fernsehen. Das Sendevolumen wurde dann stetig erhöht. Doch etwas ältere Leserinnen und Leser werden sich auch noch an das Testbild erinnern. Damals war man einfach der Meinung, zu nachtschlafender Zeit brauche man kein Fernsehprogramm.

Der Zuschauer war auch deswegen treu, weil er nichts anderes wählen konnte. Man war ohnehin von den Möglichkeiten des Fernsehens fasziniert, weil es damals absolutes Neuland war. Wenige Österreicher oder Deutsche hatten beim Start ein eigenes Fernsehgerät. Es war lange Zeit auch IN, zu Nachbarn zu gehen, die bereits eines hatten, um sich eine Show, eine Nachrichtensendung uvm. anzusehen. Dann gab es die Phase, in der auch Werbung verkauft wurde. Es war mit Sicherheit für die zuständigen Verkäufer und deren Führungskräfte einfach, das Werbeangebot den Unternehmern und deren Werbeagenturen schmackhaft zu machen. Diese konnten ebenfalls nicht unter verschiedenen Anbietern wählen, weil es – wie gesagt – nur diese wenigen Sendeanstalten gab. **Die Treue** des **Kunden** war also **vorprogrammiert**. Ein Wechsel war mangels der Angebote ausgeschlossen. Für die Verkäufer war das eher ein Verteilen der möglichen Sendezeiten, als ein engagiertes Verkaufen.

Von diesen Rahmenbedingungen haben auch die Fernsehmacher profitiert; insbesondere auch jene, die vor der Kamera gestanden sind. Mangels Angeboten hatten Nobodys, also noch nicht bekannte Menschen, auf einmal die Chance, zu einem richtigen Star zu reifen. Viele sind z.B. der Meinung, dass ein Peter Alexander, ein Thomas Gottschalk usw. unter den heutigen Rahmenbedingungen es nicht mehr so einfach hätten, ein derartiges Millionenpublikum zu fesseln. Das ist auf keinen Fall eine Herabwürdigung der Qualität der beiden genannten Stars und vieler, die es ähnlich geschafft haben, sondern es ist eine Tatsache! Die Auswahl seitens des Zuschauers war enorm eingeschränkt. Damit war klar, dass man sich die Sendungen mit solchen späteren Stars gerne ansieht – sie waren ja alternativlos. Die Stars von heute hatten damals wirklich die Chance, dass sich das Publikum an sie gewöhnt. Auch Fehler wurden verziehen. Man konnte sogar experimentieren, weil auch die Quote nicht so wichtig war; es war ja kein Konkurrent da, mit dem man sich messen musste.

Die Rahmenbedingungen und damit einhergehend auch die Treue der Zuschauer änderten sich blitzartig mit dem Start von Privat-TV; zuallererst in Deutschland und dann zeitversetzt auch in Österreich. Besonders die deutschen Fernsehanstalten ARD und ZDF mussten sehr rasant eine schnell wachsende Konkurrenz akzeptieren. Diese wiederum hat enorm die Wettbewerbsbedingung verändert. Auf einmal waren ARD und ZDF nicht mehr als Alleinstellungsmerkmal am Markt sichtbar, sondern sie mussten sich diese Merkmale erarbeiten, damit sich der Zuschauer nach wie vor für sie entscheiden würde. Auf einmal hatten es auch die privaten Sender geschafft, Zuschauer an sich zu binden, und das bedeutete: Das verfügbare Marktvolumen der Zuschauer wurde immer häufiger aufgeteilt. Heute können wir aus hunderten Spartenkanälen wählen. Das heißt, das Marktvolumen teilt sich immer mehr auf die Anbieter auf. Selbst wenn ein Spartenkanal nur über ein bis zwei Prozent Marktanteil verfügt; ja selbst 0,5 Prozent reichen, denn die Zuschauer, die dann dort sind, verliert ein anderer.

Selbst klingende Namen wie Thomas Gottschalk haben sehr schmerzhaft aufgezeigt, dass eine erstklassige und in diesem Fall sogar einmalige Erfolgsstory unter anderen Bedingungen nicht einfach problemlos fortgesetzt werden kann. Genau das Gegenteil ist nämlich bei Thomas Gottschalks Liveshow in der ARD im Vorabendprogramm eingetreten. Der einstige König, ein Ausnahmetalent des ZDF, der mit *„Wetten daß …?“* die erfolgreichste Show Europas enorm erfolgreich geleitet hat, machte mit *„Gottschalk live“* einen brutalen Bauchfleck. Gottschalk wird nach wie vor von vielen Deutschen als absoluter Star unter den Moderatoren angesehen; er hat immer noch sehr gute Beliebtheitswerte. Doch eines musste auch er erkennen: Wenn der Kunde mit dem neuen TV-Format nicht einverstanden ist, verabschiedet er sich blitzschnell. Die Treue zum Show-Titanen Thomas Gottschalk ist noch immer bei vielen vorhanden; sie hat jedoch nicht ausgereicht, dass sie treu am Ball blieben, während die Sendung ausgestrahlt wurde. Wenn das TV-Format nicht gefällt, wird es vom Kunden blitzschnell abserviert. Er flüchtet sofort zur Konkurrenz und sieht sich dort um, was ihm angeboten wird.

Als weitere Schwächung und Aufsplittung der Zuschauer müssen die Sendestationen, mittlerweile auch die Privaten, das Internet zur Kenntnis nehmen. Denn seit Jahren verschieben sich auch die Zeitvolumen der Kunden, wie sie das Internet nutzen, enorm. Das bedeutet: YouTube und Co. – wenn man beim Video bleiben will – oder sonstige Aktivitäten wie soziale Netzwerke saugen die verfügbare Zeit der Zuschauer in eine andere Richtung ab.

Genauso verhält es sich auch bei Ihnen; mit Ihrer Firma und Ihren Konkurrenten. Wenn Sie in einer traditionellen Firma tätig sind – vielleicht dritte, vierte, fünfte Generation – dann werden Sie in der Firmenchronik genau das ablesen können: Die Vorfahren hatten es viel einfacher, als Sie es heute haben. Nicht unbedingt das Angebot zu erstellen, es durchzuführen usw., sondern hinsichtlich der Kundengewinnung und -bindung. Heute müssen auch Sie sich vielen Anbietern stellen. Der Kunde kann sich mittels unzähliger neuartiger Kommunikationswege über die Angebote schlau machen. Das führt dazu, dass selbst treue Kunden, die auch die Angebote Ihrer Firma sehr wohl als positiv einstufen, sehr schnell zur Konkurrenz wechseln, wenn diese auf einmal attraktiver auf sie wirkt.

Ihre größte Herausforderung als Führungskraft besteht also darin, darauf zu achten, dass die Firma immer anders auf den Kunden wirkt; das heißt: Immer besser als die Konkurrenz. Jedes Nachlassen, jedes Ausruhen auf den erreichten Lorbeeren, kann schon zu einer Schwächung führen, die den Kunden veranlasst, untreu zu werden. Er wird sich dann bei der Konkurrenz umsehen und dort Angebote wahrnehmen.

Leitgedanke Mitarbeiter

Im Gleichschritt mit dem Kunden seine Angebotsvorstellungen überbieten

Ich kann mir gut vorstellen, dass Sie als Mitarbeiter – egal, ob im Verkauf oder in der Produktion usw. tätig – es als böswillige Aktion empfinden, wenn Ihre Führungskräfte immer davon sprechen: *„Wir müssen besser sein als die Konkurrenz!“* Ich muss Sie enttäuschen. Sie müssen dankbar sein, dass Sie eine solche Führungskraft haben; dass sich z.B. Ihr Chef täglich so gibt und Entscheidungen trifft. Der Kunde ist heute nicht mehr so treu wie früher. Beim *„Leitgedanken Führungskraft“* habe ich anhand der TV-Sender eindeutig aufgezeigt: Solange die Nachfrage des Kunden hoch ist und sich wenige Anbieter um ihn bemühen, wird es für Verkäufer sehr einfach sein, viele ertragreiche JA seitens des Kunden zu erhalten. Sobald sich mehr Anbieter um den Kunden bemühen, wird es zunehmend schwieriger, von ihm das JA-Wort zu bekommen.

Die einzige Chance, die Sie in der Zukunft haben werden, ist, dass Sie sich mit dem Kunden am Markt im Gleichschritt bewegen und dabei immer dafür sorgen, dass seine Bedürfnisse, Wünsche und Sehnsüchte erfüllt werden.

Wenn Sie gegenüber der Konkurrenz optimal punkten und sicherstellen wollen, dass der Kunde eher dahingehend tendiert, Ihnen das JA-Wort zu geben, dann müssen Sie eines akzeptieren: Sie müssen die Angebotsvorstellungen der Kunden überbieten. Und das heißt: Sie müssen dies besser können als die Konkurrenz.

Gerade Verkaufsmitarbeiter machen sehr häufig folgende Erfahrung: Sie haben mit dem Entscheidungsträger in einer Firma ein gutes Verhältnis. Der ist verantwortlich, Produkte und Dienstleistungen zu kaufen. Auch im Business-to-Business-Verkauf reicht das aber nicht mehr aus, dass der Kunde automatisch treu bleibt. Selbst bei besten, auch bei kollegialen Verhältnissen wird vom Kunden der Wechsel sehr schnell vollzogen, wenn das Angebot nicht mehr so attraktiv ist und somit der Mitbewerber ein Besseres bietet.

Das Gleiche gilt auch im Business-to-Customer-Bereich. Sie werden keinen Endkunden an sich binden können, wenn Ihre Attraktivität nachlässt. Selbst wenn ein Kunde zu einem Verkaufsmitarbeiter, zum Abteilungsleiter usw. ein freundschaftliches Verhältnis aufbaut, wird er sofort untreu werden, wenn sich ihm die Chance bietet.

Damit sind wir auch schon bei der wichtigsten Erkenntnis: Sobald der Kunde am Markt die Chance erkennt, dass er woanders besser aufgehoben ist, andere Angebote attraktiver sind, er bei der Konkurrenz mehr erhält, wird er sich bereits verabschieden.

Ich kenne viele Chefs und auch Mitarbeiter, die dann sehr betroffen sind, wenn sie bemerken, dass treue Kunden nicht mehr bei ihnen einkaufen. Von den Gefühlen gesehen, ist das absolut verständlich. Ich sage dann zu den betreffenden Personen immer wieder: *„Haben Sie sich einmal angesehen, warum der Kunde eigentlich untreu geworden ist? Haben Sie bei ihm nachgefragt?"* Egal, was er antwortet; eines zeigt Ihnen der Kunde 100 %ig auf: Was Sie ändern müssen, damit Sie für ihn wieder attraktiv sind. Der Kunde kommt wieder zurück; er ist auch bei der Konkurrenz untreu. Er wird dies jedoch nur dann tun, wenn Ihre Firma auf ihn wieder attraktiv wirkt.

Die Baustein-Herausforderung

Fühlt sich Ihr Kunde bei Ihnen wohl?

Die Treue eines Kunden hängt davon ab, ob er sich bei Ihnen wohl fühlt. Leider ignorieren viele Firmen dieses sehr wichtige Kundenbedürfnis. Heute – davon können Firmen ein Lied singen – sind Kunden nicht mehr so loyal wie früher. Sie haben heute auch eine viel bessere Ausgangsposition, weil viele Unternehmen auf den unterschiedlichsten Kommunikationskanälen um die Gunst des Kunden buhlen. Warum sollte Ihnen ein Kunde die Treue halten, wenn er sich bei Ihnen nicht wohl fühlt? Dazu möchte ich auch noch anmerken: Viele Mitarbeiter und Führungskräfte, ja selbst oft die Firmenchefs signalisieren mir in der Vorbereitung zu Firmentrainings genau dasselbe: Sie fühlen sich in der Firma auch nicht wohl. Einmal ehrlich:

Wenn man sich in der eigenen Firma nicht wohl fühlt, wie kann man dies dann vom Kunden erwarten?

Ist der Kunde „Ihr Liebling" bei der Ausarbeitung Ihrer beruflichen Aktivitäten?

Jeder in der Firma – so möchte man meinen! – sieht es gerne, wenn ein Kunde JA sagt. Man hat einen neuen Kunden gewonnen – das bedeutet Umsatz; das sichert die Wettbewerbsfähigkeit; dadurch ist der Job gesichert; das Gehalt fließt; die Firma kann alles finanzieren, was benötigt wird, uvm. Doch das ist oft nur die Oberfläche eines Teams – im Inneren brodelt es oft ganz brutal. Selbstverständlich sehen wir gerne den zahlenden Kunden, aber das damit Verbundene wird oft eher negativ eingestuft. Nun erwartet sich der Kunde, dass seine versprochenen Leistung erfüllt wird; dass man für ihn tätig wird. Hier trennt sich schnell die Spreu vom Weizen. Da gibt es auf einmal nur mehr wenige Mitarbeiter – und leider auch Führungskräfte –, die sich noch mit vollem Feuer auf den Kunden freuen. Auf einmal entstehen Druck, Zwang, und man muss für den Kunden tätig werden. So funktioniert das sicher nicht! Das ist einer dieser Bestandteile der nonverbalen Kommunikation. Wir vermitteln oft dem Kunden das Gefühl, dass er schon willkommen ist – aber eigentlich auch wieder nicht! Sein Geld nehmen wir gerne, aber die damit verbundene Arbeit eher ungern. Wen wundert es, dass dann viele Kunden nicht treu bleiben und einer Firma den Rücken kehren?

Sind Sie bereit, das „MehrWert-Versprechen" immerwährend zu erfüllen?

Wir haben uns bei vielen Bausteinen bereits darüber unterhalten, dass man sich gegenüber der Konkurrenz erstklassig differenzieren muss. Nur dann erhalten wir das JA-Wort des Kunden. Wenn wir das tun, ist darauf zu achten, dass sich der MehrWert wirklich vom Angebot der Konkurrenz abhebt. Was häufig dabei vergessen wird: Dieser MehrWert muss auch vom Team später erfüllt werden! Kunden bleiben nur dann treu, wenn sie etwas 100%ig erleben können: die Erfüllung des MehrWert-Versprechens. Leider müssen viele Kunden bei Firmen feststellen, dass es tatsächlich oft nur verführerische, verlockende Versprechen sind, die aber später im Team nicht so erfüllt werden, wie sie seinerzeit schmackhaft präsentiert wurden. Bitte akzeptieren Sie: Die Kunden haben das Recht, dass Ihre MehrWert-Versprechen 1:1 erfüllt werden, denn Sie haben sie ins Rennen geschickt! Sie haben sie versprochen! Wenn Sie nun glauben, Abstriche machen zu müssen, können Sie das zwar tun, müssen aber gleichzeitig akzeptieren, dass dann die Kunden untreu werden.

Sind Sie heute & morgen attraktiver als die Konkurrenz?

Stammkunden bleiben nur dann treu, wenn Sie nichts an Ihrer Attraktivität einbüßen, die Sie seinerzeit bei der Kundeneroberung versprochen haben. Sie können das mit einer privaten Beziehung vergleichen: In der ersten, heißen Eroberungsphase sind Frauen wie Männer bemüht, den besten zur Verfügung stehenden MehrWert-Nutzen ins Rennen zu schicken. Hat die Eroberung funktioniert, dann lebt man zusammen; in weiterer Folge heiratet man sogar. Dann gehen Ehen oft wieder in die Brüche. Der Hauptgrund, den man hier weltweit diagnostiziert, ist die Abnützungserscheinung; diese tritt in den verschiedensten Varianten auf. Doch im Kern ist es genau das: Ein Partner oder vielleicht sogar beide waren nicht bereit, weiter an der Attraktivität zu arbeiten. Man hat vieles als selbstverständlich genommen, und dann hat die Konkurrenz leichtes Spiel. Was passiert denn beim Seitensprung? Die Konkurrenz präsentiert sich attraktiver als das, was man eigentlich schon zu Hause in der Beziehung hat, und es kommt zur Untreue. Sehr häufig vergessen dann die Betrogenen, sich auch einmal selbstkritisch zu hinterfragen, ob sie nicht auch eine gewisse Mitschuld an dieser Entwicklung haben. Genauso verhält es sich bei einer Firma: Nimmt die Attraktivität ab, werden auch die besten Stammkunden untreu.

Die Baustein-Aktivierung

Unser „Kunden-Wohlfühl-Programm" mit Taten

Entwickeln Sie im Team – vor allem die Personen, die Kundenkontakt haben oder für die Erfüllung zuständig sind – ein „Kunden-Wohlfühl-Programm". Alle sollen daran mitwirken. Jeder soll sich einbringen und aus seiner Sicht aufzeigen, was zu tun ist, damit sich der Kunde in der Firma wohl fühlen kann. Sind diese einzelnen Zutaten niedergeschrieben, dann machen Sie daraus ein schmackhaftes Menü. Steht das Menü, dann sollten Sie nur mehr Folgendes intern beschließen: *„Wir sind bereit, unsere selbst aufgestellten Zutaten jeden Tag anzurichten, sie dem Kunden zu offerieren, damit er sie schmackhaft konsumieren kann!"* Schmeckt dem Kunden das „Kunden-Wohlfühl-Programm", und sind Sie bereit, sich täglich dafür zu engagieren, dann bleiben Kunden treu.

Der Kunde entscheidet den Verlauf Ihres Lebens

Vielleicht haben Sie sich gewundert, warum ich bei der Baustein-Herausforderung gesagt habe: der Kunde, „Ihr Liebling". Wir übersehen oft im hektischen Alltag, dass der Kunde **die Lebensquelle** der Firma ist. Ohne

Kunden würde alles sehr schnell zum Stillstand kommen. Er entscheidet also auch über Ihr privates Leben. Denn eines ist heute jedem klar: Geht es der Firma gut, geht es Ihnen gut. Wenn Sie dem Kunden Gutes tun, sagt er zu Ihnen JA. Damit tut er Ihnen auch indirekt etwas Gutes, weil Sie einen sicheren Job haben. Der Chef wiederum kann darauf verweisen, dass er eine gutgehende Firma hat, die für die Zukunft optimal abgesichert ist. Wenn Sie sicherstellen wollen, dass der Kunde treu bleibt, dann müssen Sie bereit sein, sich täglich dafür zu engagieren. Denn letztendlich – und das sollten Sie nie vergessen! – beeinflusst der Kunde den Verlauf Ihres Lebens mit. Denn wenn Sie arbeitslos werden, wenn Sie keinen Job mehr finden, weil Firmen nicht mehr über die nötigen Kunden verfügen, dann stehen auch Sie in der Sackgasse. Soweit sollten Sie es nie kommen lassen. Daher tun Sie bitte alles im Rahmen Ihrer Möglichkeiten, damit die Kunden wirklich allen Grund haben, Ihrer Firma treu zu bleiben.

Sagen Sie „JA“ zum MehrWert-Erlebnis!

Der Kunde bekommt immer ein Werbeversprechen – Sie müssen es erfüllen! Das ist der Kreislauf! Das ist zu tun! Mehr braucht man eigentlich dazu nicht zu sagen. Eines sollte Ihnen klar sein: Ihr Kunde wird immer dann treu bleiben, wenn er erkennt, dass der versprochene MehrWert bei Ihnen ein tägliches Erlebnis ist. Was dafür notwendig ist, wissen die meisten Teams. Ob Sie auch wirklich bereit sind, es zu tun, entscheidet dann über Erfolg oder Misserfolg beim Kunden und somit auch über Treue oder Untreue.

Verzaubern Sie Ihre Kunden!

Sie erinnern sich, es ist wie im privaten Leben: Nur wer andere verzaubert, gewinnt. Nur wer sich um andere bemüht, wird sie erobern. Genauso ist es beim Kunden. Ich kann viel Positives in Werbebotschaften hineinpacken, aber anpacken müssen die Mitarbeiter und die Führungskräfte – sie sind der Erfüllungsjoker! Das ist nicht immer eine einfache Aufgabe, sondern oft eine sehr herausfordernde. Oft eine, die mit viel Engagement und jeder Menge Mehreinsatz verbunden ist. Am Ende des Weges steht aber genau das, was wir dem Kunden bieten wollen: Wir wollen ihm beweisen, es wert zu sein, dass er uns sein Vertrauen schenkt. Ihr Engagement entscheidet also über den Treuegrad Ihrer Kunden.

Der begeisterte Kunde – Unsere Wegweiser zu den Kundenherzen der Zielgruppe

Leitgedanke Führungskraft

Unser Stammkunde – das beste Navi für unsere Zielgruppe

Sie, liebe Führungskräfte, brauchen sich gar nicht so stark Ihre Köpfe darüber zerbrechen, wie Sie für die Zielgruppe attraktiv werden – Sie sind es schon! Ihr begeisterter Kunde zeigt eindrucksvoll auf, was er an Ihnen liebt. Das bedeutet: Sie müssen diese Erkenntnisse tagtäglich als Wegweiser einsetzen, um die **Kundenherzen Ihrer Zielgruppe zu erobern**.

Ihr Stammkunde ist also tatsächlich Ihr **bestes Navi**. Er zeigt Ihnen eindeutig die Route, die von Ihnen und Ihren Mitarbeitern täglich zu fahren ist, damit Sie an Ihr gewünschtes Ziel kommen, welches lautet: Der erfolgreiche Abschluss bei Kunden und erstklassige, ertragreiche Kundenbeziehungen.

Natürlich verändert sich ab und zu die Route. Auch hier gilt: Die begeisterten Kunden, die wirklich Ihre Fans sind, sind auch hier die besten Wegweiser. Sie zeigen eindeutig auf, welche Veränderungen vorzunehmen sind, damit sie sich weiterhin als Kunde in Ihrer Firma wohl fühlen.

Es ist tatsächlich so, dass sich viele Führungskräfte und Mitarbeiter gerade in der Kundengewinnung und -bindung das Leben schwerer machen, als das unbedingt notwendig ist. Sie versuchen auf ruinöse Preisschlachten oft krampfhaft Antworten zu finden. Sie quälen sich stundenlang, welche Angebotsvorzüge verstärkt gehören; was sie auf allen Kommunikationskanälen dem Kunden übermitteln sollen, damit dieser begeistert JA sagt; damit ihre Firma in der Zielgruppe in einem besonderen Licht erstrahlen kann?

Die Antwort ist wirklich einfach: Ihre begeisterten Kunden wissen ganz genau, warum sie sich für Sie entschieden haben. Nutzen Sie diese Erkenntnisse und setzen Sie sie in der Kundengewinnung gezielt und permanent ein. Ihre Stammkunden, ihre begeisterten Kunden sind also das beste Lockmittel für Ihre Zielgruppe. Denn Ihre hochbegeisterten Kunden genießen bereits die Angebote Ihrer Firma. Sie signalisieren somit den anderen potentiellen

Interessenten in der Zielgruppe: *„Entscheide dich für die Firma; dann kommst du auch in diesen Genuss."*

Sie kennen das sicher auch aus Ihrem privaten Leben, wenn Sie in der Kundenrolle sind. Wenn Sie von einer Firma begeistert sind; wenn Ihnen auch z.B. ein Film im Kino gefallen hat, dann werden Sie diese Botschaft im Freundeskreis verbreiten. Früher meistens offline; heute macht man dies auch gerne online über die sozialen Netzwerke. Das bedeutet, Sie beeinflussen genau in dieser Phase, in der Sie sich als begeisterter Kunde outen, Ihr privates Umfeld. Man wird Ihnen zuhören. Man wird Ihnen vertrauen, weil Sie ein Freund bzw. ein guter Bekannter sind. Diese wissen natürlich, dass Ihre Vorlieben mit den eigenen ident sind. Sie werden somit Ihrem Urteilsvermögen vertrauen und sich z.B. auch den Film ansehen.

Ihr Job als Führungskraft ist es, die begeisterten Stammkunden, die in Ihrer Firma die Angebote genießen, in der Zielgruppe optimal sichtbar zu machen. Die Zielgruppe wiederum braucht solche **herzensorientierten Wegweiser**, denn sie will sich zurechtfinden. Sie kennen sicher die alte Weisheit: Jeder Kaufmann lobt seine Ware. D.h. der Kunde ist natürlich schon ein wenig verunsichert, wenn er sich für eine neue Firma entscheiden soll, denn er kennt sie ja nicht. Er weiß nicht, ob deren Angebote wirklich die optimalen sind. Er vertraut daher anderen Kunden, der sogenannten altbekannten Referenz. Wir müssen sie heute nur attraktiver präsentieren. Für die Zielgruppe ist es ganz wichtig, eindeutig zu erkennen: Warum hat sich einer Ihrer bestehenden Kunden für Ihre Firma entschieden? Je eindeutiger diese Botschaft ist, desto höher ist der Zuspruch für Ihre Firma in der Zielgruppe.

Leitgedanke Mitarbeiter

Weißer Fleck auf der Landkarte oder ein unwiderstehlicher Anziehungspunkt – Sie entscheiden

Zielgruppen, die von einer Firma umworben werden, wollen sehr schnell erkennen, dass Ihre Firma tatsächlich ein optimaler Anbieter zu ihren Vorstellungen ist. Dafür wollen die potentiellen Interessenten in der Zielgruppe Beweise. Diese liefern ausnahmslos begeisterte Kunden. Was früher schon wichtig war, wird in der Zukunft immer häufiger das Zünglein an der Waage sein. Ihr Stammkunde, der sich mit voller Begeisterung für Ihre Firma entschieden hat, wird als Botschafter, den Sie als Ihren Wegweiser präsentieren, darüber entscheiden, ob Sie oder die Konkurrenz das JA-Wort des Kunden erhalten.

Damit Ihr Stammkunde dazu bereit ist, damit Sie seine Botschaften verwenden können, müssen Sie Folgendes gewährleisten: Sie müssen ständig alles dafür geben, dass Ihre bestehenden Kunden von Ihrer Firma in allen Phasen begeistert sind. Das beginnt bei der Angebotslegung und geht über die Erfüllung der Angebote bis hin zum After-Sale-Service usw.

Ihr Engagement für den begeisterten Kunden entscheidet also auch darüber, ob Ihre Firma in der Phase der Angebotsauswahl ein weißer Fleck auf der Wettbewerbslandkarte ist, oder ob sie so hell erstrahlt, dass Sie gesehen werden.

Sie müssen Ihre Firma durch Ihren Einsatz zu einem unwiderstehlichen Anziehungspunkt machen. Sie entscheiden das tagtäglich. Das beste Firmenkonzept, die besten Absichtserklärungen, die besten Angebotszutaten bringen gar nichts, wenn Sie nicht bereit sind, sie zu leben und sie täglich zu erfüllen. Ihr Engagement, ob Sie es wahr habenwollen oder nicht, entscheidet tatsächlich alles.

Eines muss Ihnen klar sein: Ihr begeisterter Kunde ist der wirkungsvollste Wegweiser zu den Kundenherzen in der Zielgruppe. Es liegt somit an Ihnen, ob Sie bereit sind, mit Ihren Führungskräften täglich Ihr Bestes zu geben, oder ob Sie sich mit dem Mittelmaß – im schlimmsten Fall sogar mit weniger – zufrieden geben.

Entscheiden Sie sich für den Weg der Schwächung, dann dürfen Sie sich nicht wundern, wenn Ihre Firma für die Zielgruppe unattraktiv ist. Denn Sie können der Zielgruppe mit Ihren Wegweisern nicht eindeutig aufzeigen, warum es für sie Sinn macht, aus allen Angeboten Ihre Firma auszuwählen.

In diesem Zusammenhang muss Ihnen noch etwas klar sein: Begeisterung erzielen Sie keinesfalls mit Einmaleffekten. Sehr häufig gibt man sich dem Irrtum hin, dass der erste Eindruck alles entscheidet. Das stimmt auch im Verkauf so nicht! Natürlich ist der erste Eindruck sehr wichtig; wenn der nicht passt, entsteht sehr selten eine begeisterte Kundenbeziehung. Es wäre aber töricht zu glauben, dass es ausreicht, sich bei der ersten Kundenumwerbung mit voller Begeisterung zu schmücken. Denn wenn der Kunde später draufkommt, dass es ein Einmaleffekt war, wird er sich sehr schnell wieder von dieser Firma abwenden. Er wird dann kein positiver Wegweiser sein, sondern genau das Gegenteil. Dieses Mal brauchen Sie ihn nicht für sich verwenden. Er tut das aus eigener Initiative und zeigt auf, dass Ihre Firma zwar am Anfang eine schön geschmückte Braut ist, die aber nicht die Versprechen hält, wie der Glanz vermuten lässt.

Gelebte Begeisterung ist das Zauberwort! Sie entscheiden tagtäglich über den Wirkungsgrad.

Die Baustein-Herausforderung

Ihre Begeisterungs-Aktivitäten letzter Woche waren ...

Wenn ich in meinen Vorträgen, Seminaren und Firmentrainings das Thema „Kundenbeziehung“ behandle, dann sind sich die anwesenden Entscheidungsträger, Verkäufer und sonstigen Mitarbeiter, die im Erfüllungsbereich der Firma tätig sind, sehr schnell einig: *„Wir wollen einen begeisterten Kunden.“* Ein begeisterter Kunde kauft natürlich regelmäßig weiter bei der Firma ein; er ist auch der beste Empfehlungsgeber. Insbesondere für Firmen, die Produkte und Dienstleistungen anbieten, die ein Kunde nicht so regelmäßig – wie z.B. den Kauf von Lebensmitteln – in Anspruch nimmt, ist es enorm wichtig, dass man ihn zu einem aktiven „Empfehlungsbotschafter“ aufbaut. Wie sieht das in der Praxis aus? Hier übersehen sehr häufig die gleichen Personen, dass man sich tagtäglich für die Begeisterung der Kunden engagieren muss. Diesbezüglich stelle ich leider immer wieder Defizite fest. Das heißt, viele Menschen machen sich zu wenig Gedanken darüber: *„Wie kann ich heute den Kunden begeistern?“* Vor allem Führungskräfte und Mitarbeiter, die aktiv in der Kundengewinnung und Kundenbindung der Firma mitwirken, sollten sich tagtäglich mit dieser Herausforderung beschäftigen. Natürlich passieren einige Impulse – man kann ohne weiteres sagen: fast routinemäßig. Wenn eine Verkäuferin / ein Verkäufer sich im Kundengespräch befindet, den Kunden von etwas überzeugen will, wird man eher daran denken: *„Was kann ich jetzt tun, um die Begeisterung beim Kunden zu entfachen?“* Bedauerlicherweise sind selbst diese routinemäßigen, logischen Abläufe bei der Begeisterung oft mangelhaft oder zumindest schwach ausgeprägt. Ich wundere mich eigentlich dann nur mehr darüber, dass diese Personen nicht verstehen, warum sich der Kunde nicht mit voller Begeisterung für ihre Angebote entscheidet. Erst wenn wir uns in Workshops tiefergehend mit den Abläufen der Firma rund um die Begeisterungswellen beschäftigen, sehen alle Teilnehmer sehr schnell, dass in vielen Bereichen wirklich große Defizite bestehen. Wer sich nicht täglich im Rahmen seiner Rolle und Möglichkeiten aktiv für die Begeisterung beim Kunden einsetzt, wird immer damit rechnen müssen, dass erzielbare Begeisterungswellen ausbleiben.

Ist unser Kunde begeistert – brennen auch die Herzen in der Zielgruppe für uns! – Was tun wir dafür?

Der Stammkunde ist unser Goldnugget. Wenn er von unserer Firma begeistert ist, liefert er uns auch die besten „Pro-Argumente", die wir bei der Kundengewinnung exzellent einsetzen können. Gerade die Verkäuferinnen und Verkäufer sowie deren Führungskräfte stehen tagtäglich immer wieder vor der gleichen Herausforderung: *„Wie gewinne ich einen Kunden?"* Ich habe bei vielen Bausteinen in diesem Buch mehrfach darauf hingewiesen, dass sich das Kundenverhalten in den letzten Jahren enorm verändert hat. Dieses Veränderungstempo wird zukünftig noch rasanter werden. Immer häufiger werden jene Personen in der Firma, die für die Kundengewinnung zuständig sind, mit neuen Herausforderungen konfrontiert werden. Deren schwierigste Stufe ist tatsächlich, die richtigen Rezepte und die dazugehörigen Zutaten zu finden, die es Ihrer Firma ermöglichen, sich erstklassig differenziert von der Konkurrenz so abzuheben, dass der Kunde Ihnen das JA-Wort gibt. Das erzielen Sie aber nur, wenn Sie exzellente „Pro-Argumente" einsetzen. Der Schlüssel dazu ist die einwandfreie, permanent gelebte Begeisterung der Stammkunden. Leider geht diese enorm wichtige Aufgabe im hektischen Alltagsgeschäft unter. Sehr häufig dreht sich dann die notwendige Begeisterungswelle in Demotivationswellen. Sehr viele Mitarbeiter empfinden den bestehenden Kunden und leider auch den sehr treuen Stammkunden plötzlich als Störfaktor, der lästig ist: Er verlangt viel. Er fragt immer nach. Er stört meinen ohnehin schon hektischen Alltag. Bei vielen Personen, die in der Kundengewinnung und Kundenbindung tätig sind, entsteht dann z.B. das Gefühl: *„Jetzt kommt der schon wieder daher. Der stört doch meinen Ablauf!"* Genau diese Entwicklung, die ich leider in fast allen Firmen antreffe, schwächt Ihre Wettbewerbsfähigkeit, weil die bestehenden Kunden nicht immer wieder aufs Neue von der Firma begeistert werden, sondern ihnen eher das Gefühl vermittelt wird, dass es vielleicht Sinn macht, sich nach einem neuen Anbieter umzusehen. Man kann ohne weiteres behaupten, dass oft von Teilen des Teams der Kunde ganz bewusst in Richtung Konkurrenz vertrieben wird.

Die Begeisterungswellen der Konkurrenz sind ein Ausgangspunkt – nicht die Orientierung!

Es macht natürlich auch Sinn, sich immer wieder anzusehen: Was unternimmt denn eigentlich die Konkurrenz, um ihre Kunden zu begeistern? Dabei darf man aber bitte nicht übersehen, dass diese Eruierung von Begeisterungswellen nicht als Orientierung dienen soll, sondern es ist nur ein Ausgangspunkt! Machen Sie nie den Fehler, dass Sie das „Begeisterungs-Abziehbild" der Konkurrenz werden! Der Kunde erwartet sich von einer

Firma, dass sie sich auch in der Begeisterung differenziert; dass er bei Ihnen ein besonderes Wohlfühl-Erlebnis erhält, welches er beim Mitbewerber vermisst. Wenn Sie – wie es dann in den meisten Fällen üblich ist – nur eine schlechte Kopie darstellen, dann bleibt er bei der Konkurrenz. Es fällt Ihnen also schwer, den Kunden anzulocken und ihn zu überzeugen, dass er zu Ihnen wechselt bzw. dass er als Neukunde aus den vielen Anbietern Ihnen den Vorzug gibt.

Wie geht es Ihrem Begeisterungs-Zauberstab?

Zukünftige und auch bestehende Kunden wollen verzaubert werden. Sie sehen es gerne, wenn sie hofiert werden und man sich um sie bemüht. Vor allem, wenn man sich für ihre Anliegen Zeit nimmt. Und genau das ist ein Defizit, das ich oft beim Vorbereiten meiner Firmentrainings analysiere: Sehr oft nimmt man sich viel zu wenig Zeit, den an sich vorhandenen Zauberstab einzusetzen. Sie könnten es jeden Tag tun, denn Ihr Begeisterungs-Zauberstab steht Ihnen immer zur Verfügung. Leider wird er oft zu wenig eingesetzt!

Die Baustein-Aktivierung

Begeisterung aktiv – Kunden lieben es

Engagieren Sie sich für die Begeisterung der Kunden wirklich aktiv. Schauen Sie genau nach, was Ihnen in der Firma alles dafür zur Verfügung steht. Wenn Sie sich nicht sicher sind, weil Sie z.B. ein neuer Mitarbeiter sind, dann fragen Sie bitte die Kollegen bzw. die Führungskräfte. Sprechen Sie dieses Thema auch in den dafür geeigneten Besprechungen an. Fragen Sie in diesen Besprechungen auch gezielt nach: *„Wie kann man die Begeisterung des Kunden tagtäglich erhöhen?“* Sobald die Zutaten klar sind, mischen Sie daraus Ihr eigenes Rezept. Das heißt, auch Ihre Persönlichkeit, Ihre emotionale Struktur gehört dazu – und dann legen Sie bitte täglich los! Das heißt: Begegnen Sie den Kunden immer und überall mit voller Begeisterung!

Sind Sie der Anfang jeder Begeisterungswelle innen & außen?

Warten Sie nicht, bis es die anderen tun; sehen Sie zu, dass Sie immer am Anfang dabei sind! Begeisterung nach innen und nach außen kann nur dann lebendig werden, wenn Sie es wollen. Warten Sie bitte nie, bis die anderen loslegen, sondern hissen Sie Ihre Begeisterungsflagge! Was spricht denn dagegen? Warum sollten Sie darauf verzichten? Es macht doch richtig Spaß, wenn man sich und andere begeistert. Sie wissen genau: Wenn alle begeistert sind, läuft alles viel besser. Der Kunde sagt JA; die internen Abläufe laufen reibungsloser; man fühlt sich wohler; man ist mit Freude bei der Sache. Zeigen Sie einmal sich und allen anderen, wie leicht es ist, sich gegenseitig zu begeistern. Sie werden feststellen: Das ist ansteckend, und die meisten machen mit.

Mehr Begeisterung als die Konkurrenz

Sie werden sehen: Es ist ganz einfach! Ich habe Ihnen bereits bei den Baustein-Herausforderungen eindeutig aufgezeigt, dass viele Personen in einer Firma, die im Bereich der Kundengewinnung und Kundenbindung tätig sind, häufig auf das Entfachen der Begeisterung bewusst verzichten. Das ist Ihr großer Joker! Machen Sie sich die Begeisterungsschwächen der Konkurrenz zunutze, indem Sie sie täglich leben! Dadurch gelingt es Ihnen wirklich sehr einfach, sich markant von der Konkurrenz abzuheben. Sie wissen sicher aus eigener Erfahrung: Man geht dort gerne hin, wo man sich wohl fühlt; wo der Funfaktor hoch ist und wo einfach Freude verbreitet wird. Es macht zusätzlich Spaß, die Konkurrenz vor sich herzutreiben, denn das Rezept ist wirklich so banal. Oft klappt seine Umsetzung nicht; aber dafür gibt es nur einen einzigen Grund: Weil wir es nicht wollen! Weil wir oft nicht bereit sind, es zu tun, und die Wichtigkeit der Begeisterungswellen im Alltag vergessen. Stoppen Sie diese negative Entwicklung blitzartig in Ihrer Firma, und schon haben Sie einen gewaltigen Wettbewerbs-Joker, der permanent positiv wirkt.

Der Tag erwacht – Ihr „Begeisterung-Zauberstab“ liegt bereit

Wenn Sie morgens aufwachen, dann stehen Sie bitte nach Möglichkeit mit voller Begeisterung auf! Es wird Ihnen nicht jeden Tag gelingen – das wäre eine Illusion. Versuchen Sie aber über das Jahr ein Mehrheitsprogramm zu fahren. Wenn Sie aufstehen, dann freuen Sie sich auf den neuen Tag! Selbstverständlich auch dann, wenn es ein Arbeitsalltag ist. Stellen Sie sich vor: Neben dem Bett auf einem Ablagekästchen liegt der Zauberstab – Sie müssen nur hingreifen und ihn aktivieren! Ja, wie in diesen wunderschönen Filmen, in denen uns Zauberer immer wieder faszinieren, verblüffen; in denen nicht nur die Kinderaugen leuchten, sondern auch die der Erwachsenen. Vertrauen Sie mir! Sie haben diesen Zauberstab tatsächlich! Wenn es Ihnen schwer fällt, dann kaufen Sie sich einen Zauberstab – z.B. bei Spielwaren-Firmen. Legen Sie ihn wirklich neben Ihr Bett, und wenn Sie in der Früh aufstehen, schnappen Sie ihn sich, wedeln ein paar Minuten mit ihm herum und denken in diesen lustigen Phasen an die Begeisterung. Sagen Sie jetzt bitte nicht: *„Herr Panhölzl, ist das nicht ein wenig kindisch, ein wenig* *verrückt?"* Warum? Wenn es einem schwer fällt, sich das symbolisch vorzustellen, dann eben real. Nehmen Sie den Zauberstab in der Früh zur Hand und sagen Sie *„Simsalabim"*, oder was immer Sie möchten, *„heute wird ein positiver Tag! Heute werde ich die Kunden begeistern!"* Das Wichtigste ist doch, dass Sie sich jeden Tag selbst dahingehend animieren. Oft fällt es Ihnen schwer, nur einfach daran zu denken, was natürlich den gleichen Effekt hat. Wenn aber der Zauberstab wirklich real auf Ihren Nachtkästchen liegt, dann werden Sie tagtäglich daran erinnert, dass Sie ihn tatsächlich besitzen, Ihren „Begeisterungs-Zauberstab".

Konsumenten stellen ihre Konsumgewohnheiten auf den Prüfstand – Sie Ihre Angebote auch?!

Leitgedanke Führungskraft

Es war einmal … und ist nicht mehr!!!

Eines muss Ihnen als Führungskraft klar sein: Konsumenten stellen tatsächlich in immer kürzeren Zeitabständen ihre Konsumgewohnheiten auf den Prüfstand. Dazu werden sie unter anderem von den Medien, von der öffentlichen Meinung, von Bekannten, Freunden usw. animiert. Wir befinden uns gerade in einem temporeichen wirtschaftlichen und eng damit verbunden gesellschaftlichen Umbruch. Wir wissen, so wie es bisher gelaufen ist, kann es nicht mehr weitergehen. Ich kann mich noch gut erinnern, als ich in einem meiner Blog-Artikel auf www.panhoelzl.com folgende Headline verwendet habe: ***„Wohlstand auf Pump."*** Diesbezüglich haben mir damals viele geschrieben, oft wurde ich auch im Zuge meiner offenen Vorträge, Seminare usw. darauf angesprochen; dabei gab es Zustimmung genauso wie Ablehnung. Die Personengruppe, die nicht meiner Meinung war, konnte ich jedoch aufklären. Nicht alle haben es mir glauben wollen, doch irgendwo im Kern haben sie es doch gespürt: So wie bisher kann es tatsächlich nicht mehr weitergehen. Viele lieben es dann, sich in der Selbsttäuschung, im Selbstbetrug zu baden; in die Fluten einzutauchen und zu verschwinden. Doch wenn Sie realitätsbezogen das Leben betrachten, wissen Sie, dass ich mit dieser Aussage Recht habe.

Was meine ich eigentlich mit Selbsttäuschung und Selbstbetrug? Gerne verkaufen uns auch sowohl die Politiker wie auch die Medien, dass wir seit 2008 in einer Eurokrise mit steigender Tendenz stecken. Das ist nicht richtig, denn eigentlich stecken wir in einer Schuldenkrise! Die Staaten haben nicht die Probleme aufgrund der Währung; sie haben die Probleme, weil sie ihre Hausaufgaben nicht gemacht haben! Jeder weiß doch, dass z.B. Länder wie Griechenland – aber auch alle anderen brauchen sich hier nicht verstecken – ständig mehr Geld ausgeben, als sie einnehmen. Wenn man das im kleinen Kreis mit Freunden und Bekannten bespricht, weiß jeder sofort: *„Das kann nicht funktionieren."* Kein privater Haushalt, keine Firma würde eine solche Vorgehensweise auf Dauer überleben. Nur Staatenlenker glauben – teilweise samt ihren Experten –, dass das möglich ist.

Viele, vor allem Spitzenpolitiker, rechtfertigen sich dann mit folgendem Hinweis: *„Ja, was sollen wir machen? Wir haben doch als Staat Verpflichtungen! Wir müssen sozial gerecht sein. Wir müssen viel querfinanzieren. Die Pensionen gehören abgesichert, bei denen der Staat natürlich zuzahlt usw.“* Die Liste ist sehr lang, und sie ist im Grunde richtig. Natürlich ist es für einen Politiker oft unmöglich, seiner Bevölkerung reinen Wein einzuschenken, obwohl wir es doch alle spüren, dass das System eigentlich am Ende steht. Was bedeutet denn das, wenn man ständig davon spricht, dass die Pensionen nicht mehr sicher sind, sich das System das alles nicht mehr leisten kann? Das Gleiche trifft auch auf das Krankensystem, das Pflegesystem usw. zu. Natürlich sind die Antworten unbequem. Genau darum geht es aber! Was heißt in diesem Fall *„reinen Wein einschenken“*? Man müsste sagen: *„Wir müssen einsparen. Wir müssen wie gerade Griechenland Abstriche machen.“* Natürlich sagen viele: *„Das ist zu brutal. Menschen können dann nicht mehr überleben.“* Richtig, man muss es natürlich sozial ausgewogen schaffen; aber ohne Opfer von allen wird es nicht gehen!

Genauso ist es doch auch privat, wenn Sie sich überschulden. Wenn Sie einfach mehr an Wohlstand genießen wollen, als Sie sich eigentlich leisten können. Das haben sich oft viele Branchen und Firmen in der Wirtschaft zunutze gemacht. Diese werben: *„Kaufen Sie heute und bezahlen Sie erst in sechs Monaten; in einem Jahr.“* Meistens sogar ohne Zinsen. Doch in Wirklichkeit ist damit vielen Kunden gar nicht gedient. Denn letztendlich müssen Sie ja trotzdem das Erworbene bezahlen. Damit haben dann manche wirklich ein großes Problem.

Diese Entwicklungen, diese ständigen Diskussionen usw. führen unausweichlich dazu, dass Kunden tatsächlich ihre Konsumgewohnheiten auf den Prüfstand stellen. Heute – ich merke das auch in meinem Umfeld – hinterfragen sich sogar Personen, die noch sehr gut verdienen, ob sie wirklich alles brauchen, was sie so tagtäglich einkaufen. Wir wissen alle, dass wir des Öfteren auch Produkte kaufen, Dienstleistungen in Anspruch nehmen, die man so bei genauerer Betrachtung eigentlich gar nicht benötigt. Doch wir wollen sie. Wir wollen sie genießen, und es macht uns Spaß. Das ist auch okay.

Wenn Zeiten schwieriger werden, wenn man sich in angespannten Phasen befindet, dann ist das für mich im Prinzip ein wunderbarer **Reinigungsprozess**. In der Krise, in der Schieflage, in angespannten Lebensphasen, da konzentrieren sich Ihre gesamten Kräfte, dass es wieder besser wird. Da sind Sie bereit, endlich Zugeständnisse zu machen. Solange alles gut läuft, übersehen Sie solche Kleinigkeiten. Da ist es Ihnen egal, da gibt man das Geld aus. Man könnte auch jetzt allgemein sagen: Genauso verläuft es jetzt bei einigen Staaten. Solange die anderen in der Gemeinschaft – Beispiel Europäische Union – Gelder zuschießen, Kredite verleihen, vielleicht sogar die Europäische Zentralbank unbegrenzt Staatsanleihen aufkauft, werden viele notwendige und oft überfällige Reformprozesse nicht in Angriff genommen, oder sie geraten sogar wieder ins Stocken. Ich meine das gar nicht böse, so reagieren wir Menschen eben. **Erst** dann, wenn es keinen Ausweg mehr gibt, wenn wir mit dem Rücken zur Wand stehen, sind wir **zu Veränderungen bereit** – in diesem Fall dann gezwungenermaßen. Am Ende des Weges, das ist für mich spannend, blicken dann viele zurück und sagen: *„Eigentlich war die Krise heilsam. Die Talfahrt war eigentlich aus heutiger Sicht positiv.“* Selbstverständlich aber nicht, wenn man sich in der Talfahrt befindet. Doch im Rückblick erkennt man, dass sie eigentlich wichtig und richtig war.

Genauso wie die Konsumenten ihre Konsumgewohnheiten auf den Prüfstand stellen, müssen Sie es mit Ihren Angeboten machen. Sie müssen sich in der gleichen Geschwindigkeit den neuen Konsumgewohnheiten optimal anpassen, wie dies der Kunde vorgibt. Sind Sie dazu nicht bereit, überlassen Sie der Konkurrenz die Wettbewerbsspielwiese. Er wird dann bei Ihren Kunden punkten. Er wird es schaffen, Ihre Kunden abzuwerben. Er hat sich ganz einfach schneller auf die neuen Rahmenbedingungen eingestellt. Er ist den damit verbundenen Kundenwünschen schneller nachgekommen als Ihre Firma.

Nutzen Sie die Chance, wenn sich die Konsumgewohnheiten Ihrer Kunden ändern. Und das bedeutet: Passen Sie Ihre Angebote an und bleiben Sie immerwährend attraktiv!

Leitgedanke Mitarbeiter

Ständig prüfe sich, wer sich ewig binden will

Sie wissen als Mitarbeiter ganz genau: So wie der Kunde will, müssen wir ihm Angebote schmackhaft machen; Einmaleffekte interessieren den Kunden dabei nicht. Wollen Sie gewährleisten, dass der Kunde regelmäßig bei Ihnen einkauft, Sie gegenüber der Konkurrenz als Anbieter bevorzugt, dann müssen Sie sich auch täglich dafür engagieren.

Im *„Leitgedanken Führungskraft“* habe ich bereits eindrucksvoll aufgezeigt, dass wir uns aktuell tatsächlich in einem gesellschaftlichen Wandel befinden. Wie Sie bereits vom *„erfolgsfitCode“*-Baustein *„Moralkonsum verdrängt Hyperkonsum“* wissen, stellen die Konsumenten selbst aktuell – wie noch nie zuvor in der wirtschaftlichen Geschichte! – ihr Konsumverhalten auf den Prüfstand. Alles deutet darauf hin, dass Kunden plötzlich bereit sind, sich mit weniger zufriedenzugeben. Böse Zungen behaupten: *„Sie haben auch gar keine andere Wahl.“* Das stimmt auch teilweise. Doch ich glaube, dass das Ganze nicht nur erzwungen ist, sondern dass die aktuellen Krisen zum Nachdenken angeregt haben. Ich könnte mir vorstellen, dass auch Sie in der Kundenrolle schon des Öfteren darüber nachdachten: Brauche ich gewisse Angebote wirklich? Muss ich Dienstleistungen und Produkte wirklich forcieren usw.? Natürlich haben uns viele dieser Produkte Freude bereitet, und das tun sie nach wie vor. Doch die Frage ist: Brauche ich auch die Häufigkeit der Neuanschaffung? Ich merke das gerade aktuell z.B. bei Smartphones, Tablet-PCs usw. Hier machen die Hersteller meiner Meinung nach wirklich einen großen Fehler: Die Produktzyklen werden immer kürzer; die Geräte werden aber deswegen auch nicht extrem billiger. D.h. irgendwann einmal kommt der Kunde drauf: *„Ich kann mir die Neuheiten in immer kürzeren Abständen nicht mehr leisten.“* Noch viel wichtiger ist für mich dabei die folgende Denkweise: Viele Kunden sagen: *„Brauche ich überhaupt die neuen technischen Schmankerl? Das alte Gerät ist doch noch gar nicht alt. Es erfüllt wunderbar seinen Zweck; ich habe Freude damit.“* Immer mehr Kunden kommen also drauf: *„Ich muss gar nicht bei jedem Hype dabei sein. Es lohnt sich, ruhig einmal abzuwarten.“*

Hier machen aus meiner Sicht auch die Medien einen großen Fehler. Auf der einen Seite schreiben sie seitenweise, wie schlimm der Klimawandel schon ist; wir müssen die Ressourcen schonen; mit der Umwelt entsprechend umgehen; unseren Konsum zurücknehmen, damit sich die Natur wieder regenerieren kann, uvm. Auf der anderen Seite präsentieren die gleichen Medien, dass das eigentlich gar nicht geht. Denn sie verweisen gleichzeitig in derselben Zeitung, im selben Magazin, in derselben Berichterstattung einer Nachrichtensendung, einer Dokumentation auch Folgendes: Wenn sich der Kunde zurücknimmt, dann nimmt auch das Wirtschaftswachstum ab. Es wird gegen Null tendieren; ja es wird im schlimmsten Fall sogar sinken! Dann kommt sofort der Aufschrei: *„Das ist unmöglich! Das kann nicht sein! Denn wenn wir nicht wachsen, dann zerbricht das System.“* Also was stimmt jetzt? Sollen wir uns als Kunde zurücknehmen? Sollen wir auf die Natur achten oder sollen wir weiterhin verschwenderisch tätig sein, damit wir ein System am Leben erhalten, welches vielleicht schon längst überholt ist?

Wieder gleichzeitig wird in diesen Medien mit Anzeigen, mit Werbespots geworben, die vermitteln: *„Du brauchst das Neue."* Gerade die Technologie ist hier sehr stark vorne mit dabei. Immer wieder werden wir animiert: Wir brauchen den neuesten Fernseher, das neueste Smartphone, die neueste Waschmaschine usw. Ganz ehrlich: Brauchen wir das wirklich alles oder will uns die Industrie nur vorgaukeln, wir würden es brauchen?

Wenn Sie nun meine Ausführungen einmal aus der Vogelperspektive betrachten, erkennen Sie eines, liebe Mitarbeiter: Es kann nicht mehr so weitergehen. Das fühlen Menschen, die natürlich auch Konsumenten sind. Sie erkennen, dass doch die Botschaften die richtigen und wichtigen sind. Sie zeigen auf, dass es Zeit wird, mit Ressourcen schonend umzugehen und seine Konsumgewohnheiten zu überprüfen.

Genau das Gleiche passiert dann mit der Angebotspalette Ihrer Firma. Sie muss auch auf den Prüfstand, und Sie sind ein Teil des Angebotes. Machen Sie aktiv mit, wenn Sie Ihre Führungskräfte dazu auffordern, dahingehend animieren, gemeinsam herauszufiltern: Wie werden sich die Konsumgewohnheiten Ihrer Zielgruppe verändern – und das ist dann Ihre beste Angebotsantwort.

Die Baustein-Herausforderung

Sind Sie bereit für die immerwährende „Konsumprüfung"?

Viele Mitarbeiter und Führungskräfte, die vor allem für die Kundengewinnung und Kundenbindung zuständig sind, übersehen in den täglichen Abläufen die Wichtigkeit der „Konsumprüfung". Konsumenten überprüfen in immer kürzeren Abständen ihre Konsumgewohnheiten. Sie werden auch durch die Vielzahl an Medien und Expertenmeinungen dazu angehalten, dies zu tun. Nehmen Sie nur das Beispiel „Ernährung": Immer wieder gibt es diesbezüglich unzählige Tipps in Zeitschriften, sämtlichen elektronischen Medien vom Internet bis zu Fernsehsendungen, in denen Experten neue Erkenntnisse präsentieren mit dem Ziel, die Menschen dahingehend zu animieren, sich richtig zu ernähren. Im Mittelpunkt solcher Aussagen steht dann immer der besondere MehrWert. Die Experten weisen unermüdlich darauf hin, dass man beim Einkauf die Qualität berücksichtigen soll. Dass man bei der Zusammenstellung wirklich darauf achtet: *„Was tut meinem Körper gut? Wie kann ich mögliche Folgeschäden bereits heute durch das bewusste Einkaufen von Lebensmitteln vermeiden?"* Natürlich gilt das nicht nur für Lebensmittel, sondern in fast allen Branchen kann man solche Beispiele aufzeigen. Diese signalisieren eindeutig: Konsumenten sind aufgrund von Empfehlungen bereit, ihre Konsumgewohnheiten zu überprüfen. Leider befinden sich hier viele Firmen nicht im Einklang mit den Kunden. Oft wird stur an alten Angebotsstrukturen festgehalten. In der Folge nimmt die Attraktivität ständig ab, und der Kunde gibt der Konkurrenz den Vorzug.

Immer mehr geht nicht mehr – was nun?

Es ist für mich schon erstaunlich, dass heute auf vielen wirtschaftlichen Unis immer noch vereinfacht gesagt folgender Missstand unterrichtet wird: Firmen müssen stetig wachsen; alles muss steigen; mehr Umsatz, mehr Ertrag uvm. Gerade den Akademikern, den Wissenschaftlern sollte doch längst klar sein, dass dieses Modell nicht mehr tragbar ist! Firmen müssen akzeptieren: Es ist unmöglich, dass jeder immer mehr produziert, immer mehr erwirtschaftet. In den meisten Branchen sind bereits die vernünftigen Kapazitätsgrenzen um ein Vielfaches überschritten. Heute sehen sich vor allem Verkäufer immer häufiger damit konfrontiert, dass sie ihre Produkte in übersättigten Märkten nicht mehr unterkriegen. Der Kunde hat vieles oft schon mehrfach erstanden und ist längst kaufmüde geworden. Zusätzlich wird er stets auch daran erinnert, dass wir uns in einem gesellschaftlichen Wandel befinden, und damit einhergehend sind natürlich auch Sparprogramme, Arbeitslosenrisiko usw. verbunden. Der Impulskauf nimmt also stetig ab. Die Kunden konzentrieren sich immer häufiger auf einen vernünftigen Einkauf; das heißt, aus ihrer Sicht nur das zu kaufen, was wirklich notwendig ist. Sie setzen wieder vielmehr auf bestehende Güter und schielen nicht gleich immer nach dem Neuesten. Dies ist für mich eine der größten Herausforderungen, weil in der Wirtschaft nach wie vor viele vom Wachstumsdenken geprägt sind. Doch sie werden sehr schnell feststellen: Aus immer mehr wird sehr schnell immer weniger.

Das „JA-Wort des Kunden" muss für die Ewigkeit abgesichert werden

Was im Privaten im Zuge eines Eheversprechens gilt, sollte auch im geschäftlichen Alltag tief verankert sein: Wenn ein Kunde JA sagt, sollten Sie bestrebt sein, dass Sie den Kunden für sein ganzes (Geschäfts-)Leben binden können. Sagen Sie nicht: *„Das ist unmodern!"* Ich bin überzeugt, dass das Vertrauen, das echte Bemühen um Kundenwünsche, das Aufzeigen von besonderen Vorteilen nach wie vor dazu führen, dass Kunden einer Firma ein Leben lang die Treue halten wollen und dies auch tun. Selbstverständlich darf man als Firma dabei nicht übersehen: Die Konsumgewohnheiten unserer Kunden werden sich verändern, und wir müssen dieser Veränderung Rechnung tragen. Gelingt das einer Firma, gibt es für den Kunden keinen einzigen Grund, zur Konkurrenz zu wechseln. Wenn ich das im Zuge meiner Seminare und Firmentrainings präsentiere, sagen viele Verkäuferinnen und Verkäufer zu mir: *„Naja, Herr Panhölzl, das wäre schön – ist aber Wunschdenken!“* Darauf antworte ich: *„Natürlich wird man keine 100 % erreichen.“* Doch viele Kunden würden Ihnen wirklich ein Leben lang die Treue halten, wenn Sie ihnen beweisen, dass sich ihre Treue lohnt!

Sind Sie für das ständige Adieu bereit?

Wenn sich die Konsumgewohnheiten ändern, müssen wir uns mitverändern. Daran führt kein Weg vorbei. Die größte Blockade, warum das oft nicht so flüssig wie sinnvoll funktioniert, liegt im Team einer Firma. Viele sind oft nicht bereit, „adieu“ zu sagen, obwohl es unbedingt notwendig ist. Machen Sie ab heute den Weg frei, indem Sie wirklich innerlich bereit sind, sich von dem zu verabschieden, was nicht mehr zeitgemäß und sinnvoll ist. Firmen, die nicht dazu bereit sind, werden die bittere Pille schlucken müssen, dass der Kunde *„Adieu!“* sagt!

Die Baustein-Aktivierung

Kunden wollen Veränderungen – Sie akzeptieren sie!

Es ist doch egal, warum sich die Konsumgewohnheiten unserer Kunden verändern – akzeptieren Sie sie! Werden Sie dieser Veränderung gerecht und beweisen Sie den bestehenden und potentiellen Kunden, dass Sie ihnen am Puls der Zeit DAS anbieten, was ihren Erwartungen entspricht. Wenn Sie ab heute so vorgehen, wird Ihre Firma für die bestehenden Kunden und die Neukunden immerwährend attraktiv sein. Es geht also einzig und allein darum, dass sich alle in der Firma überwinden und dass sie für die neuen Konsumgewohnheiten bereit sind.

Erträge im neuen Kundenumfeld erwirtschaften!

In der Zukunft werden wir intelligente Geschäftsmodelle entwickeln müssen, die es uns ermöglichen, auch bei geringen Umsätzen optimale Erträge zu erwirtschaften. Die Kunden sind sehr wohl bereit, ein Mehr an Geld auszugeben, wenn sie dafür einen echten MehrWert erhalten. Es geht also darum, dass wir uns von der Quantität verabschieden müssen. Viele Firmen müssen sich der Qualität widmen, dem besonderen MehrWert, den sie ihren Kunden anbieten. Nur so ist gewährleistet, dass auch in der Zukunft genügend Erträge erwirtschaftet werden können, wenn Kunden sich beim Kauf zurücknehmen.

Die „Kundenbeziehungs-Erneuerung“ festigt immerwährend das „JA-Wort des Kunden“

Attraktiv werden und attraktiv bleiben, auch im stetigen Wandel der Konsumgewohnheiten – das muss gezielt erreicht werden. Orientieren Sie sich exakt an den Konsumgewohnheiten Ihrer Kunden! Werden Sie für die Veränderungen der Konsumgewohnheiten total sensibel, denn das ist der ertragreiche Schlüssel für Ihre erfolgreiche wirtschaftliche Zukunft. Nur so kann Ihre Firma auch in der Zukunft Erfolge ernten! Alle in der Firma müssen sich dieser wichtigen Herausforderung bewusst sein und danach täglich leben.

Schön war es – auf Wiedersehen!!!

Insbesondere Mitarbeiter, die länger in einer Firma tätig sind, haben sich natürlich an gewisse Abläufe in den aktuellen Konsumgewohnheiten gewöhnt; ja manche hat man richtig lieb gewonnen. Man ist gut eingespielt und weiß eigentlich schon, was der Kunde will, bevor er etwas sagt. Man hat sich richtig auch auf seine Gefühlsebene eingestellt, kann den Kunden verwöhnen, weiß seine Ecken, Kanten, Profile und auch ab und zu seine besonderen Gewohnheiten, auf die man bestens reagiert. Wenn man bemerkt, dass sich Konsumgewohnheiten verändern, dann sollten Sie jedoch immer sagen: *„Schön war es; auf Wiedersehen! Machen wir den Weg für Neues frei!“* Trauern Sie den alten Abläufen nicht nach, denn sie kommen nicht wieder! Sie werden durch neue, notwendige Abläufe ersetzt. Stimmen Sie sich jeden Tag auf die permanente Veränderung der Konsumgewohnheiten mental positiv ein. Nur so sind Sie in der Lage, auch das Neue mit offenen Armen begrüßen zu können, und nur dann wird es wieder, wie es einst war: Angenehm schön und optimal eingespielt. Akzeptieren Sie: Jede bekannte Konsumgewohnheit Ihrer Kunden hatte einmal einen Anfang. Viele wirken auf Personen nur deshalb so vertraut, weil sie es jahrelang gewohnt sind, mit diesen Konsumgewohnheiten zu arbeiten. Die Veränderung ist also nur der Neubeginn einer weiteren positiven Kundenbeziehungswelle.

Kunde, Kunst & Kultur: Auch in der Wirtschaft entscheidet der „Applaus“ alles

Leitgedanke Führungskraft

Führungskräfte sind wie Regisseure: Es geht immer um eine perfekte Inszenierung

Kunden wollen unterhalten werden und Spaß haben. Sie wollen sich wohl fühlen. Kunden wollen Action! Ich könnte hier noch einiges anführen, doch ich bin überzeugt, Sie wissen bereits, was ich meine. Es reicht heute schon längst nicht mehr – wie es lange Zeit in der Wirtschaft üblich war – Angebote sachlich vorzutragen, den Nutzen hervorzustreichen, um das JA-Wort des Kunden zu erhalten. Kunden wollen heute beim Einkaufen Erlebnisse genießen. Das bedeutet: Sie als Firma müssen ihnen diese Erlebnisse bieten.

Früher hat man schlicht und einfach gesagt: Kaufhaus, Schwimmbad, Therme, Skiort usw. Heute wird dem Kunden das Wort *„Erlebnis“* ganz plakativ übermittelt, denn heute heißt es: Erlebnis-Shopping, Erlebnis-Einkaufszentrum, Erlebnis-Therme, Erlebnis-Gastronomie, Erlebnis-Schwimmbad, Erlebnis-Skigebiet usw. Man möchte also dem Kunden eindeutig signalisieren: *„Lieber Kunde, wir bieten dir nicht nur die Produkte und Dienstleistungen zu deinen Vorstellungen, sondern wir bieten dir ein Erlebnis!“*

Das bedeutet für Sie als Führungskraft: Sie müssen wie ein Regisseur im Jahr mehrfach darüber nachdenken: Was ist zusätzlich zu unserer Inszenierung notwendig, um Begeisterungswellen beim Kunden permanent auszulösen? Eines der wirkungsvollsten Instrumente; um die Attraktivität der Firma herauszufiltern, ist die **Manöverkritik**. Einmal eingespielt und in der Premiere den Superapplaus erhalten, bedeutet nicht, dass diese positive Welle automatisch in eine permanente Fortsetzung mündet. Vieles im Leben nützt sich mit der Zeit ab. Genauso ist es auch, wenn sich ein Team am Markt präsentiert. Daher akzeptieren Sie wie beim Theater: Wenn die Premiere mit einem Superapplaus beklatscht wird, heißt das tatsächlich noch nicht, dass auch die nächsten Vorstellungen super laufen. Künstler sind hier sehr selbstkritisch. Sie sagen immer wieder: *„Der Applaus von gestern ist: von gestern! Er wirkt nicht mehr auf das Morgen.“* Selbstverständlich kann man in der Biographie wunderbar darauf verweisen: das ist schön. Doch in einem Punkt sind sich die Künstler einig: Sie müssen sich wieder aufs Neue beweisen, damit sie den Kundenapplaus erhalten. Es sitzt jedes Mal ein ganz anderes Publikum drinnen. Es sind ganz andere Charakterzüge dabei. Ich fühle mich vielleicht auch anders usw. Immer entscheidet es sich aufs Neue, ob ich als Künstler den Applaus wieder bekomme.

Genauso ist es bei Ihrer Firma. Dass Sie zwei, drei Jahre erfolgreich sind, ist schön, hat aber mit dem Heute und Morgen nichts zu tun. Sie müssen sich mit Ihrem Team täglich der Prüfung des Kunden unterziehen. Er entscheidet täglich aufs Neue, ob Sie noch würdig sind, dass man Ihnen den Applaus gibt, oder ob man besser zur Konkurrenz schielt. Viele Führungskräfte und auch Mitarbeiter wollen dies oft nicht wahrhaben. Einmal ehrlich: Man wird schön langsam schlampig. Man hat Stammkunden, die werden oft als automatischer Umsatzmotor gesehen, nach dem Motto: Er ist eh da. Er kauft immer. Das Ganze wird dann oft sogar noch schlimmer: Wenn einen der Kunde kontaktiert, fühlt man sich plötzlich gestört. Der Kunde ist auf einmal ein Störenfried. Er hat es gewagt, Ihren Arbeitsalltag zu unterbrechen! Wie konnte er nur?

Das ist vielleicht ein wenig überzeichnet, doch wenn wir ehrlich sind, liebe Führungskräfte, habe ich doch den Nagel auf den Kopf getroffen. Warum sprechen denn so viele Experten noch immer von einer Servicewüste? Nicht, weil sich die Firmen so schlecht aufstellen, die Angebote nicht passen, die Firmenkonzepte nicht gut entwickelt sind, sondern aus einem einfachen Grund: Weil die Menschen täglich nicht nach **den eigenen Spielregeln leben!** Das ist oft auch sehr schwer. Man hat Ausrutscher; man kann nicht immer gleich gut drauf sein – da müssen wir ehrlich sein. Deswegen müssen Sie als Führungskraft ein Regisseur sein, der auch nicht mit Manöverkritik spart, um das Beste aus sich herauszuholen. Ich weiß, das hören Mitarbeiter nicht gerne. Doch man kann ihnen das wunderbar verkaufen, indem man aufzeigt, dass sich sämtliche Weltstars auf dieser Welt genauso dieser permanenten Prüfung unterziehen. Die Regisseure, die Choreographen usw., die solche Weltstars optimal in Szene setzen, haben auch das Recht, sie zu kritisieren. Und die Stars empfinden das nicht als Affront, nicht als Beleidigung, sondern sie wissen: Es ist wichtig, damit sie auch noch morgen eine Topleistung erbringen können und ihnen das Publikum mit voller Begeisterung applaudiert.

Warum sollten Sie sich in der Wirtschaft im 21. Jahrhundert von diesem Erfolgsrezept nicht eine Scheibe abschneiden? Warum sollten Sie auf die Aktivierung dieses „*erfolgsfitCode*“-Bausteins verzichten? Nur weil er ein wenig unbequem ist? Das kann nicht sein! Es macht Ihnen doch auch Spaß und Freude, wenn der Applaus des Kunden kommt. Sie wollen ihn genießen. Sie wollen damit vielleicht auch ein wenig prahlen und bei geeigneten Gelegenheiten aufzeigen, wie gut Ihre Firma aufgestellt ist. Sie möchten auch einem Neukunden eindeutig aufzeigen, dass Ihre bestehenden Kunden mit Ihnen hochzufrieden sind. Das geht nur, wenn Sie als Führungskraft stets darauf achten, dass Ihre Firma immer eine perfekte Inszenierung ist und bleibt.

Leitgedanke Mitarbeiter

Sie stehen auf der Wirtschaftsbühne täglich im Rampenlicht des Kunden

Liebe Mitarbeiterinnen, liebe Mitarbeiter, Sie sind **Teil einer Inszenierung**. So wie Sie es vom Theater, vom Film, von der Showbühne usw. her kennen. Sie werden also nur dann permanent den Kundenapplaus bekommen, wenn Ihre Führungskräfte darauf achten, dass sich Ihre Firma als perfekte Inszenierung der Zielgruppe und dem bestehenden Kunden präsentiert.

Weil ich selbst als Lehrling in der Wirtschaft begonnen habe und danach viele Jahre auch noch als Mitarbeiter in Firmen tätig war, weiß ich aus eigener Erfahrung, dass das nicht immer so einfach ist. Man glaubt, man hat schon vieles gelernt, man gibt sein Bestes, und dann kommen Führungskräfte daher und zeigen Fehler auf. Wenn das passiert, ist es oft deprimierend. Man fühlt sich auch angegriffen, und leider reagiert man als Mitarbeiter darauf tatsächlich oft negativ. Bei größeren Firmen kann sich dieser Prozess ohne weiteres durch mehrere Führungskräfte wiederholen. Denn nicht nur Ihr Abteilungsleiter wird Mankos aufzeigen; es gibt dann vielleicht noch den Gebietsleiter, den Inspektor, den Direktor usw. Wenn es hart auf hart kommt, haben auf einmal alle etwas bei dem betreffenden Mitarbeiter auszusetzen. Plötzlich hat man des Gefühl: Denen passt etwas nicht mehr.

Aus Ihrer Sichtweise sagen Sie dann zu sich: *„Ich verstehe das nicht. Ich mach doch meine Arbeit. Ich gebe doch wirklich Gas; ich gebe mein Bestes!“* Ich möchte jetzt betonen: Nicht alibimäßig, nicht weil Sie es einem anderen sagen, sondern weil es der Realität entspricht! Sie glauben, was Sie tun, ist gut; Sie sind wirklich engagiert.

Es kann tatsächlich so sein, liebe Mitarbeiter, dass das aber nicht immer reicht. Vielleicht engagieren Sie sich wie eh und je. Doch der Markt hat sich verändert, und Ihr Engagement passt nicht mehr zu dem, was sich der Kunde heute erwartet.

Es gibt natürlich auch angespannte Phasen, in denen man von Ihnen ein Mehr-Engagement erwartet – dem müssen Sie nachkommen. Doch viele Mitarbeiter sind dazu nicht bereit; Sie sagen: *„Das war doch immer so!“* Sie kämpfen auch um ihre liebgewonnenen – man sagt oft gerne auch ersessenen – Rechte und wollen genau dann die Zeichen des Wandels nicht erkennen.

Wenn auch Sie der Meinung sind, in Ihrer Firma gehört sichergestellt, dass Sie eine Zukunftsperspektive haben und auch morgen beim Kunden gut ankommen, dann müssen Sie eines akzeptieren: Selbst Weltstars – und ich kann mir vorstellen, dass Sie bestimmte davon aus der Film- und Showbranche verehren, deren Fan sind – müssen sich tagtäglich einer Manöverkritik unterziehen. Wenn ein Superstar z.B. ein Konzert gibt, sich auf Tournee befindet, dann sehen Sie häufig, dass er nach dem Konzert sofort in einen Flieger steigt und zur nächsten Tourdestination fliegt. Gleichzeitig steigen dann auch der Regisseur, der Choreograph usw. ein – je nachdem, was geboten wird. Wenn es notwendig ist, beginnen diese unmittelbar nach dem Konzert mit der Manöverkritik. Sie zeigen auch einem Weltstar ungeschminkt auf: Was hat er gut gemacht; was ist negativ gelaufen; was muss auf alle Fälle optimiert werden? Diesbezüglich ist für mich folgende Tatsache besonders interessant: Es handelt sich dabei oft wirklich **um Kleinigkeiten**. Sie als Fan, als Zuschauer haben es gar nicht bemerkt. Sie haben vielleicht nach dem Konzert gesagt: *„Super, das war eine tolle Show!“* Doch sie war nicht perfekt. Jetzt könnte man sagen: Wie pingelig! Warum hakt jetzt der Regisseur hier ein? Das hat doch keiner gesehen; war doch eh super! Aber genau so ist es nicht. Denn würde man es nicht ansprechen, dann würde es jeden Tag schlechter werden. Das wollen weder der Weltstar noch seine Akteure im Hintergrund riskieren. Der Erfolg liegt im Detail!

Die Weltstars empfinden eine solche Manöverkritik nicht als Affront, als Beleidigung, sondern als **wichtiges Mittel**, damit sie auch morgen noch an der Spitze stehen und den Applaus erhalten. Genauso verhält es sich in Ihrer Firma. Sie müssen jeden Tag innerlich bereit sein, Ihr Bestes zu geben. Warum? Weil Sie jeden Tag auf der Bühne der Wirtschaft stehen. Sie stehen im Rampenlicht und der Kunde kann genau sehen, was Sie tun. Er wird Sie in jeder Phase, in der er Sie sieht, auch beurteilen. Sein Urteil kann viel bewegen – sowohl im Negativen als auch im Positiven.

Lernen Sie von dieser Kunst. Nehmen Sie aus der Kultur Passagen an, indem Sie ab heute bereit sind – wann immer Sie die Führungskraft dazu einlädt –, Ihre Wirkung und Ihre Leistung zu überprüfen. Es ist nicht gegen Sie gerichtet – es dient Ihnen! Damit Sie auch noch morgen in der Wirtschaft eine gute Figur machen und den Kundenapplaus bekommen.

Die Baustein-Herausforderung

Beim Kunden ist die Manöverkritik IN – bei Ihnen auch?

Kunden wollen von einer Firma immer das Beste; das liegt auf der Hand. Kunden beobachten also die Angebote auch mit kritischen Augen, denn sie sind heute bereit, Angebote von Firmen sehr intensiv zu vergleichen. Technische Möglichkeiten, wie z.B. das Internet und die dort angebotenen Portale und Ähnliches stellen auch die dafür notwendigen Informationen zur Verfügung. In Firmen wird Kritik intern oft als negativ angesehen. So sollten Sie ab heute nicht mehr agieren! Bitte akzeptieren Sie, dass sich auch Stars aus Film, aus der Showbranche uvm. nach jedem Auftritt, nach jeder Szene, nach jedem Theaterstück einer Manöverkritik unterziehen. Sie arbeiten permanent daran, dass sie von Auftritt zu Auftritt besser werden, dass sie so perfekt wirken, wie dies vom Regisseur, von der Choreographie usw. vorgesehen ist. Für eine Firma wird es auch immer wichtiger, dass Sie sich beim Kunden durch eine optimale Inszenierung auszeichnet. Sie werden also nicht darum herumkommen, Manöverkritik zuzulassen und die Erkenntnisse zu befolgen, die dann dazu führen, dass Sie morgen gegenüber der Konkurrenz eine bessere Figur machen.

Eine perfekte Inszenierung ohne Fleiß gibt es nicht

Mitläufer in einer Firma werden es immer schwerer haben. Ich könnte mir vorstellen, dass einige, die diese Zeilen lesen, aufschreien und sagen: *„Was soll denn das heißen?“* Genau das, was Sie gefühlt haben. Ich erlebe es nach wie vor in jeder Firma, die ich coache, dass es unterschiedliche Aktivitätsmuster seitens der Führungskräfte und der Mitarbeiter gibt. Einige engagieren sich unglaublich für die Firma; sie sind bereit, ihr Bestes zu geben, und arbeiten ständig an sich. Viele sind im Mittelfeld und machen ihre Aufgabe noch halbwegs akzeptabel. Dann gibt es noch die Gruppe jener – die im Schnitt eine Quote von 20 bis 30 % –, die nicht bereit sind, an sich zu arbeiten. Die nur Dienst nach Vorschrift machen; die oft auch schon innerlich gekündigt haben. Wenn Sie glauben, dass Sie morgen einen sicheren Arbeitsplatz ohne Fleiß haben werden, irren Sie gewaltig. Wenn Sie als Führungskraft diese Zeilen lesen, gilt für Sie und Ihre Mitarbeiter natürlich exakt das Gleiche. Ohne Einsatz kein Erfolg, keine Weiterbeschäftigung! Wenn Sie diese Zeilen als Unternehmer lesen, müssen Sie dies ebenfalls akzeptieren. Unternehmer zeichnen sich ohnehin durch eine einwandfreie Aktivität aus, hervorgerufen durch das ständige aktive Mitwirken in der Firma. Doch hier meine ich den Fleiß ein wenig anders: Sie müssen in der Zukunft verinnerlichen, dass Sie als Unternehmern nicht nur dafür verantwortlich sind, dass alles im Alltag optimal funktioniert, dass Sie selbst aktiv mitarbeiten, sondern auch die strategische Ausrichtung, optimal am Kunden orientiert, ist Ihr Geschäft. Dies wird von Unternehmern sehr häufig vernachlässigt. Dadurch aber leidet natürlich die Inszenierung Ihrer Firma aus der Sicht des Kunden, und er verweigert Ihnen den Applaus.

Wenn auf der Wirtschaftsbühne das Licht angeht – wie sehen Sie aus?

Sie stehen permanent unter Beobachtung. Wenn Sie Kundenkontakt haben, stehen Sie permanent im Rampenlicht. Machen Sie mit sich selbst einmal einen kleinen Test: Wie wirken Sie auf Ihre Kunden? Sie sollten diesen Test getreu meinem Lieblingsmotto „Ehrliche ernten Erfolge" durchziehen. Sie werden feststellen: Es gibt Mankos. Doch selbst die besten Profis haben kleine Mankos. Sind Sie bitte ab heute bereit, an diesen Mankos zu arbeiten, dann werden Sie immer optimal im Licht erstrahlen. Wenn Sie dazu nicht bereit sind, dann werden Sie immer wieder Niederlagen erfahren. Das heißt: Nicht Sie bekommen den Applaus, sondern die Konkurrenz! Es ist keine Schande, nicht gleich überall in einer optimalen Welle unterwegs zu sein. Doch es ist eine Schande, wenn man nicht bereit ist, das zu verändern, was zu verändern ist.

Geben Sie für Ihre Firmenrolle „alles, was in Ihnen steckt"

Ich erwarte nicht, dass Sie gleich über sich hinauswachsen. Ich erwarte auch nicht, dass Sie auf einmal etwas in der Firma umsetzen, was Sie von Ihren Fähigkeiten her noch nicht können. Sie können natürlich nur im Rahmen Ihrer Möglichkeiten tagtäglich Ihr Bestes geben. Genau darum geht es aber. Viele Menschen sind nicht einmal dafür bereit. Das tut mir als Wirtschaftstrainer besonders weh, denn ich erkenne das Potential. Ich sehe: Der Mitarbeiter, die Führungskraft könnte sich viel mehr einbringen, ist aber dazu nicht bereit. Sie können gerne diesen Weg einschlagen. Doch dann müssen Sie auch hinnehmen, dass der Kunde dann vielleicht auch nicht bereit ist, Ihnen das Vertrauen zu schenken. Wenn Sie nicht selbst Unternehmer sind, werden in der Folge vielleicht auch Ihre Tätigkeiten dahingehend hinterfragt, ob Sie der Firma nutzen oder ob man auf Ihre Dienste verzichten kann. Ja, so hart kann das Leben sein, wenn man selbst unnötige Härte beweist und sich ständig verweigert, das zu tun, was man eigentlich tun könnte.

Die Baustein-Aktivierung

Kritik ist nicht verletzend, sondern fördernd

Ich habe von einer Manöverkritik gesprochen, wie sie ähnlich bei den Stars, Schauspielern, Top-Leuten von Kunst und Kultur durchgeführt wird. Machen Sie sich bitte regelmäßig gegenseitig fit für die Showbühne. Schauen Sie, dass Sie Ihr Bestes geben können – und dazu ist Manöverkritik notwendig. Diese Kritik soll bitte nicht als verletzend eingestuft werden; sie zeigt nur Schwachstellen auf, die man eliminieren kann. Sie ist gut, sie macht uns fit, sie sichert unsere Zukunft. Verzichten Sie ab heute bitte nicht mehr auf diese vorhandene, enorm erfolgreiche Zutat, die in Ihrer Firma längst schlummert – Sie müssen Sie nur wecken!

Der Einsatz muss zu Ihren Zielen passen

Ich habe nicht gesagt, Sie sollen über sich hinauswachsen. Ich habe auch nicht gesagt, Sie sollen bei Herausforderung unmenschlich arbeiten. Ich möchte Ihnen nur eindeutig aufzeigen: Ohne Fleiß kein Preis! Sie können am Ende nur ein Gewinner sein, wenn Sie bereit sind, das zu tun, was getan werden muss, damit Sie auf dem Erfolgspodest stehen können. Der Kunde ist erbarmungslos. Er wird Ihnen nicht den Applaus geben, wenn Sie ihn nicht verdient haben. Der Einsatz muss sich auch an den Zielen orientieren, bei denen Sie mitwirken. Hier spannt sich der Bogen von selbst gesteckten Zielen bis hin zu vereinbarten Firmenzielen. Sie sollten also ab heute nicht mehr teilnahmslos z.B. in einer Besprechung sitzen und sich Ziele, Vorgaben seitens der Führung anhören, sondern Sie sollten aktiv daran mitwirken, die Ziele so zu formulieren, dass sie auch tatsächlich erreichbar sind. Natürlich kann man sich sehr wohl – und das sollte man auch! – herausfordernde Ziele stecken. Wichtig dabei ist, dass Sie beim JA-Wort zum Ziel eines nicht vergessen: Ihr Fleiß, Ihr Einsatz werden darüber entscheiden, ob es Realität werden kann. Das sollten Sie bitte nie vergessen. Nur so werden Sie in Ihrem Umfeld zu einem Star und bekommen den Applaus.

Wer wirken will, muss an sich arbeiten

Ich bin überzeugt, Sie sehen es auch gerne, dass Sie den Applaus erhalten, wenn das Licht angeht. Dass das Umfeld zu Ihnen aufschaut; dass Sie die Aura eines erfolgreichen Menschen umgibt; dass Sie IN sind. Genauso verhält es sich auch bei den Superstars dieser Welt; aber auch bei nationalen Größen, bei Schauspielern, die in einem Einzugsgebiet sehr bekannt sind und vom Kunden geliebt werden. Ich könnte mir vorstellen, dass auch Sie ein solcher Kunde sind, den man in gewissen Branchen auch als Fan bezeichnet. Sie werden auch Schauspieler, Sänger usw. haben, die Sie lieben, zu denen Sie sich hingezogen fühlen, die Sie vielleicht auch für ihren Erfolg bewundern. Was ist eigentlich nun das Geheimnis dieser erfolgreichen Menschen? Auf alle Fälle ist das wichtigste Fundament, dass Sie bereit sein müssen, immer an sich zu arbeiten. Folgen Sie diesem Beispiel und tun Sie es ab heute den Erfolgreichen gleich.

Sie sind Teil der „Firmeninszenierung" – die Wirkung prägen Sie entscheidend mit

Die beste Firmenphilosophie, das beste Firmenkonzept, die besten Pro-Botschaften Richtung Kunde werden kaum ihre Wirkung erzielen, wenn Sie nicht bereit sind, in diesem Geist und Sinn täglich zu leben. Die Wirkung beim Kunden prägen Sie tagtäglich mit. Egal, welche Rolle Sie in der Firma haben – das spielt keine Rolle; selbst wenn Sie nicht einmal Kundenkontakt haben. Denn eines sollte allen klar sein: Die gesamte Firma sollte optimal verzahnt sein, um es zu schaffen, täglich den Kundenapplaus zu erhalten. Jede Funktion ist wichtig und hat letztendlich doch nur einen Auftrag: Das Beste für den Kunden zu tun! Sie haben es mehrfach gehört, und hier am Ende des Buches möchte ich es noch einmal festhalten: **Die Lebensquelle Ihrer Firma ist der Kunde.** Bieten Sie ihm eine erstklassige Firmeninszenierung mit Inhalten, das sind Angebote, von denen er mehrfach profitiert. Das ist der richtige Weg; das ist der Weg, der zum Erfolg führt! Werden Sie ungeachtet Ihrer Position Ihrer Rolle gerecht und akzeptieren Sie, dass auch Sie ein Teil dieser Firmeninszenierung sind und diese tagtäglich durch Ihr Tun prägen.

Projektteilnehmer – die zukunftsorientierten Firmen

Folgende zukunftsorientierte Firmen haben am einzigartigen länderübergreifenden Projekt *„Wie sieht sie aus, die erfolgreiche Firma in der Zukunft?!"* teilgenommen:

- A&B Elektrotechnik GmbH, Traithenstraße 1, 83080 Oberaudorf, www.ab-elektrotechnik.com
- ALUMATI Aluminiumservice GmbH, Gewerbestrasse 2, 5201 Seekirchen am Wallersee, www.alumati.eu
- Ammboss – Holzspalter, Martinshaun 104a, 84061 Ergoldsbach, www.ammboss.de
- Anton Wittenzellner KG, Im Gewerbegebiet 2, 94265 Patersdorf, www.wittenzellner-kg.de
- Aqua Gas-Wasser-Heizungs Installations GMBH., Grazerstraße 5, 2604 Theresienfeld, www.aqua.at
- ATP Antriebstechnik Peissl GmbH, Carl-Auer-von-Welsbach-Straße 6a, 4614 Marchtrenk, www.atp-antriebstechnik.at
- Autohaus Badinger GmbH, Salzburgerstraße 10, 5204 Straßwalchen, www.badinger.at
- Bäckerei & Konditorei Moser GmbH, Schaunbergstraße 2, 4081 Hartkirchen, www.moser-baecker.at
- Baumeister Ing. Jürgen Höller GmbH, Hauptstraße 63, 2440 Moosbrunn, www.baumeisterhoeller.at
- Baumanagement – Kühbauch GmbH, Grabenweg 3a, 6020 Innsbruck, www.kuehbauch.at
- Bella Casa / Anna Götz, Marktrichterstraße 36, 94065 Waldkirchen, www.bellacasa-goetz.de
- Bosch Service Kornprobst Ges.m.b.H. & Co. KG, Salzburger Straße 29, 5204 Straßwalchen, www.kornprobst.at
- Datex GmbH, Italiener Straße 33, 9500 Villach, www.datex.at
- Doppelbauer Manfred, Burggasse 11, 4600 Wels
- Elektro Lang GmbH & Co KG, Hauptplatz 34A, 8454 Arnfels, www.elektro-lang.at
- Frisörsalon Andrea Murauer, Bahnstraße 2, 4755 Zell/Pram, www.murauerfuershaar.com
- GEFRA Technik GmbH, Freiling 26, 4942 Gurten, www.gefra.at

- Hansel Metallbau GesmbH & Co KG, Salzburger Straße 8, 5204 Straßwalchen, www.hansel.co.at
- Hechl Hotelbetriebsges.m.b.H., Nr. 64, 8982 Taublitz, www.hotel-hechl.at
- Hermann Schuler KG, Am Bach 27, 6334 Schwoich, www.schuler.at
- Hotel Restaurant Schwaiger, Tauplitz 89, 8982 Tauplitz, www.hotel-schwaiger.at
- INGEBORG HOFMANN DIENSTLEISTUNGEN, Industriestraße 14a, 94036 Passau
- ITC-KAPFENBERG, Wiener Straße 80a, 8605 Kapfenberg, www.itc-kapfenberg.at
- Josef Polehnia & Co, Kleinengersdorfer Straße 62, 2100 Korneuburg, www.polehnia.at
- KATZBECK Fenster GmbH Austria, Teichweg 6, 7571 Rudersdorf, www.katzbeck.at
- KrauHan OG, Parkstraße 4, 5212 Schneegattern, www.krauhan.at
- Leibetseder Gas-Wasser-Heizung GmbH & Co. KG., Böhmerwaldstr. 15, 4121 Altenfelden, www.leibetseder.com
- LESAL Reinigung-Service GmbH, Grazer Str. 30, 8200 Gleisdorf, www.lesal.at
- Maschinen Gailer, Kötschach 56, 9640 Kötschach-Mauthen, www.maschinen-gailer.at
- Medical Beauty – Sylvia Jodl, Stadtplatz 36/2, 4840 Vöcklabruck, www.kosmetik-jodl.at
- Melange Konditorei Neumeister GmbH, Markt 27, 4284 Tragwein, www.melange.cc
- Niedermayer Maximilian – Tischlereiwerkstätte, Parzweg 2, 4072 Alkoven, www.max-niedermayr.at
- Ortner Spültechnik e.U., Schattseite 11, 9545 Radenthein, www.ortner-spueltechnik.at
- Pretzler Werner, Oberaich 8, 8600 Oberaich
- Pro-Bike Kreidl – Hassler OG, Tannenberggasse 13, 6130 Schwaz, www.radpuls.at/probike
- RAMSAUER Auto & Technik, Obermühlham 47, 4891 Pöndorf, www.auto-ramsauer.at
- Renato Zambelli Spengler-Meisterbetrieb, Birkenstraße 5, 4653 Eberstalzell, www.zambelli.cc
- Schulthess Maschinen GmbH, Hetzendorferstrasse 191, 1130 Wien, www.schulthess.at
- Schwanner GmbH, Bergham 89, 84508 Burgkirchen, www.schwanner.com

- Seidl Fleischerhandwerk, Rohrbacherstraße 54, 2620 Neunkirchen, www.seidl-fleischerhandwerk.at
- Siegfried Reiner – Design + Holz, Dorfstraße 4, 9721 Weißenstein, www.reiner-s.at
- STEP-FOUR GmbH, Bayernstraße 77, 5071 Wals-Siezenheim, www.step-four.at
- Stoffenspektakel KSL KG, Kopernikusstr 4, 4840 Vöcklabruck, www.modestoff.at
- Tischlerei Ing. Klaus Gassner, Kletzenberg 70, 8913 Weng im Gesäuse, http://gassner.stadtausstellung.at
- Wimmer Maschinenhandel GmbH, Halleiner Landesstraße 47, 5411 Oberalm, www.tischlerbedarf.at

Ein besonderer Dank für die Unterstützung der Initiative gilt:

- Frau Dr. Angelika Aubrunner, Spartengeschäftsführerin der Sparte Gewerbe und Handwerk der Wirtschaftskammer Niederösterreich
- Herrn Mag. Ronald Bleykolm, Obmann der Werbegemeinschaft Einkaufsstadt Weiz, Südtiroler Platz 2 in 8160 Weiz
- Herrn Maximilian Ertl, Referent für Wirtschaftsförderung des Landkreises Deggendorf, Kreisentwicklung – Wirtschaftsförderung, Herrenstraße 18 in 94469 Deggendorf
- Herrn Ralph Heinrich, Wirtschaftsreferent des Landkreises Freyung-Grafenau, Wolfkerstraße 3 in 94078 Freyung
- Frau Alexandra Neuhold, Geschäftsführerin der Werbegemeinschaft Einkaufsstadt Weiz, Südtiroler Platz 2 in 8160 Weiz
- Herrn Thomas Pfaffinger, Netzwerker und Finanzierungs-Experte in der Postgasse 11 in 94121 Salzweg
- Frau Manuela Schramm, Fachagentur für Dialogmarketing, Industriestr. 2 in 94116 Hutthurm, www.ms-kommunikation.de
- Herrn Karl Stadler, Fachgruppengeschäftsführer der Berufsfotografen; der Friseure; der Fußpfleger, Kosmetiker und Masseure; der Gärtner und Floristen und der Gesundheitsberufe der Wirtschaftskammer Oberösterreich
- Herrn Heinz Traub, Innovationsberatung der IHK für Niederbayern in Passau, Nibelungenstraße 15 in Passau

Günther Panhölzl – Ihr Erfolgscoach

Maßgeschneiderte Firmentrainings

- Die sich ständig ändernden Rahmenbedingungen
- der erhöhte Konkurrenzdruck
- anspruchsvollere Kunden
- innerbetriebliche Situationen
- verschiedene Sichtweisen

erhöhen die Anforderungen an jedes Unternehmen und erfordern vom gesamten Team (= Unternehmer, Führungskräfte und Mitarbeiter) ein ständiges Weiterentwickeln und Anpassen, um die Firmenerfolge von Morgen gewährleisten zu können.

Jede Firma sogar innerhalb der gleichen Branche ist **einzigartig** und kann nicht verglichen werden. Diese Tatsache erfordert auch **einzigartige, maßgeschneiderte und auf die Bedürfnisse & Struktur der Firma abgestimmte Trainings & Seminare.**

Herr Günther Panhölzl wird von einem top eingespielten Team vom Alltag freigespielt. Er konzentriert sich somit zu **100 % auf die Bedürfnisse, Wünsche und Anforderungen seiner Kunden,** was die Voraussetzung für ein Training auf **höchstem Qualitätsniveau** ist.

Profitieren auch Sie von maßgeschneiderten auf Ihre Wünsche, Anforderungen, Ziele & Schwerpunkte abgestimmten Firmentrainings für eine bestimmte Gruppe (vom Vorstand bis zum Lehrling), bestimmte Personen oder das gesamte Team.

Seine Schwerpunkte:

- **Motivation –** Erlebniswelt Motivation – die unerschöpfliche Energiequelle des Erfolges!
- Alles rund um die **Firma & die strategische Ausrichtung:** das können folgende z.B. Themen sein: Firmenkonzept & Strategie aktuell und zukünftig, Firmenziele & Planung, Marktchancen, Marke & Image, Regio-global-Strategie, Visionen, Positionierung, etc.
- Alles rund um den **Kunden & das Thema Verkauf:** das können z.B. folgende Themen sein: Verkauf, Kundengewinnung und Kundenbindung,

Zielgruppe, Kundenberatung, Service & After-Sales-Service, Kunden-Mehrwertnutzen-Magneten, Zusatzverkäufe, Verkaufsgespräch, etc.
- Alles rund um das **Team – Führungskräfte- und Mitarbeitertraining**: das können z.B. folgende Themen sein: Miteinander an einem Strang ziehen, aktiv mitarbeiten, Einstellung zum Beruf und zur Firma, Verantwortung und optimale Hürdenbewältigung, das Umgehen mit Veränderungen, etc.

Die verschiedenen Arten der maßgeschneiderten Firmentrainings

- Trainings/Seminare mit Ergebnissicherungs-Workshops
- Mehrtägig aufeinander abgestimmte Trainingseinheiten
- Lehrgänge
- Eintägiges Firmentraining
- Firmenbegleitung auf Zeit
- Trainings-Packages

Maßgeschneiderte Coachings

Die maßgeschneiderten Coachings werden wie bei den maßgeschneiderten Firmentrainings auf die jeweilige Person/die jeweiligen Personen abgestimmt. D.h. es werden gemeinsam mit dem Coaching-Teilnehmer(n) die vorhandenen Hürden, Herausforderungen, Schwerpunkte erarbeitet und durchgegangen. Im nächsten Schritt geht es in die Umsetzung. Erarbeitung der wirkungsvollen und nachhaltigen Lösungen, um die Hürden und Herausforderungen erfolgreich zu bewältigen und das vorhandene Potential zu aktivieren bzw. zu heben.

Der einzigartige „SPIRIT“ Ihres Unternehmens

Damit Ihr einzigartiger SPIRIT entstehen kann, bedarf es einer **richtigen Anleitung**, die **langfristig alle zum Einsatz motiviert.** Der SPIRIT macht Ihre Firma zur **unverwechselbaren Marke**, der von **allen mitgetragen** wird und zu **Höchstleistungen anspornt**. Mit dem SPIRIT Ihres Unternehmens legen Sie den Grundstein für außergewöhnliche, zukünftige Erfolge.

Panhölzl wird auch gerne gebucht für …

- Moderationen
- Firmen-Events / Kunden-Events mit AHA Erlebnis!
- Konzeptentwicklungen
- Maßgeschneiderte Vorträge

Bücher & Co – sein Know-how – Ihr Wettbewerbsvorsprung

- Der **mehrfache Erfolgsbestseller „Die 7 emotionalen Energiequellen des Erfolges"** – *Wie Sie das erreichen, was Sie schon immer erreichen wollten* – (175 Seiten), ISBN 978-3-9501482-0-6 – jetzt auch als ebook
- Der **Verkaufsbestseller „Die Hollywood-Verkaufsgesprächs-Methode"** – *Wie Sie Ihre Kunden in Zukunft begeistern, verblüffen, verzaubern & gewinnbringende Verkaufsabschlüsse erzielen* (360 Seiten), ISBN 978-3-9501482-4-4
- **„Unsere Firma – Unsere Zukunfts-Oase"** – *Der Erfolgslotse für Klein- & Mittelbetriebe, die im 21. Jahrhundert erfolgreich werden, sein und bleiben wollen* – geschrieben aus der Sicht der Führungskraft (392 Seiten) ISBN 978-3-9501482-5-1 und der MitarbeiterInnen (404 Seiten) ISBN 978-3-9501482-6-8
- Als USB Stick und Download: **„O-Business©" Die wirkungsvollsten On- & Offline-Marketing-Spielregeln im 21. Jahrhundert!** – Wie Sie Kunden unter den sich ständig ändernden Rahmenbedingungen effektiv gewinnen, binden und zum umsatzfördernden Empfehlungsbotschafter machen! –, 304 Seiten in PDF-Format
- Als USB Stick: **Ihr Web-Winner-Wissen:** Gewinnen & binden Sie Kunden durch die neuen Web-Business-Spielregeln und genießen Sie Ihren profitablen Internet-Auftritt! 285 Seiten in PDF-Format
- Weitere Produkte und Downloads unter: www.simulationsmanagement.com